油气管道第三方施工预防预警技术研究与实践

申得济　蔡　亮　刘志鹏　杜雪麟　孙德强　贾志强　著

中国石油大学出版社
CHINA UNIVERSITY OF PETROLEUM PRESS

山东·青岛

图书在版编目（CIP）数据

油气管道第三方施工预防预警技术研究与实践 / 申
得济等著. --青岛：中国石油大学出版社，2022.4
ISBN 978-7-5636-7485-5

Ⅰ. ①油… Ⅱ. ①申… Ⅲ. ①石油管道－管道施工－
安全技术－研究 Ⅳ. ①TE973.8

中国版本图书馆 CIP 数据核字（2022）第 063144 号

书　　名：	油气管道第三方施工预防预警技术研究与实践	
	YOUQI GUANDAO DISANFANG SHIGONG YUFANG YUJING JISHU YANJIU YU SHIJIAN	
著　　者：	申得济　蔡　亮　刘志鹏　杜雪麟　孙德强　贾志强	
责任编辑：	穆丽娜（电话 0532-86981531）	
封面设计：	青岛友一广告传媒有限公司	
出 版 者：	中国石油大学出版社	
	（地址：山东省青岛市黄岛区长江西路 66 号　邮编：266580）	
网　　址：	http://cbs.upc.edu.cn	
电子邮箱：	shiyoujiaoyu@126.com	
排 版 者：	青岛天舒常青文化传媒有限公司	
印 刷 者：	青岛国彩印刷股份有限公司	
发 行 者：	中国石油大学出版社（电话 0532-86981531，86983437）	
开　　本：	787 mm×1 092 mm　1/16	
印　　张：	17	
字　　数：	411 千字	
版 印 次：	2022 年 4 月第 1 版　2022 年 4 月第 1 次印刷	
书　　号：	ISBN 978-7-5636-7485-5	
定　　价：	108.00 元	

前　言

自 2010 年《中华人民共和国石油和天然气管道保护法》颁布以来，长输管道的外部保护工作越来越受到重视，管道保护的技术手段也越来越丰富，各个层级的管道外部保护法规和政策亦愈发健全。与此同时，国内出现了青岛"11·22"输油管道爆炸事件和六安"12.12"天然气管道泄漏事故，这些惨痛的教训告诫我们长输管道外部保护，尤其是针对第三方施工层面，其管理措施还有待完善，技术手段有待加强。

本书总结了国家管网北方管道有限责任公司、东部原油储运有限公司、西气东输分公司及中国航空油料集团有限公司第三方施工预防预警的实际案例，详细介绍了新建公路、桥梁与管道交叉、并行，新建电力线路与管道交叉、并行，电气化铁路与管道交叉、并行，埋地设施与管道交叉、并行，管道周边新增高后果区，新建河道水利穿越管道施工，隧道爆破施工与管道交叉、并行，重车碾压管道等的保护方案，以及不同桩型打击过程中振动影响的现场监测及数据分析等；并根据第三方施工的法律法规要求、安全分析技术要求、管道保护推荐案例及部分现场试验的数据分析，对隧道爆破等方面提出了预警数据模型。

本书根据中国海油内部研发项目成果，结合大数据、云计算、"互联网＋"技术，总结了一整套第三方施工监测预警的解决方案，包括用于本地电子围栏视频监控系统的智能网关、用于光纤预警的大数据分析系统、用于沉降监测的北斗定位终端等。另外，通过总结以往案例，设定报警阈值和智能化预警，帮助管道保护人员做好现场监护工作，降低第三方施工的安全风险。

鉴于编者所处行业的局限性和水平限制，书中难免有疏漏之处，敬请广大读者批评指正。

目　录

第1章
管道周边第三方施工管理现状

1.1　概　述

据不完全统计,2005—2019 年国内外发生多起公开报道的长输管道第三方施工事故(表 1-1),发生频率之高、后果之严重,令管道从业者忧心忡忡。

表 1-1　近年来长输管道第三方施工事故统计

原　因	事故时间及描述	死亡人数/人	受伤人数/人
第三方破坏	2005 年 9 月,重庆一天然气管道因施工引发滑坡,导致天然气泄漏爆炸	0	15
	2007 年 11 月,海南东方海底管道因挖沙船作业泄漏起火	0	5
	2009 年 12 月,兰郑长成品油管道因第三方施工发生泄漏	0	0
	2010 年 5 月,东黄复线第三方施工造成管道破裂泄漏	0	0
	2010 年 7 月,南京市栖霞区拆迁施工过程中丙烯管道发生泄漏并引起爆炸	13	120
	2010 年 12 月,大鹏液化天然气外输管道因铁路施工发生泄漏	0	0
	2012 年 5 月,济青输油管道因第三方施工挖断管道发生泄漏	0	0
	2012 年 12 月,宁夏中卫一处地下输气管道被正在进行电力工程施工的工人钻破	3	4
	2014 年 6 月,大连中国石油输油管道因周边施工破裂泄漏	0	0
	2015 年 12 月,重庆黔江一天然气管道在施工中被挖破,天然气泄漏并引发火灾	0	0
	2018 年 12 月,安徽省六安市发生一起由拉管作业造成的合六支线天然气管道泄漏事故	0	0
	2019 年 1 月,墨西哥非法切割管道引发输油管道爆裂火灾事故	4	11
	2019 年 2 月,美国旧金山管道爆炸,烈焰冲至 9 m 高	0	4

根据国家《中长期铁路网规划》确定的任务,从 2010 年起至 2040 年,用 30 年的时间将

全国主要省市区连接起来,形成国家网络大框架。

根据《中长期油气管网规划》,到 2025 年,全国油气管网规模达到 $24×10^4$ km,其中原油、成品油、天然气管网里程分别达到 $3.7×10^4$ km,$4.0×10^4$ km 和 $16.3×10^4$ km,逐步形成"主干互联、区域成网"的管道运营网络。

随着管道网络、公路网络、铁路网络、电力线路网络以及很多突发性的光缆、信号输送线路的铺设,管道周边第三方施工风险与日俱增,不确定性和预防预警的技术复杂性让管道从业者非常头疼。例如,东部沿海地区某长输管道企业平均每周就有一个第三方施工项目,并且第三方施工项目类型众多,这对管道管理部门的专业性和知识广度有很高的要求。

1.2　国家层面管理要求

2010 年颁发的《中华人民共和国石油天然气管道保护法》第三十五条至三十七条规定了管道第三方施工的管理要求:

第三十五条　进行下列施工作业,施工单位应当向管道所在地县级人民政府主管管道保护工作的部门提出申请:

(一)穿跨越管道的施工作业;

(二)在管道线路中心线两侧各五米至五十米和本法第五十八条第一项所列管道附属设施周边一百米地域范围内,新建、改建、扩建铁路、公路、河渠,架设电力线路,埋设地下电缆、光缆,设置安全接地体、避雷接地体;

(三)在管道线路中心线两侧各二百米和本法第五十八条第一项所列管道附属设施周边五百米地域范围内,进行爆破、地震法勘探或者工程挖掘、工程钻探、采矿。

县级人民政府主管管道保护工作的部门接到申请后,应当组织施工单位与管道企业协商确定施工作业方案,并签订安全防护协议;协商不成的,主管管道保护工作的部门应当组织进行安全评审,作出是否批准作业的决定。

第三十六条　申请进行本法第三十三条第二款、第三十五条规定的施工作业,应当符合下列条件:

(一)具有符合管道安全和公共安全要求的施工作业方案;

(二)已制定事故应急预案;

(三)施工作业人员具备管道保护知识;

(四)具有保障安全施工作业的设备、设施。

第三十七条　进行本法第三十三条第二款、第三十五条规定的施工作业,应当在开工七日前书面通知管道企业。管道企业应当指派专门人员到现场进行管道保护安全指导。

2015 年 3 月 17 日,交通运输部、国家能源局、国家安全监管总局联合发布了《关于规范公路桥梁与石油天然气管道交叉工程管理的通知》,对管道与公路的交叉角度、穿跨越方式提出了明确的要求。

2015 年 10 月 28 日,国家能源局、国家铁路局联合发布了《油气输送管道与铁路交汇工程技术及管理规定》,在穿越方式、交叉角度、安全防护设计措施方面做了明确的规定。

国家安全监管总局等八部门《关于加强油气输送管道途经人员密集场所高后果区安全管理工作的通知》(安监总管三〔2017〕138 号)要求:严格高后果区地面开挖作业管理,严防因第三方施工损坏油气输送管道引发事故。

近年来,山东省、浙江省、天津市等相继发布了石油天然气管道保护条例。天津市在石油天然气管道保护条例的基础上,专门针对管道周边第三方施工作业发布了《石油天然气长输管道保护监督检查暂行规定》,细化了《中华人民共和国石油天然气管道保护法》第三十五条行政许可的相关内容,使得管道保护更加规范化和流程化。另外,安徽省质量技术监督局于 2017 年 9 月发布了《在役天然气管道保护规范》,对公路、铁路与管道并行或交叉,埋地设施与管道并行或交叉,交流干扰,水域穿越,水工保护,管道浅埋保护等方面提出了施工技术要求。

1.3　典型第三方施工事故案例
——安徽省六安"12.12"天然气管道泄漏事故

1) 事故经过

2018 年 12 月 12 日 15 时 30 分左右,位于安徽省六安市金安经济开发区长江路与凤凰南路交叉口的污水管网改造工程现场,发生了一起因拉管作业导致的合六支线天然气管道泄漏事故,直接经济损失达 85.7 万元,事故未造成人员伤亡及环境污染。10 月 8 日,监理单位向施工单位下达了《工作联系单》,提出因施工现场周围情况发生变化,施工现场地质与原地勘报告不符,不具备原图纸设计施工条件,要求施工单位依据设计变更图纸、补充地勘报告进行施工,但施工单位未补充地勘报告,继续施工。11 月 3 日,六安输气站人员在合六支线 72.8 km 处定向钻施工监护现场了解到,在 73.3 km 处还有一污水管网施工与天然气管道存在交叉作业,六安输气站人员当即要求污水管网的施工单位(宏盛建业公司)将污水管网交叉作业施工方案报安徽省天然气公司审批同意,并做好安全防护措施,在公司人员监护下方能施工。11 月 21 日、12 月 2 日,六安输气站人员先后到 73.3 km 处巡查,现场未见交叉作业施工迹象,施工单位未向安徽省天然气公司提出动土作业申请,安徽省天然气公司也未向施工单位下达《动土工作票》。12 月 12 日 15 时 30 分左右,六安输气站人员接到施工单位的电话告知,施工单位正在合六支线 73.3 km 处施工,六安市输气站人员到达现场查看和检测,确认天然气管道泄漏。

2) 事故天然气管道基本情况

合六支线天然气管道起自合肥市肥西县上派镇北张乡肥西输气站,途径合肥市蜀山区小庙镇小庙输气站,到达六安市六安输气站,沿线经过 2 个市、6 个乡镇、32 个村庄,管道全长 75 km。管线设计压力为 4.0 MPa,运行压力为 3.0 MPa,管材为高频直缝电阻焊钢管(HFW)L360MB,管径为 273 mm,壁厚为 6.3 mm。管道外壁做挤压聚乙烯三层机构加强级防腐层,全线采用外加强制电流阴极保护,在小庙输气站设置阴极保护装置。该管线设计年输送量为 3.98×10^8 m³,2011 年 12 月建成投产运行。

天然气管道泄漏点位于合六支线 73.3 km 处，该处管道建设为定向钻穿越，凤凰南路段穿越埋深约 4.25 m，事故处管道走向标志清晰，地表平整，与原地貌有异。

六安市东部新城污水管网土建工程Ⅱ期项目自 2018 年 6 月 1 日施工以来，先后 2 次与合六支线天然气管道发生交叉作业情况，分别在合六支线 72.8 km（安全穿越点）和合六支线 73.3 km（事故泄漏点）处。

2018 年 12 月 10 日，金安经济开发区长江路与凤凰路交叉口桥梁处（长江路长污 14 井北支管），施工单位宏盛建业公司六安东部新城污水管网土建工程Ⅱ期项目部安排拉管班组进场施工，拉管施工班组按照设计图纸 4.3 m 的标高，使用非开挖钻机，先用直径 20 cm 的钻头进行地下导向钻孔，再逐步增大钻头直径（每次增加 10 cm），直至钻头直径为 80 cm。12 月 12 日 15 时 30 分左右，施工班组作业人员正在进行施工作业，水平钻头的底部擦碰到天然气管道的上部，致使天然气管道损坏开裂，造成天然气泄漏。

事故发生后，六安市政府主要负责人、分管负责人以及市应急局、市发改委、市城管局、金安区政府、省能源局及市直有关部门和相关企业负责人到达现场，立即成立事故临时处置指挥部，开展现场应急处置工作。一是疏散并安置事故现场周边 200 m 范围内的企业人员及群众，警戒事故现场及周边道路；二是对泄漏点实施不间断的喷水稀释，降低现场天然气浓度，不定时对泄漏天然气浓度进行检测；三是对事故周边厂区、道路、污水井、自来水井等进行排查摸底，确保没有管道相通；四是制定并实施断气抢修方案；五是做好抢修期间的保供气工作；六是发布公告，确保社会稳定。22 时左右，事故现场周边的 4 家企业约 300 人完成疏散与安置工作，群众情绪稳定。13 日凌晨 5 时，机械开挖作业完成，抢修队伍展开人工掘土作业；10 时许，泄漏点作业面清理完毕，经查损伤范围为 200 mm×200 mm，管道壁厚由 7.0 mm（实测）减小为最薄处 2.9 mm，出现 60 mm 的裂纹（泄漏点）；采取 B 型＋2 in（1 in＝25.4 mm）短接套筒整体焊接抢修措施（B 型套筒设计压力为 6.3 MPa，材质为 L290，长 500 mm），于当日 15：30 左右完成燃气管线修复工作，递级增压至 1.6 MPa，16：30 恢复供气。历经 18 h 抢险，未造成居民用气停气，未造成人员伤亡及次生衍生事故。

3）事故原因及性质认定

（1）直接原因：宏盛建业公司六安东部新城污水管网土建工程Ⅱ期项目部组织污水管网穿越长江路进行拉管施工作业过程中，在未确认天然气管道具体埋深位置的情况下盲目施工，致使扩孔钻头将合六支线 73.3 km 处天然气管道损坏。

（2）间接原因：① 宏盛建业公司对承揽的工程项目重视不足，项目部现场负责人及施工人员无证上岗，项目管理混乱。在进行穿越天然气管道的拉管施工作业时，未向当地政府管道保护主管部门提出申请并获得批准；在施工作业时，未办理动土作业许可；在已知污水支管施工与天然气管道存在交叉情况下，未按经审批的《拉管专项施工方案》对天然气管道走向与深度进行详细探测并采取有效保护措施，而是贸然施工，对天然气管道保护工作落实不到位。② 六安市排水有限公司未按规定办理项目建筑施工许可证、规划许可证，在金安经济开发区规划建设局（简称金安经开区规建局）未正式函复同意项目规划许可的情况下未批先建，对工程施工监督管理不到位，未及时、准确地向设计单位、施工单位提供天然气管道分布资料，对施工单位、监理单位落实天然气管道保护工作监督管理不到位。③ 六安市建工建设监理有限公司对施工单位在未对天然气管道走向与深度进行详细探测并采取有效保护措施的情况下展开拉管施工作业的安全隐患监督检查、制止不力,风险判断不足;对施工单位现场负责人及施工人员无证上岗问题失察;对施工单位未尽天然气管道保护工作失察;对施工单位在施工作业时未取得动土作业许可行为失察。④ 安徽省城建设计研究总院有限公司在未取得天然气管道详细基础资料的情况下进行常规施工图设计,该段污水支管高程设计依据不充分;在已知存在穿越天然气管道的情况下,2018 年 9 月出具的污水支管拉管方案设计变更通知单及相关图纸仍未对长江污 14—长江污 14-1 支管施工穿越天然气管道保护提出专项安全措施和工程施工安全要求。⑤ 安徽省天然气开发股份有限公司未将竣工管道图报管道保护主管部门备案,其下属单位六安输气站在已知存在穿越交叉作业施工的情况下未持续跟进重点监测,未采取防范及报告等处理措施,未以书面形式告知施工单位。⑥ 金安经济开发区重点处对东部新城污水管网Ⅱ期工程把控不力,未及时处理安徽省天然气开发股份有限公司《关于请予落实天然气管道保护的函》(ANG-GY〔2018〕051),对存在的穿越天然气管道交叉施工作业督促、协调、管理不力。⑦ 金安经开区规划建设局对东部新城污水管网Ⅱ期项目工程未取得建筑施工许可、规划许可的未批先建行为失察,未按照金安经济开发区(原六安示范园区)《会议纪要》(第 25 号)东部新城污水管网Ⅱ期工程调度会议要求,对设计方案变更进行审核把关。⑧ 金安经济开发区管委未认真落实辖区内天然气管道保护职责,对辖区内未经施工许可擅自建设行为失察,对盲目施工行为失管,将施工工期由 10 个月压缩至 6 个月。⑨ 金安区住建局对天然气管道保护工作重视不够,未尽保护主管部门责任,未开展日常安全检查及专项安全检查。⑩ 市城管局对东部新城污水管网Ⅱ期工程未办理建筑施工许可、规划许可失察,对项目建设失控,对项目施工安全生产工作指导不力。⑪ 市发改委作为天然气长输管道保护主管部门,指导督促金安区住建局履行管道保护工作不力,对合六支线 73.3 km 处管道穿越交叉施工安全隐患失察。⑫ 金安区政府对金安经济开发区的安全管理工作指导、督促不力,对辖区天然气管道保护工作、项目安全管理工作不到位。

4)事故警示

(1)管道与管道交叉施工时,管道埋深准确定位、交叉位置前后开挖探坑、交叉位置见管见缆三项基本措施缺一不可;

(2)管道内外检测数据的准确性对于定向钻施工的参考意义远大于管道设计资料,且多项数据相互验证更能指导现场施工;

(3)在管道交叉穿越施工过程中,可视化监控和 24 h 人员监护的重要性不言而喻,通过严格执行定向钻控向方案,实时对比定向钻控向曲线与探坑的位置关系,可以大大降低施工风险,避免事故的发生;

(4)施工单位与管道企业良好的沟通、规范的施工作业程序、严谨的施工过程管理,是后期第三方施工项目安全管理的重中之重。

第2章
新建公路、桥梁与管道交叉、并行

2.1 相关法律法规及标准规范的要求

日前涉及新建公路、桥梁与管道交叉或并行的法律法规、技术标准主要包括《中华人民共和国石油天然气管道保护法》《关于规范公路桥梁与石油天然气管道交叉工程管理的通知》(交公路发〔2015〕36号)、《油气输送管道穿越工程设计规范》(GB 50423—2013)、《石油天然气工程设计防火规范》(GB 50183—2015)、《关于处理石油管道和天然气管道与公路相互关系的若干规定》(78油化管道字452号)、《公路工程技术标准》(JTG B01—2014)、《公路路线设计规范》(JTG D20—2017)、《管道管理与维护规范》(Q/SYGD 0306—2017)等。

(1)《关于规范公路桥梁与石油天然气管道交叉工程管理的通知》(交公路发〔2015〕36号)主要技术要求包括：

① 新建或改建公路与既有油气管道交叉时,应选择在管道埋地敷设地段,采用涵洞方式跨越管道通过;受地理条件影响或客观条件限制时,可采用桥梁方式跨越管道通过。采用涵洞跨越既有管道时,交叉角度不应小于30°;采用桥梁跨越既有管道时,交叉角度不应小于15°。

② 当公路、桥梁跨越交叉管道时,应保证管顶埋深不小于1 m,油气管道与两侧桥墩(台)的水平净距不应小于5 m,管顶上方应铺设宽度大于管径的钢筋混凝土保护盖板,盖板长度不应小于规划公路用地范围以外3 m,并设置地面标识标明管道位置。

(2)《油气输送管道穿越工程设计规范》(GB 50423—2013)中对交叉、并行项目的主要技术要求包括：

① 新建公路与已建管道交叉时,应设置保护管道的涵洞,涵洞尺寸应满足管道运营维护要求;为保护管道而设置的涵洞不应作为公路的排水涵洞,涵洞内应填满细土或细砂,未充填的应在涵洞两端设检查井,检查井应有封闭设施。

② 油气管道与公路宜垂直交叉,在特殊情况下交角不宜小于30°。油气管道与公路、桥梁交叉时,在对管道采取防护措施后,交叉角可小于30°,防护长度应满足公路用地范围外3 m的要求。

③ 采用涵洞、套管等保护方法穿越公路时,宜采用钢筋混凝土涵洞、钢筋混凝土套管或钢质套管。

④ 当公路路基与管道交叉时,管道或管道套管顶部覆土埋深应满足公路顶面路面以下 1.2 m,公路边沟地面以下 1 m 的要求;如埋深要求无法满足,应采取加强保护措施。

⑤ 交叉处管道外防腐层应做加强级防腐。

⑥ 新建公路与管道交叉时,其穿越点宜选择在公路的路堤点和管道的直线段,在穿越公路的套管或涵洞内,管道不应设置水平或竖向弯管。

⑦ 公路桥梁墩台冲刷坑边缘到水平定向钻管道的距离不应小于 10 m,公路水下隧道与水平定向钻管道的净距不应小于 30 m,公路隧道与管道隧道的净距不宜小于 30 m。

(3)《油气输送管道穿越工程设计规范》(GB 50423—2013)中规定管道采取防护措施后交叉角度可小于 30°,但是由于《油气输送管道穿越工程设计规范》较《关于规范公路桥梁与石油天然气管道交叉工程管理的通知》(交公路发〔2015〕36 号)颁发时间早,且后者等级更高,所以当前遇到新建公路、桥梁与管道交叉时,一般要求交叉角度大于 30°。

(4)《石油天然气工程设计防火规范》(GB 50183—2015)中相关条款有:高速公路、一二级公路与管道并行敷设的最小间距不应小于公路用地界限外 10 m;三级及以下公路与管道并行敷设的最小间距不宜小于 5 m。

(5) 交通部、石油工业部《关于处理石油管道和天然气管道与公路相互关系的若干规定》(78 油化管道字 452 号)中核心技术条例包括:

① 公路等第三方工程不应阻断管道巡检通道,工程应考虑管道日常巡线,难以开挖维护维修管段和两端各外延 20 m 范围内的管段应进行管道环焊缝和防腐层检测。

② 新建公路与管道并行,公路用地范围边线与管道应保持一定的安全距离,其中输油管道安全距离不应小于 10 m,输气管道安全距离不应小于 20 m。对于县、社公路或受地形限制地段,上述安全距离可适当减小;对于地形困难的个别地段,最小不应小于 1 m。对于地形特殊困难,确实难以达到上述规定的局部地段,在对管道采取加强保护措施后,必要时新建公路路基也可填压管道两侧的防护带范围,但其填压长度不应超过 100 m。

③ 位于水域段的铁路、公路及特大、大、中型桥与管道的水平间距不应小于 100 m,小型桥与管道的水平间距不应小于 50 m。

(6)《公路工程技术标准》(JTG B01—2014)中相关条款包括:管道与各级公路相交叉且采用卜穿方式时,应设置地下通道(涵)或套管;通道或套管应按相应公路等级的汽车荷载等级进行验算。

(7)《公路路线设计规范》(JTG D20—2017)中相关条款包括:穿越公路的地下专用通道(涵)的埋置深度,除应符合石油天然气行业标准的荷载相关规定外,还应符合现行《公路桥涵设计通用规范》(JTG D60—2015)的有关规定,并按所穿越公路的车辆荷载等级进行验算。穿越公路的保护套管的顶面距路面底基层的底面应不小于 1.0 m。

(8)《管道管理与维护规范》(Q/SYGD 0306—2017)中相关条款包括:新建公路与管道相交时,应采取可靠的防护措施,其防护工程的设计应满足强度、稳定性和耐久性的要求,盖板涵净跨度不小于 $D+2.5$ m(D 为管道外径,包含防护层),盖板应采用活动吊装形式。

7

另外,借鉴《铁路工程设计防火规范》(TB 10063—2016)中防护涵的设计要求,防护涵内宜保留宽度不小于 1 m 的验收通道,管道与管道间、管道与边墙间、管顶与涵洞顶板间的距离不宜小于 0.5 m,涵洞内净空高度不宜小于 1.8 m,涵洞顶至路肩不应小于 1.7 m;主体结构应伸出公路路基边坡,与涵洞顶交线外不应小于 2 m,且不得影响排水设施的正常使用。

2.2 风险因素辨识

新建公路、桥梁与油气管道交叉、并行施工过程和后续正常运行过程中主要存在如下风险因素:

(1)桩基施工风险。在一些大型的建设工程中,天然地基往往满足不了承载力和沉降量的设计要求,一般需要采用桩基基础。桩基基础按施工方法一般可以分为两类:一类是现场或工厂预制加工的钢筋混凝土桩、钢管桩和预应力高强度混凝土管桩(PHC),借助锤击或静力压力沉桩;另一类是现场浇筑的钻孔灌注桩、挖(扩)孔桩、深层搅拌桩及粉喷桩。最常用的传统桩基基础是用锤击或静力挤压下沉方法施工的预制桩,此类桩由于桩身入土要排开一定体积的土体,所以必然会扰动附近的土层,改变其应力状态,并对桩区四周一定范围内的邻近建(构)筑物及市政道路、管线等产生扰动影响并造成破坏,表现为建筑物开裂与倾斜、道路路面损坏、水管爆裂、煤气外泄、通信中断以及边坡失稳等一系列环境公害事故。

(2)地基沉降风险。高速公路运营过程中,其自身的重力和车辆的动荷载必然会对其下卧土层产生一定的附加应力,在该附加应力的作用下,土体骨架颗粒间的孔隙被压缩,进而导致土层持续而缓慢地压缩、压密变形,最终形成地基沉降。当管道穿越高速公路地基或高架桥时,这种不均匀沉降将使管道发生变形,从而产生管道内应力。

(3)重车碾压或重物占压风险。高速公路施工过程中,施工现场进料时会有重车出入,存在对管道造成碾压的风险;开挖的土方或其他重物堆放在管道的上方,也存在损伤管道的风险。

(4)违规动土和违规运输风险。管道探坑开挖、桩基施工均涉及大量动土作业,并且在施工过程中需要使用大型车辆运输各种物料,如果管理人员和现场施工作业人员安全意识不足,在施工过程中违规动土可能损伤石油管线,违规运输物料可能导致运输车辆在管道上方碾压或在管道附近倾覆,威胁石油管线安全运行。

(5)落物砸伤风险。高架桥施工过程中,可能存在由于作业人员操作不慎而导致高空落物的风险;高架桥正式通车运行后,存在车辆或货物从桥上坠落的风险。

(6)高架桥垮塌风险。由于桥梁施工方式的复杂性以及运营环境的不确定性,在一定自然或人为因素下可能出现垮塌事故。2009—2019 年我国桥梁重大垮塌事故见表 2-1。据统计,2009—2019 年间的桥梁重大垮塌事故在建设、运营及拆除阶段均有发生。桥梁垮塌的原因有很多,其主要原因有设计因素、施工缺陷、车辆超载、外力撞击破坏桥墩等。另外,桥梁垮塌后必然会对附近的输油管线造成一定的影响。桥梁垮塌概率较低,在加强设计、施工、运营、拆除全周期的桥梁安全管理工作的条件下,桥梁垮塌风险较小。

(7)高架桥振动影响及运营期检维修风险。高架桥运营过程中,除了自身重力对桥墩下部土壤产生影响外,运营过程中车辆的周期性荷载会引发高架桥振动,通过桥墩影响周围的土壤,进而影响管道应力状态及土体稳定性。另外,高速公路建成通车后,交叉位置可能发生紧急事件,如车辆坠落、高架桥垮塌,如果高速公路产权单位和石油管道产权单位未建立有效的沟通机制,未签订联防、共建协议等,则一旦发生紧急事件,不能及时有效互相通知,必将延误警戒疏散,造成人员、财产损失。

表 2-1　2009—2019 年我国桥梁重大垮塌事故列表

日　期	事故桥梁名称	阶　段	事故原因	人员伤亡
2009-01-15	西宁市某高架桥	建　造	桥墩钢筋骨架坍塌	2 死
2009-04-11	从江县恰里二桥	运　营	雨水侵蚀和超限车辆超负荷碾压	无
2009-04-12	漯河市 107 国道澧桥	运　营	货车严重超载	无
2009-05-17	株洲市红旗高架桥	拆　除	拆迁队无相应资质,野蛮拆迁	9 死 16 伤
2009-06-29	铁力市西大桥	运　营	车辆超载	4 死 4 伤
2009-07-02	会同县城 209 国道反修桥	运　营	桥基被洪水洗空	无
2009-07-15	津晋高速公路港塘互通立交 A 匝道	运　营	超载车辆偏离行车道,形成巨大偏载	6 死 7 伤
2009-08-24	清涧县玉家河乡前张家河大桥	建　造	偷工减料,采用木架支撑系统,存在缺陷	5 死 7 伤
2009-11-15	温州绕城高速北线前京村 C 匝道	建　筑	箱梁失衡,导致工作台滑落	1 死 7 伤
2009-11-19	沪杭铁路专线海航特大桥	建　造	桥墩倒塌	1 死 5 伤
2009-12-26	无锡市丽新路复新桥	运　营	车辆超载	无
2010-01-03	昆明市新机场配套引桥	建　造	钢架搭建不稳	7 死 8 伤
2010-05-26	319 国道彭水段红泥桥	运　营	某人型工程车行驶过桥面时,桥面坍塌	1 伤
2010-11-04	绥棱县努敏河危桥	运　营	拆除过程中突然坍塌	4 伤
2012-08-24	哈尔滨机场高速公路由江南往江北方向,即将进入阳明滩大桥主桥	运　营	4 辆重载货车压塌	3 死 5 伤
2013-02-10	甘肃省省道 304 线宁夏回族自治区吴忠市红寺堡区水套西桥	运　营	货车超载运输,导致水套西桥桥面发生坍塌	无

日　　期	事故桥梁名称	阶　　段	事故原因	人员伤亡
2015-06-19	粤赣高速公路河源段城南出口匝道桥	运　营	4 辆大货车严重超载，导致桥梁结构严重偏压，最终造成桥梁倾覆垮塌	1 死 4 伤
2016-09-11	江西泰和县 319 国道泰和赣江公路大桥老桥	拆　除	拆除作业时坍塌	5 伤 3 失联
2017-01-12	郑州农业路沙口路高架桥	拆　除	旧桥拆除时支架坍塌	1 死 8 伤
2017-05-26	京港澳高速公路与韶赣高速公路马坝互通立交桥	建　造	施工时在混凝土浇筑过程中荷载增加作用下，产生了过大的不均匀沉降，导致马坝互通立交桥 D 匝道第二联箱梁的上支架局部失稳，引起整体失稳，从而引发事故	7 死 1 轻伤
2018-03-08	盐城市盐都区北龙港街道文华路迎春桥	运　营	半挂牵引车超载导致桥面塌陷	无
2018-11-09	晋江鞋都路桂林村桥	运　营	卡车压垮，桥梁限重 5 t，卡车装载着超过 79 t 的钢筋	无
2019-01-03	昆明机场高架桥东引桥	建　造	施工过程中垮塌	7 死 26 轻伤 8 重伤
2019-09-01	滁州全椒县江北大道跨襄河大桥	建　造	施工过程中钢结构支架垮塌	4 死 15 落水
2019-09-08	昆明小石坝生活区宝象河大桥	运　营	超载货车压垮，工字梁被压弯	无
2019-09-11	杭州滨江区江南大道龙湖天街附近	建　造	高架桥的架桥机倒塌	3 伤
2019-09-12	吉安永丰县恩江镇恩江古桥	运　营	桥墩倒塌，两节桥面断裂坍塌，坍塌长度约为 10 m	1 死 2 伤
2019-10-10	无锡市 312 国道锡港路	运　营	车辆超载造成桥梁垮塌事故	3 死 2 伤

2.3　盖板涵保护方案

下面以某石油管道盖板涵设计为例，介绍盖板涵保护的注意事项。

2.3.1　盖板涵断面设计

在现场条件允许的情况下,盖板涵净跨度不小于 $D+2.5$ m(D 为管道外径,包含防护层),盖板采用活动吊装形式。盖板涵内宜保留宽度不小于 1 m 的验收通道,管道与管道间、管道与边墙间、管顶与涵洞顶板间的距离不宜小于 0.5 m,涵洞内净空高度不宜小于 1.8 m,涵洞顶至路肩的距离不应小于 1.7 m;主体结构应伸出公路路基边坡,且不得影响排水设施的正常使用。若施工工程布置在软土地基上,则需进行地基处理。盖板涵基础下清淤后换填 40 cm 厚的碎石。盖板涵断面及结构如图 2-1 和图 2-2 所示。

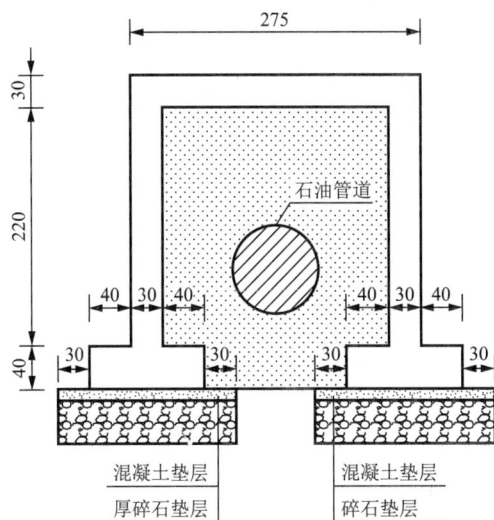

图 2-1　盖板涵断面示意图(单位:cm)

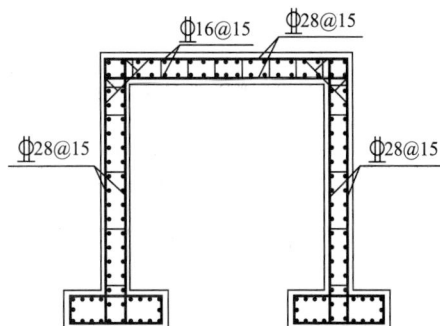

图 2-2　盖板涵结构示意图(单位:cm)

2.3.2　盖板涵整体强度校核

盖板涵设计完成后,需由有相关设计资质的单位对其强度进行校核,然后方可施工。进行强度校核时应强调配筋率复核的重要性,避免因取值不合理等因素导致后期管道受力出现安全风险。下面以某管道为例,介绍盖板涵强度校核过程。

2.3.2.1　盖板涵强度计算案例

1)设计资料

汽车荷载等级:公路-Ⅰ级。环境类别:Ⅳ类。

净跨径 $L_0=4$ m,单侧搁置长度为 0.3 m,计算跨径 $L=4.3$ m,填土高 $H=5$ m,盖板板端厚 $d_1=30$ cm,盖板板中厚 $d_2=50$ cm,盖板宽 $b=0.99$ m,保护层厚度 $c=3$ cm,混凝土强度等级为 C45,轴心抗压强度 $f_{cd}=20.5$ MPa,轴心抗拉强度 $f_{td}=1.74$ MPa,主拉钢筋等级为 HRB400,抗拉强度设计值 $f_{sd}=330$ MPa。主筋直径 $d=28$ mm,外径为

30 mm,共 10 根,选用钢筋总面积 $A_s = 0.006\,158\ m^2$,盖板容重 $\gamma_1 = 25\ kN/m^3$,土容重 $\gamma_2 = 18\ kN/m^3$。

盖板按两端简支的板计算,可不考虑涵台传来的水平力,盖板设计立面及侧面图如图 2-3 所示。

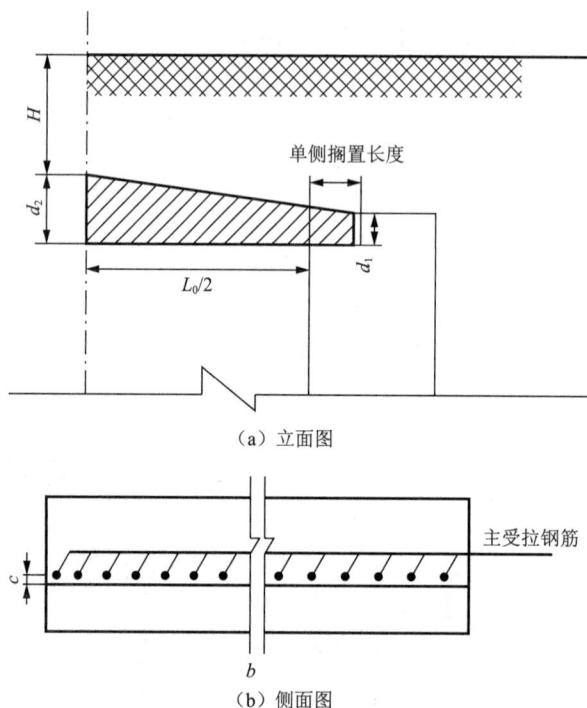

（a）立面图

（b）侧面图

图 2-3　盖板设计立面及侧面图

2) 外力计算

(1) 永久作用。

竖向土压力 q 为:

$$q = \gamma_2 H b = 18\ kN/m^3 \times 5\ m \times 0.99\ m = 89.1\ kN/m$$

盖板自重 g 为:

$$g = \frac{\gamma_1(d_1 + d_2)b}{2 \times 100} = \frac{25\ kN/m^3 \times (30\ cm + 50\ cm) \times 0.99\ m}{2 \times 100} = 9.9\ kN/m$$

(2) 由车辆荷载引起的垂直压力(可变作用)。

根据《公路桥涵设计通用规范》(JTG D60—2015)中 4.3.4 的规定:计算涵洞顶上车辆荷载引起的竖向土压力时,车轮按其着地面积的边缘向下做 30°角分布。当几个车轮的压力扩散线重叠时,扩散面积以最外面的扩散线为准。

车辆荷载顺板跨长 L_a 为:

$$L_a = 1.6\ m + 2 \times H \times \tan 30° = 1.6\ m + 2 \times 5\ m \times 0.577 = 7.37\ m$$

车辆荷载垂直板跨长 L_b 为:

$$L_b = 5.5 \text{ m} + 2 \times H \times \tan 30° = 5.5 \text{ m} + 2 \times 5 \text{ m} \times 0.577 = 11.27 \text{ m}$$

车轮重 P 为：

$$P = 560 \text{ kN}$$

车轮重压强 p 为：

$$p = \frac{P}{L_a L_b} = \frac{560 \text{ kN}}{7.37 \text{ m} \times 11.27 \text{ m}} = 6.74 \text{ kN/m}^2$$

3）内力计算及荷载组合

（1）由永久作用引起的内力。

跨中弯矩 M_1 为：

$$M_1 = (q + g)L^2/8 = (89.10 \text{ kN/m} + 9.9 \text{ kN/m}) \times (4.3 \text{ m})^2/8 = 228.81 \text{ kN} \cdot \text{m}$$

边墙内侧边缘处剪力 V_1 为：

$$V_1 = (q + g)L_0/2 = (89.10 \text{ kN/m} + 9.9 \text{ kN/m}) \times 4 \text{ m}/2 = 198.00 \text{ kN}$$

（2）由车辆荷载引起的内力。

计算跨径 L 如图 2-4 所示，则跨中弯矩 M_2 为：

$$M_2 = pL^2b/8 = 6.74 \text{ kN/m}^2 \times (4.3 \text{ m})^2 \times 0.99 \text{ m}/8 = 15.42 \text{ kN} \cdot \text{m}$$

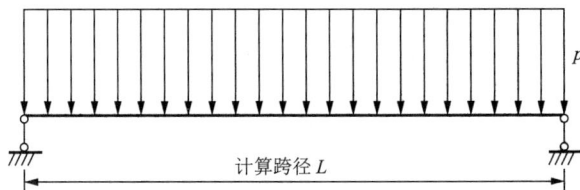

图 2-4　计算跨径 L 示意图

净跨径 L_0 如图 2-5 所示，则边墙内侧边缘处剪力 V_2 为：

$$V_2 = pL_0b/2 = 6.74 \text{ kN/m}^2 \times 4.00 \text{ m} \times 0.99 \text{ m}/2 = 13.34 \text{ kN}$$

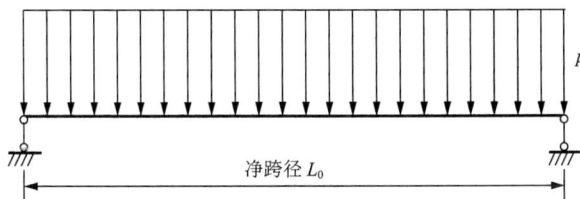

图 2-5　净跨径 L₀示意图

（3）作用效应组合。

跨中弯矩 $\gamma_0 M_d$ 为：

$$\begin{aligned}
\gamma_0 M_d &= 1.1 \times (1.2M_1 + 1.4M_2) \\
&= 1.1 \times (1.2 \times 228.81 \text{ kN} \cdot \text{m} + 1.4 \times 15.42 \text{ kN} \cdot \text{m}) \\
&= 325.78 \text{ kN} \cdot \text{m}
\end{aligned}$$

式中　γ_0——结构性重要系数，对于设计安全等级Ⅰ级，$\gamma_0 = 1.1$。

边墙内侧边缘处剪力 $\gamma_0 V_d$ 为：

$$\begin{aligned}\gamma_0 V_d &= 1.1 \times (1.2 V_1 + 1.4 V_2)\\&= 1.1 \times (1.2 \times 198.00\ \text{kN} + 1.4 \times 13.34\ \text{kN})\\&= 281.90\ \text{kN}\end{aligned}$$

4）持久状况承载能力极限状态计算

截面有效高度 h_0 为：

$$h_0 = d_1 - c - 3/2 = (30 - 3 - 1.5)\text{cm} = 25.5\ \text{cm} = 0.255\ \text{m}$$

（1）砼受压区高度 x。

$$x = \frac{f_{sd} A_s}{f_{cd} b} = \frac{330 \times 0.006\ 158}{20.5 \times 0.99}\ \text{m} = 0.100\ \text{m}$$

《公路钢筋混凝土及预应力混凝土桥涵设计规范》（JTG 3362—2018）中 5.2.1 关于相对界限受压区高度 ξ_b 的规定为：HRB400 钢筋的相对界限受压区高度 $\xi_b = 0.53$。

$$x < \xi_b h_0 = 0.53 \times 0.255\ \text{m} = 0.135\ \text{m}$$

砼受压区高度满足规范要求。

（2）最小配筋率。

JTG 3362—2018 中 9.1.12 关于受弯构件最小配筋率 P 的规定为：

$$P \geqslant \max\{45 f_{td}/f_{sd}, 0.2\}$$

由已知条件得：

$$P = \frac{100 A_s}{b h_0} = \frac{100 \times 0.006\ 158\ \text{m}^2}{0.99\ \text{m} \times 0.455\ \text{m}} = 1.37$$

$$45 f_{td}/f_{sd} = \frac{45 \times 1.74\ \text{MPa}}{330\ \text{MPa}} = 0.24$$

$$1.37 > 0.24$$

因此主筋配筋率满足规范要求。

（3）正截面抗弯承载力验算。

根据 JTG 3362—2018 中 5.2.2 关于受弯构件正截面抗弯承载力计算的规定，有：

$$\begin{aligned}f_{cd} b x (h_0 - x/2) &= 20.5 \times 1\ 000 \times 0.99 \times 0.100 \times (0.255 - 0.100/2)\text{kN} \cdot \text{m}\\&= 416.05\ \text{kN} \cdot \text{m} > \gamma_0 M_d = 325.78\ \text{kN} \cdot \text{m}\end{aligned}$$

因此正截面抗弯承载力满足规范要求。

（4）斜截面抗剪承载力验算。

根据 JTG 3362—2018 中 5.2.9 关于抗剪截面验算的规定，有：

$$\begin{aligned}0.51 \times 10^{-3} f_{cu,k}^{0.5} b h_0 &= (0.51 \times 10^{-3} \times 45^{0.5} \times 990 \times 255)\text{kN}\\&= 863.68\ \text{kN} > \gamma_0 V_d = 281.90\ \text{kN}\end{aligned}$$

式中　$f_{cu,k}$——边长为 150 mm 的混凝土立方体抗压强度标准值，MPa。

因此抗剪截面满足规范要求。

根据 JTG 3362—2018 中 5.2.10 关于受弯构件斜截面抗剪承载力验算的规定，有：

$$\begin{aligned}1.25 \times 0.5 \times 10^{-3} \alpha_2 f_{td} b h_0 &= 1.25 \times 0.000\ 5 \times 1 \times 1.74 \times 0.99 \times 1\ 000 \times 0.255 \times 1\ 000\ \text{kN}\\&= 249.58\ \text{kN} < \gamma_0 V_d = 281.90\ \text{kN}\end{aligned}$$

因此受弯构件斜截面抗剪承载力不满足规范要求,需重新进行设计。

对于板式受弯构件,公式可乘以 1.25(提高系数)。

本案例可不进行斜截面抗剪承载力的验算,只需按照 JTG 3362—2018 中 9.3.13 构造要求配置箍筋。

5）裂缝宽度计算

根据 JTG 3362—2018 中 6.4 关于裂缝宽度验算的规定:环境类别为Ⅳ类环境;对于钢筋混凝土构件,最大裂缝宽度不应超过 0.15 mm。

作用短期效应组合:

$$M_s=1.0M_1+0.7M_2=1.0\times228.81\ \text{kN}\cdot\text{m}+0.7\times15.42\ \text{kN}\cdot\text{m}=239.60\ \text{kN}\cdot\text{m}$$

式中　M_s——按作用频遇组合计算的弯矩,kN·m。

作用长期效应组合:

$$M_l=1.0M_1+0.4M_2=1.0\times228.81\ \text{kN}\cdot\text{m}+0.4\times15.42\ \text{kN}\cdot\text{m}=234.98\ \text{kN}\cdot\text{m}$$

式中　M_l——结构自重和直接施加于结构上的汽车荷载、人群荷载、风荷载按作用准永久组合计算的弯矩值。

受拉钢筋的应力 σ_{ss} 为:

$$\sigma_{ss}=\frac{M_s}{0.87A_sh_0}=\frac{239.60\ \text{kN}\cdot\text{m}}{0.87\times0.006\ 158\ \text{m}^2\times0.255\ \text{m}}=175.38\ \text{MPa}$$

作用长期效应影响系数 C_2 为:

$$C_2=1+0.5M_l/M_s=1+0.5\times\frac{234.98\ \text{kN}\cdot\text{m}}{175.38\ \text{kN}\cdot\text{m}}=1.67$$

裂缝宽度 W_{fk} 为:

$$W_{fk}=\frac{C_1C_2C_3\sigma_{ss}(c+d)}{E_s(0.36+1.7\rho_{te})}$$
$$=\frac{1\times1.67\times1.15\times175.38\times(30+28)}{2.00\times10^5\times(0.36+1.7\times0.013\ 7)}\ \text{mm}$$
$$=0.25\ \text{mm}>0.15\ \text{mm}$$

式中　C_1——钢筋表面形状系数,$C_1=1$;

　　　C_2——长期效应影响系数;

　　　C_3——与构件受力性质有关的系数,$C_3=1.15$;

　　　ρ_{te}——纵向受拉钢筋的有效配筋率;

　　　E_s——混凝土弹性模量,$E_s=2.00\times10^5$ Pa。

因此,裂缝宽度不满足规范要求,需要重新进行设计。

2.3.2.2　台身及基础计算

1）设计资料

基础为分离式,基础襟边 $C_1=0.30$ m,台身宽 $C_2=0.40$ m,基础宽 $C_3=1.00$ m,背墙宽 $C_4=0.10$ m,搭接宽度 $C_5=0.30$ m,基础高 $d_1=0.50$ m,铺底厚 $H=0.30$ m;涵洞净高 $H_0=2.20$ m,计算高度 $H_1=2.60$ m,基础顶深 $H_2=8.00$ m;台身容重为 23 kN/m³,基础容重为

23 kN/m³,铺底容重为 23 kN/m³;回填土的内摩擦角 $\varphi=20°$,容重 $\gamma=18$ kN/m³,上下端铰支结构如图 2-6 所示。

将台身简化为上下端铰支模型,取台宽 $b=0.99$ m 进行计算。

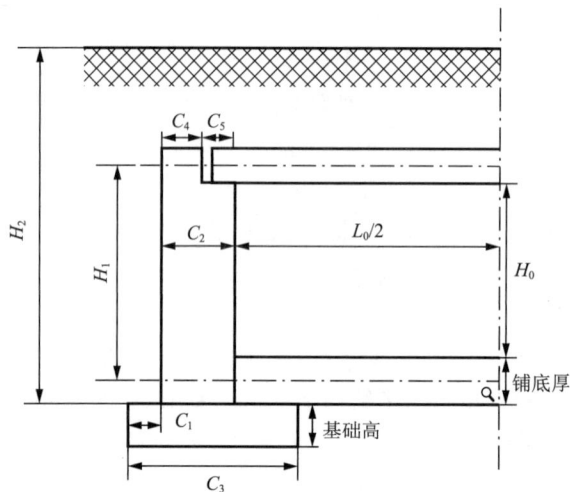

图 2-6 上下端铰支结构示意图

2)台身验算

(1) 水平力。

台身结构水平力如图 2-7 所示。

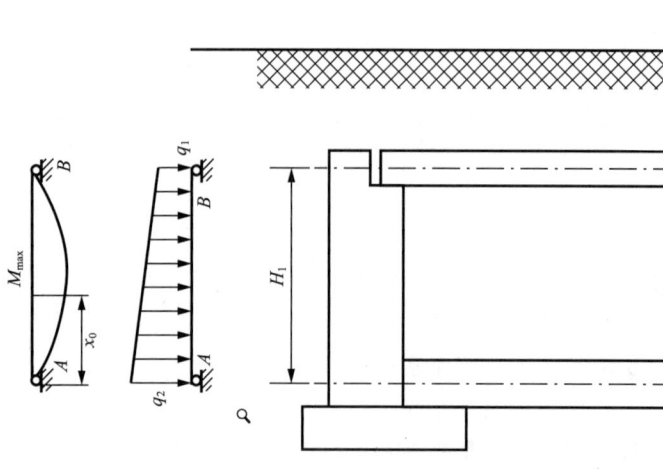

图 2-7 台身结构水平力示意图

破坏棱体长度 l_0 为:

$$l_0 = (H_1+d_1/2+H)\times\tan(45°-\varphi/2)$$
$$= \left(2.6\ \text{m}+\frac{0.5}{2}\ \text{m}+0.3\ \text{m}\right)\times\tan(45°-20°/2)$$
$$= 2.2\ \text{m}$$

假设破坏棱体宽度 $B = 11.27$ m，则车辆荷载等代土层厚 h 为：

$$h = \frac{\sum G}{Bl_0\gamma} = \frac{560 \text{ kN}}{11.27 \text{ m} \times 2.2 \text{ m} \times 18 \text{ kN/m}^3} = 1.25 \text{ m}$$

式中　$\sum G$——在破坏棱体长度和破坏棱体宽度范围内的车辆总荷载，kN。

土的侧压力系数 λ 为：

$$\lambda = \tan^2\left(45° - \frac{\varphi}{2}\right) = \tan^2(45° - 20°/2) = 0.490\ 3$$

台背非均布荷载 q_1 和 q_2 为：

$$q_1 = (H + h + d_1/2)b\lambda\gamma$$
$$= (5 \text{ m} + 1.25 \text{ m} + 0.25 \text{ m}) \times 0.99 \text{ m} \times 0.490\ 3 \times 18 \text{ kN/m}^3$$
$$= 56.79 \text{ kN/m}$$

$$q_2 = (H + h + H_0 + 0.30/2 + d_1)b\lambda\gamma$$
$$= (5 \text{ m} + 1.25 \text{ m} + 2.20 \text{ m} + 0.15 \text{ m} + 0.50 \text{ m}) \times 0.99 \text{ m} \times 0.490\ 3 \times 18 \text{ kN/m}^3$$
$$= 79.51 \text{ kN/m}$$

A 端剪力 Q_A 为：

$$Q_A = \frac{q_2 H_1}{2} - \frac{(q_2 - q_1)H_1}{6}$$
$$= \frac{79.51 \text{ kN/m} \times 2.60 \text{ m}}{2} - \frac{(79.51 \text{ kN/m} - 56.79 \text{ kN/m}) \times 2.60 \text{ m}}{6}$$
$$= 93.52 \text{ kN}$$

竖向力 p 为：

$$p = \frac{q_2 - q_1}{H_1} = \frac{79.51 \text{ kN/m} - 56.79 \text{ kN/m}}{2.60 \text{ m}} = 8.74 \text{ kN/m}^2$$

最大弯矩位置 x_0 为：

$$x_0 = \frac{q_2 - \sqrt{q_2^2 - 2pQ_A}}{p}$$
$$= \frac{79.51 \text{ kN/m} - \sqrt{(79.51 \text{ kN/m})^2 - 2 \times 8.74 \text{ kN/m}^2 \times 93.52 \text{ kN}}}{8.74 \text{ kN/m}^2}$$
$$= 1.26 \text{ m}$$

最大弯矩 M_{max} 为：

$$M_{max} = Q_A x_0 - \frac{q_2}{2}x_0^2 + \frac{q_2 - q_1}{6H_1}x_0^3$$
$$= 93.52 \text{ kN} \times 1.26 \text{ m} - \frac{79.51}{2} \text{ kN/m} \times (1.26 \text{ m})^2 +$$
$$\frac{79.51 \text{ kN/m} - 56.79 \text{ kN/m}}{6 \times 2.60 \text{ m}} \times (1.26 \text{ m})^3$$
$$= 56.73 \text{ kN} \cdot \text{m}$$

（2）竖向力。

台身结构竖向力如图 2-8 所示。

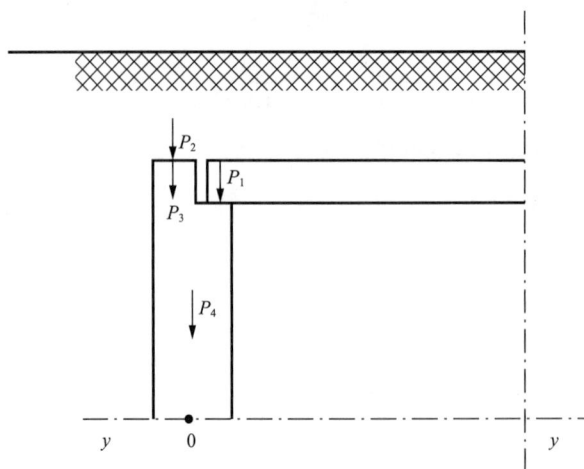

图 2-8 台身结构竖向力示意图

当 $x_0 = 1.26$ m 时,台身 y—y 截面上的竖向力、偏心矩及弯矩见表 2-2。

表 2-2 竖向力、偏心矩及弯矩计算结果

位　置	竖向力 P/kN	偏心矩 e/m	弯矩 M/(kN·m)
1	233.39	-0.36	-84.02
2	8.91	0.15	1.34
3	1.14	0.15	0.17
4	9.93	0.00	0.00
合　计	253.37		-82.51

(3) 截面验算。

作用效应组合:

$$\gamma_0 M_d = 1.1 \times (1.2 \Sigma M + 1.4 M_{max})$$
$$= 1.1 \times [1.2 \times (-82.51 \text{ kN} \cdot \text{m}) + 1.4 \times 52.11 \text{ kN} \cdot \text{m}]$$
$$= -28.66 \text{ kN} \cdot \text{m}$$
$$\gamma_0 N_d = 0.9 \times 1.2 \Sigma P = 1.1 \times 1.2 \times 253.37 \text{ kN} = 334.45 \text{ kN}$$
$$\gamma_0 V_d = 0.9 \times 1.4 Q_A = 1.1 \times 1.4 \times 85.02 \text{ kN} = 130.93 \text{ kN}$$

偏心矩 e:

$$e = \frac{\gamma_0 M_d}{\gamma_0 N_d} = \frac{-28.66 \text{ kN} \cdot \text{m}}{334.45 \text{ kN}} = -0.086 \text{ m}$$

偏心受压承载力验算见表 2-3。由上表可知,裂缝和强度均满足要求。

表 2-3 偏心受压承载力验算

原始数据	弯矩(短期效应组合)/(kN·m)	136
	弯矩(长期效应组合)/(kN·m)	136

	弯矩(基本组合)/(kN·m)	174
	轴力(短期效应组合)/kN	250
	轴力(长期效应组合)/kN	250
	轴力(基本组合)/kN	250
	剪力(基本组合)/kN	0
	混凝土强度等级	C45
	是否板式受弯	N
	偏压裂缝计算是否考虑轴力	Y
	梁高/m	400
	梁宽/mm	1 000
	偏压构件计算长度 l_0/mm	3 000
原始数据	第 1 排受拉主筋直径/mm	25
	第 2 排受拉主筋直径/mm	0
	第 3 排受拉主筋直径/mm	0
	第 1 排受拉主筋根数/根	10
	第 2 排受拉主筋根数/根	0
	第 3 排受拉主筋根数/根	0
	第 1 排受拉主筋距近边距离/mm	40
	受压主筋直径/mm	25
	受压主筋根数/根	10
	受压主筋距近边距离(多排受压钢筋需换算到一排)/mm	40
	箍筋直径/mm	12
	一个截面上的箍筋根数/根	1
	箍筋间距/mm	100
计算结果	裂缝宽度(偏压)/m	0.06
	裂缝宽度(纯弯)/m	0.09
	强度(偏压)	PASS B
	强度(纯弯)	PASS
	抗　剪	PASS

3)基础应力验算

基础应力如图 2-9 所示,基础底面上的竖向力、偏心矩及弯矩见表 2-4,其中 $P_{9汽}$ 是由车辆荷载所产生的盖板支点反力、竖向力及弯矩进行作用产生的短期效应组合。

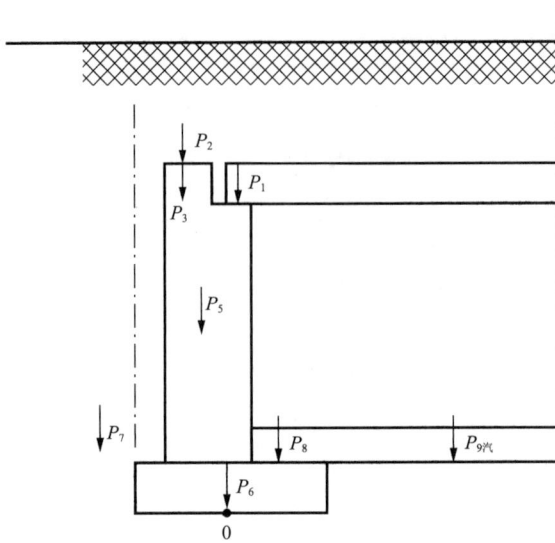

图 2-9　基础应力示意图

表 2-4　偏心受压承载力验算

位　置	分项系数	竖向力/kN	偏心矩 e/m	弯矩 M/(kN·m)
1	1.0	233.39	−0.36	−84.02
2	1.0	8.91	0.15	1.34
3	1.0	1.14	0.15	0.17
5	1.0	22.77	0.00	0.00
6	1.0	11.39	0.00	0.00
7	1.0	42.77	0.35	14.97
8	1.0	13.66	−0.35	−4.78
9 汽	0.7	13.34	−0.05	−0.67
Σ		343.36		−72.99

根据《公路桥涵地基与基础设计规范》(JTG D63—2007)中的 5.3 计算桩长，见表 2-5。

表 2-5　桩长计算表

桩孔 /cm	层顶高 /m	土层厚 /m	土分类 名称	土层与桩侧的摩阻力标准值 Q_{ik}/kPa	桩端处土的承载力基本容许值 $[f_{a0}]$ /kPa	容许承载力修正系数 k_2	桩端岩石饱和单轴抗压强度标准值 F_{rk}/kPa	土层水平抗力系数 m_T/(kN·m^{-4})	侧摩阻力 /kN
1.2	1.96	1.2	杂填土	0	0	0	0	9 500	0
2.0	0.76	0.8	黏　土	−14	100	2.5	0	10 000	−10.550 4
4.2	−0.04	2.2	黏　土	−5	70	1.5	0	5 000	−10.362 0

桩孔 /cm	层顶高 /m	土层厚 /m	土分类 名称	土层与桩 侧的摩阻 力标准值 Q_{ik}/kPa	桩端处土 的承载力 基本容许 值[f_{a0}] /kPa	容许承 载力修 正系数 k_2	桩端岩石 饱和单轴 抗压强度 标准值 F_{rk}/kPa	土层水平 抗力系数 m_T/(kN· m^{-4})	侧摩阻力 /kN
9.5	−2.24	5.3	淤泥黏土	−3.6	60	1.5	0	5 000	−17.973 4
14.4	−7.54	4.9	粉质黏土	28	100	1.5	0	5 000	129.242 4
15.0	−12.44	0.6	粉质黏土	36	110	1.5	0	5 000	20.347 2
17.0	−13.04	2.0	粉质黏土	45	140	1.5	0	10 000	84.780 0
21.3	−15.04	4.3	粉质黏土	50	150	2.5	0	10 000	202.530 0
23.1	−19.34	1.8	粉　土	51	160	1.5	0	12 000	86.475 6
29.0	−21.14	5.9	粉　砂	59	190	2.5	0	10 000	327.910 2
37.0	−27.04	8.0	粉　砂	61	200	2.5	0	10 000	
42.6	−35.04	5.6	粉质黏土	55	205	1.5	0	10 000	
44.7	−40.64	2.1	黏　土	52	195	1.5	0	10 000	
47.0	−42.74	2.3	粉质黏土	55	205	1.5	0	10 000	
49.0	−45.04	2.0	黏　土	52	195	1.5	0	10 000	
50.9	−47.04	1.9	中　砂	68	250	2.5	0	12 000	
52.5	−48.94	1.6	粉　砂	66	66	2.5	0	12 000	
55.5	−50.54	3.0	中　砂	68	250	2.5	0	12 000	
57.0	−53.54	1.5	黏　土	60	215	2.5	0	10 000	
60.0	−55.04	3.0	粉质黏土	62	220	2.5	0	12 000	
75.0	−58.04	15.0	粉质黏土	62	220	2.5	0	12 000	
							总侧摩阻力/kN		833.312 0

钻孔数据引用北段一期数据,经计算,桩长取 30 m。

2.4　管道开挖最大悬空长度分析

在管道保护盖板施工前,需要对管道本体、环焊缝、防腐层进行检测,如果发现缺陷,则需进行开挖修复。开挖时如果管道悬空长度过长,则可能对管道安全运行造成影响。因此施工过程中应避免管道悬空长度过长,且需要对管道最大悬空长度进行分析,为施工时管道最大开挖长度提供依据。下面以某管道为例,介绍分析计算过程。

2.4.1 计算模型

施工中挖出管段的最大悬空长度参考《现役管道的不停输移动推荐作法》(SY/T 0330—2004)中的公式进行计算。

$$L_S = \sqrt{\frac{1.52 S_A (D^4 - d^4)}{D^3 - 0.872\,4 d^2 D} \times 10^2} \tag{2-1}$$

式中 L_S——管道最大悬空长度,m;

        D——管道外径,mm;

        d——管道内径,mm;

        S_A——许用轴向弯曲应力,MPa。

S_A 可由下式计算:

$$S_A = F_D \times SMYS - S_E - S_S \tag{2-2}$$

式中 F_D——设计系数;

     $SMYS$——管道规定最小屈服强度,MPa;

        S_E——管道中原有轴向应力,MPa;

        S_S——管道拉伸引起的轴向应力,由于开挖后管道处于自由状态,管道轴向拉伸应力被管道原有的弹性压缩应力抵消,MPa。

S_E 可由下式计算:

$$S_E = S_P + S_T + S_C \tag{2-3}$$

式中 S_P——由内压产生的轴向拉伸应力,MPa;

        S_T——由温度变化引起的管道轴向拉伸应力,MPa;

        S_C——管道中由弹性弯曲产生的原有轴向应力,MPa。

S_P 可由下式计算:

$$S_P = \frac{pD\mu}{2t} \tag{2-4}$$

式中 p——管道内最大工作压力,MPa;

        μ——钢材泊松比,取 0.3;

        t——管道公称壁厚,mm。

S_T 可由下式计算:

$$S_T = E\alpha(T_1 - T_2) \tag{2-5}$$

式中 E——钢材弹性模量,取 2×10^5 MPa;

        α——钢材线膨胀系数,取 1.2×10^{-5} ℉$^{-1}$ $\left(1\,℉ = \frac{9}{5}\,℃ + 32\right)$;

        T_1——管道安装时的温度,未知管道安装温度时可进行合理估算,℉;

        T_2——管道移动时的温度,℉。

2.4.2　计算案例

1）管道材料参数

某管道材料为 L450,弹性模量 $E=2\times10^5$ MPa,泊松比 $\mu=0.3$,最小屈服强度 $SMYS$ $=450$ MPa,钢材线膨胀系数 $\alpha=1.2\times10^{-5}$ ℉$^{-1}$。

2）管道尺寸参数

管道外径 $D=813$ mm,壁厚 $t=12.7$ mm。

3）环境参数

管道设计系数 $F_D=0.6$,管道安装时的温度未知,保守取 30 ℃,即 $T_1=86$ ℉,管道开挖时的工作温度取 0 ℃,即 $T_2=32$ ℉。

4）管道所受载荷

管道最大工作压力 $p=8.5$ MPa。

5）由内压产生的管道轴向拉伸应力

$$S_P=\frac{pD\mu}{2t}=\frac{8.5\text{ MPa}\times813\text{ mm}\times0.3}{2\times12.7\text{ mm}}=81.62\text{ MPa}$$

6）由温度变化引起的管道轴向拉伸应力

$$S_T=E\alpha(T_1-T_2)=2\times10^5\text{ MPa}\times1.2\times10^{-5}\text{ ℉}^{-1}\times(86\text{ ℉}-32\text{ ℉})=129.6\text{ MPa}$$

7）管道中原有轴向应力

$$S_E=S_P+S_T+S_C=(81.62+129.6+0)\text{MPa}=211.22\text{ MPa}$$

8）管道许用轴向弯曲应力

$$S_A=F_DSMYS-S_E-S_S=(0.6\times450-211.22-0)\text{MPa}=58.78\text{ MPa}$$

9）管道最大悬空长度

$$L_S=\sqrt{\frac{1.52S_A(D^4-d^4)}{D^3-0.872\,4d^2D}\times10^2}=\sqrt{\frac{1.52\times58.78\times(813^4-800.3^4)}{813^3-0.872\,4\times800.3^2\times813}}\text{ m}=16.9\text{ m}$$

管道最大悬空长度为 16.9 m,参考标准《管道管理与维护规范》(Q/SY GD0306—2017),管道允许最大悬空长度不超过最大悬空长度减 3 m,故本管道开挖时允许最大悬空长度为 13.9 m。

管道开挖应按照图 2-10,采用间断开挖、分段施工的方式进行,首先开挖 1,3,5,…段,而 2,4,6,…段作为支撑墩,支撑墩长度不应小于 5 m。

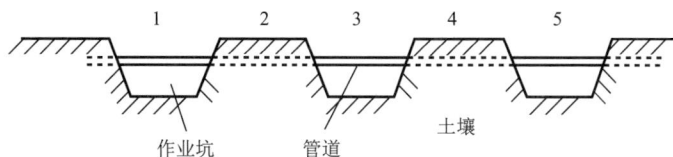

图 2-10　分段间隔开挖示意图

2.5 桥梁落物风险分析

2.5.1 车辆坠落数据统计情况

车辆在高架桥上行驶时可能发生坠落并砸到管道上方而发生的事故。坠落形式主要分为两类：一是车辆坠落，二是翻车后货物坠落。根据公安部交通管理局《2011 年道路交通事故统计年报》，2011 年全国高速公路坠车和翻车事故统计见表 2-6，表 2-7 为全国高速公路事故形态四项指数，表 2-8 为各辖区高速公路事故形态四项指数。

表 2-6 2011 年全国高速公路坠车和翻车事故统计汇总

年 份	坠车事故数量/起	翻车事故数量/起
2011	94	814

表 2-7 全国高速公路事故形态四项指数

项 目	事故起数		死亡人数		受伤人数		直接财产损失	
	数量/起	百分数/%	数量/人	百分数/%	数量/人	百分数/%	数量/元	百分数/%
正面相撞	428	4.41	366	5.81	638	4.64	11 237 162	3.56
侧面相撞	644	6.64	347	5.51	1 024	7.45	15 668 068	4.96
尾随相撞	3 918	40.39	2 691	42.72	5 992	43.61	150 790 120	47.73
对向刮擦	35	0.36	18	0.29	58	0.42	439 329	0.14
同向刮擦	359	3.70	193	3.06	534	3.89	10 646 678	3.37
刮撞行人	887	9.15	667	10.59	331	2.41	9 153 691	2.90
碾 压	69	0.71	64	1.02	64	0.47	1 956 469	0.62
翻 车	814	8.39	506	8.03	1 566	11.40	28 052 762	8.88
坠 车	94	0.97	77	1.22	161	1.17	3 798 569	1.20
失 火	36	0.37	16	0.25	16	0.12	5 320 415	1.68
撞固定物	1 590	16.39	690	10.95	2 143	15.60	43 032 706	13.62
撞静止车辆	538	5.55	433	6.87	818	5.95	23 707 502	7.51
撞动物	2	0.02	0	0.00	5	0.04	40 525	0.01
其 他	286	2.95	232	3.68	389	2.83	12 051 727	3.82
合 计	9 700	100	6 300	100	13 739	100	315 895 723	100

表 2-8 各辖区高速公路事故形态四项指数

项 目	次 数		死亡人数		受伤人数		直接财产损失	
	数量/次	百分数/%	数量/人	百分数/%	数量/人	百分数/%	数量/元	百分数/%
北 京	190	1.96	121	1.92	217	1.58	4 244 643	1.34
天 津	88	0.91	94	1.49	128	0.93	4 027 505	1.27
河 北	421	4.34	330	5.24	642	4.67	16 885 764	5.35
山 西	327	3.37	189	3.00	554	4.03	13 448 284	4.26
内蒙古	133	1.37	125	1.98	225	1.64	7 028 928	2.22
辽 宁	229	2.36	178	2.83	326	2.37	6 634 790	2.10
吉 林	133	1.37	102	1.62	217	1.58	4 450 827	1.41
黑龙江	216	2.23	127	2.02	246	1.79	10 499 559	3.32
上 海	57	0.59	67	1.06	72	0.52	1 799 759	0.57
江 苏	428	4.41	349	5.54	479	3.49	14 679 490	4.65
浙 江	412	4.25	401	6.36	542	3.95	27 510 208	8.71
安 徽	296	3.05	240	3.81	507	3.69	7 194 299	2.28
福 建	767	7.91	258	4.09	773	5.63	23 147 257	7.33
江 西	802	8.27	367	5.83	1 286	9.36	32 200 795	10.19
山 东	387	3.99	338	5.36	510	3.71	10 055 417	3.18
河 南	269	2.77	162	2.57	369	2.69	9 543 284	3.02
湖 北	414	4.27	302	4.79	814	5.92	22 471 596	7.11
湖 南	524	5.40	367	5.83	935	6.81	19 192 912	6.08
广 东	817	8.42	518	8.22	1 120	8.15	21 877 941	6.93
广 西	138	1.42	141	2.24	206	1.50	3 547 568	1.12
海 南	103	1.06	48	0.76	200	1.46	2 160 316	0.68
重 庆	220	2.27	30	0.48	179	1.30	1 092 703	0.35
四 川	671	6.92	247	3.92	928	6.75	17 660 390	5.59
贵 州	274	2.82	219	3.48	557	4.05	4 472 676	1.42
云 南	367	3.78	319	5.06	528	3.84	9 881 328	3.13
西 藏	0	0.00	0	0.00	0	0.00	0	0.00
陕 西	515	5.31	274	4.35	515	3.75	13 540 203	4.29
甘 肃	275	2.84	209	3.32	383	2.79	4 363 334	1.38
青 海	33	0.34	27	0.43	56	0.41	508 535	0.16
宁 夏	72	0.74	52	0.83	108	0.79	945 976	0.30
新 疆	122	1.26	99	1.57	117	0.85	829 436	0.26
合 计	9 700	100	6 300	100	13 739	100	315 895 723	100

2.5.2　落物对管道的影响分析

1）管道损伤分级

参考《海底管道风险评估推荐作法》(SY/T 7063—2016)，视管道的受损程度，可将损伤分为以下三级。

（1）轻微损伤(D1)：管道损伤既不需要修复，也不会导致泄漏。管壁上有小的凹坑，凹坑的最大深度为管径的 5％，通常不会立即影响管道的运营，但应该采取检验和技术评估的手段确认管道的结构完整性和通过清管球的能力。

（2）中等损伤(D2)：管道损伤需要修复，但不会导致泄漏。当管壁上的凹坑限制其内部检验时（如凹坑的最大深度超过管径的 5％），通常需要进行修复。如果经过结构完整性评定后可以继续运行，则其修复可以延期。

（3）重大损伤(D3)：管道发生泄漏。管壁被砸穿孔或者管道破裂，必须立即停止油气输送并进行线路修复，受损部分必须移除替换。

2）落物冲击能

车辆在高架桥上行至管道附近时，可能翻车并导致货物坠落，甚至整个车辆坠落，坠落到地面时达到极限速度，此时车辆或货物的冲击能 E_E 为：

$$E_E = \frac{1}{2}mv_T^2 = mgh \tag{2-6}$$

式中　m——车辆或货物的质量，kg；

　　　v_T——车辆或货物到地面时的竖向极限速度，m/s；

　　　h——下落高度，m；

　　　g——重力加速度，取 9.8 m/s²。

3）混凝土盖板保护能力

交叉位置的管道采用混凝土盖板进行保护，混凝土盖板能使管道免受潜在的冲击损伤。混凝土盖板吸收能量(E_K)是凹陷体积和混凝土压碎强度(Y)乘积的函数。标准密度的混凝土压碎强度是混凝土立方体强度的 3～5 倍，轻质混凝土压碎强度是混凝土立方体强度的 5～7 倍。典型混凝土立方体强度范围为 35～45 MPa。

混凝土盖板吸收能计算公式为：

$$E_K = Ybhx_0 \tag{2-7}$$

式中　Y——混凝土压碎强度，N/m²；

　　　b——坠落物的宽度，m；

　　　h——凹陷长度，m；

　　　x_0——凹陷深度，m。

4）管道覆土保护能力

管道覆土在一定程度上可以保护管道免受落物砸伤损坏，其保护能力主要取决于管道埋深和落物尺寸。根据实体试验，管状落物被覆土吸收的能量 E_P 为：

$$E_P = \frac{1}{2}\gamma'DN_\gamma A_p z + \gamma' z^2 N_q A_p \tag{2-8}$$

式中　γ'——覆土的有效重度,参考塘承高速公路北段一期工程钻孔数据,覆土的有效重度取 17 kN/m³;

　　　D——坠落管道的直径,m;

　　　A_p——坠落管道的投影面积,m²;

　　　z——贯入深度,m;

　　　N_γ,N_q——承载系数,按照土力学和基础工程中太沙基公式承载系数表(表 2-9)取值,内摩擦角为 30°时,$N_\gamma=21.8$,$N_q=22.5$。

表 2-9　太沙基公式承载系数表

内摩擦角/(°)	0	5	10	15	20	25	30	35	40	45
N_γ	0	0.51	1.20	1.80	4.0	11.0	21.8	45.4	125.0	326.0
N_q	1.0	1.64	2.69	4.45	7.42	12.7	22.5	41.4	81.3	173.3

对于非管状物体,如集装箱,当其某一条边接触地面后砸入土层时,落物被覆土层吸收的能量可表示为:

$$E_P = \frac{2}{3}\gamma' L N_\gamma z^3 \tag{2-9}$$

式中　L——触地边的长度,m。

当落物某一个尖角接触地面后砸入土层时,落物被覆土层吸收的能量可表示为:

$$E_P = \frac{\sqrt{2}}{4}\gamma' s_\gamma N_\gamma z^4 \tag{2-10}$$

式中　s_γ——形状系数,取 0.6。

5)管道被撞凹坑吸收能

由于混凝土盖板和覆土层的保护,落物撞击管道的实际能量 E_0 为:

$$E_0 = E_E - E_P - E_K \tag{2-11}$$

撞击的典型失效模式是在管壁上形成凹坑或穿孔,凹坑如图 2-11 所示。假设刃型载荷垂直作用于管道上,凹坑极深,几乎贯穿整个横断面,则凹坑吸收能 E 的计算公式为:

$$E = 16\left(\frac{2\pi}{9}\right)^{\frac{1}{2}} M_p \left(\frac{D}{t}\right)^{\frac{1}{2}} D \left(\frac{\delta}{t}\right)^{\frac{3}{2}} \tag{2-12}$$

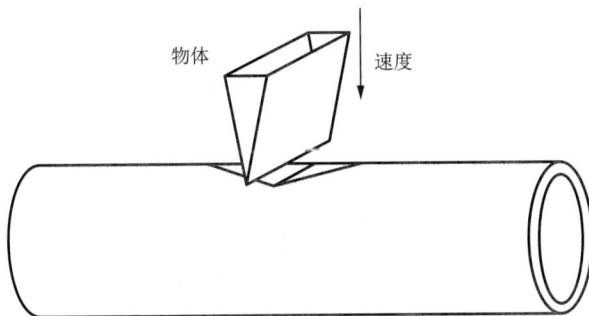

图 2-11　凹坑示意图

27

式中 M_p——管壁的塑性弯矩，$M_p = \frac{1}{4}\sigma_y t^2$；

　　　σ_y——屈服应力，N/m^2；

　　　δ——管道变形凹坑深度，m；

　　　t——管道壁厚，m；

　　　D——管道外径，m。

对比 E_0 和 E，即可判断管道受落物撞击后的损坏情况。

6）多工况落物撞击后果分析

根据《公路桥涵设计通用规范》(JTG D60—2015)，标准载重汽车采用五轴式货车加载，车辆纵向轴距为 12.8 m，横向轴距为 1.8 m，外形尺寸为 15 m×2.5 m×4 m，车辆总重为 550 kN。保守考虑，最大车辆落物设定为五轴式货车，另选取最大载重 180 kN、外形尺寸 12 m×2.5 m×3.7 m 的客车，以及重 175 kN、外形尺寸 6.058 m×2.438 m×2.591 m 的标准集装箱作为落物并进行撞击分析，落物尺寸及重量见表 2-10。

表 2-10　落物尺寸及重量

落　物	长/m	宽/m	高/m	重量/kN
集装箱	6.058	2.438	2.591	175
客　车	12	2.5	3.7	180
货　车	15	2.5	4.0	550

集装箱、客车和货车如图 2-12～图 2-14 所示。

图 2-12　标准集装箱　　　　　　　　　　　图 2-13　客车

图 2-14　货车

高架桥面距地面 8.2 m,管道埋深 2 m,管道上方设置长×宽×高＝200 cm×200 cm× 15 cm 的钢筋混凝土盖板,每种落物均按坠落物尖角砸向地面、坠落物短边 1(最短边)砸向地面、坠落物短边 2(次短边)砸向地面和坠落物长边砸向地面 4 种情况进行计算,并假设坠落物尖角砸向地面时作用边长为 0.2 m。同时根据实际情况,假设坠落物尖角砸向地面的情况只有开始阶段为角作用,后期变为边作用。落物计算工况见表 2-11,落物冲击能计算结果见表 2-12,落物模拟计算结果见表 2-13。

表 2-11 落物计算工况

工 况	下落高度/m	覆土厚度/m	混凝土盖板厚度/m	备 注
J01	8.2	2	0.15	175 kN 集装箱角作用
J02	8.2	2	0.15	175 kN 集装箱短边 1 作用
J03	8.2	2	0.15	175 kN 集装箱短边 2 作用
J04	8.2	2	0.15	175 kN 集装箱长边作用
K01	8.2	2	0.15	180 kN 客车角作用
K02	8.2	2	0.15	180 kN 客车短边 1 作用
K03	8.2	2	0.15	180 kN 客车短边 2 作用
K04	8.2	2	0.15	180 kN 客车长边作用
H01	8.2	2	0.15	550 kN 货车角作用
H02	8.2	2	0.15	550 kN 货车短边 1 作用
H03	8.2	2	0.15	550 kN 货车短边 2 作用
H04	8.2	2	0.15	550 kN 货车长边作用

表 2-12 落物冲击能计算结果

工 况	下落高度/m	落物冲击能 E_E/kJ
集装箱	8.2	1 435
客 车	8.2	1 476
货 车	8.2	4 510

表 2-13 落物模拟计算结果

工 况	落物冲击能 E_E/kJ	盖板吸收能 E_K/kJ	覆土吸收能 E_P/kJ	管道凹陷 5%管径吸收能 E/kJ	后果判断
J01	1 435	630	4 818.79	22.42	OK
J02	1 435	3 150	4 818.79	22.42	OK
J03	1 435	3 150	5 121.20	22.42	OK
J04	1 435	3 150	11 973.84	22.42	OK
H01	1 476	630	4 941.33	22.42	OK

工 况	落物冲击能 E_E/kJ	盖板吸收能 E_K/kJ	覆土吸收能 E_P/kJ	管道凹陷5%管径吸收能 E/kJ	后果判断
H02	1 476	3 150	4 941.33	22.42	OK
H03	1 476	3 150	7 313.17	22.42	OK
H04	1 476	3 150	23 718.40	22.42	OK
K01	4 510	630	4 941.33	22.42	OK
K02	4 510	3 150	4 941.33	22.42	OK
K03	4 510	3 150	7 906.13	22.42	OK
K04	4 510	3 150	29 648.00	22.42	OK

若落物撞击管道实际能量 E_o 小于管道凹陷5%管径吸收能,则管道损伤级别小于D1级,后果判断为OK;若落物撞击管道实际能量 E_o 大于管道凹陷5%管径吸收能,则管道损伤级别达到D1级,后果判断为NOT OK。

2.6 桥梁跨越海底管道抛石保护方案

2.6.1 海底管道保护方案

在某特大桥跨越某输气海管区域(KP3.2附近,交叉点两侧沿管线各300 m),在大桥施工期(40多个月)内,各种施工船舶,如打桩船、运梁船、起重作业船、拖轮、锚艇、泥驳等在该区域频繁活动,存在拖锚、落锚的风险和各种尺寸、各种形状落物的可能,同时还存在船舶搁浅在海管上、拖网撞击海底管道、航道疏浚设备损伤海底管道以及路由区非法采砂影响海管等一系列风险。在大桥运营期(海管搬迁之前),大桥为公铁合营,每天在大桥和海管跨越区段人员众多,同时还有各种桥面落物风险,无论是跨越区段的人员还是海底管线,都存在一定的风险。尤其是考虑到该段海管在海底大部分裸露甚至部分区段凸出海底1 m高的现状,必须对该段海底输气管线进行必要的机械保护设计,以抵御上述事件对海管可能造成的危害。

根据危害源辨识(HAZID)研究会议专家讨论意见和风险识别结果,并考虑到该管线近处曾发生管线泄漏火灾事故,大桥施工前需要对海底输气管线现状进行确认,并据此提出切实可行的保护方案。根据2016年的勘察结果和HAZID研究会议专家讨论意见,在现阶段提出以下3个保护方案。

方案一: 在穿越点海管凸起现状基础上进行抛石保护(里层抛小石,外层抛大石)。要求计算抛石保护高度并进行保护截面设计,对桥跨管线段(约650 m)进行分级保护。

方案二: 对海管下方基础进行预处理,把海管平放在海床上,然后进行抛石保护(里层抛小石,外层抛大石)。要求计算抛石保护高度并进行保护截面设计。

方案三：对海管进行挖沟，然后进行抛石回填（底层抛粗砂，上层抛大石或用混凝土灌浆板覆盖）。要求计算挖沟和回填深度，并确定抛石回填截面形状。

此外，还可考虑在现有海管上方加设钢结构保护架的方案，参考铁路既有管线施工的相关标准。但是由于在大桥的施工期和营运期，落物、拖锚、落锚等是主要荷载，该方案不能有效抵抗这类荷载，所以不展开论述。

上述保护方案都需要计算确定抛石的最小厚度、抛石稳定性设计、抛石的沉降量，以确定保护方案的最终参数。

1）概　况

由 2016 年对海管进行的外勘察可以看出，在大桥跨越部分海管在海底为裸露状态，部分区段甚至凸出海底泥面以上 1 m，如图 2-15 所示。

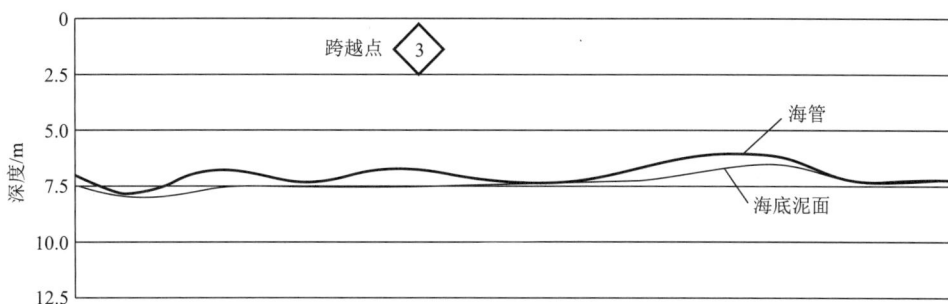

图 2-15　跨越点附近海管现状

将近年来已修建的大桥（如港珠澳大桥等）中的跨越海底管线的自身条件、安全距离和大桥施工前的海管现状等与即将修建的特大桥跨越情况进行对比，以便提出后续保护措施和应急预案。

抛石层的截面设计和回填石块径粒配比设计是抛石覆盖保护设计的两个基本内容。抛石层应该具备足够的宽度，以确保在接近管道时偏离其原有指向管道的路径，进而避免对管道造成损伤。抛石层需要有足够的厚度，以确保吸收落物（如锚）产生的冲击能。作为覆盖保护材料的石块，径粒配比须满足一定的条件，以保证其在运行期内抵抗环境荷载的影响而保持其自身稳定性，同时还要能够吸收自由落物产生的冲击能。

2）关于桥跨管线的相关法律法规要求

《中华人民共和国石油天然气管道保护法》由中华人民共和国第十一届全国人民代表大会常务委员会第十五次会议于 2010 年 6 月 25 日通过，自 2010 年 10 月 1 日起实施。

国家能源局、国家铁路局联合发布的《油气输送管道与铁路交汇工程技术及管理规定》（国能油气〔2015〕392 号）自 2016 年 1 月 1 日起实施。

我国就油气输送管道与铁路交汇的相关法律法规要求见表 2-14。

表 2-14　我国就油气输送管道与铁路交汇的相关法律法规要求

编号	涉及阶段	涉及的法律法规条款	颁布机构	实施时间	项目是否满足法律法规要求	建议	实施方
1	大桥施工期、营运期	《中华人民共和国石油天然气管道保护法》 第三十二条　在穿越河流的管道线路中心线两侧各 500 m 地域范围内,禁止抛锚、拖锚、挖砂、挖泥、采石、水下爆破。但是,在保障管道安全的条件下,为防洪和航道通畅而进行的养护疏浚作业除外	全国人民代表大会常务委员会	2010 年 10 月 1 日	否	在大桥施工期和营运期,对海管进行保护方案设计并实施保护	大桥方
2	大桥施工期	《中华人民共和国石油天然气管道保护法》 第三十五条　进行下列施工作业,施工单位应当向管道所在地县级人民政府主管管道保护工作的部门提出申请: (三) 在管道线路中心线两侧各 200 m 和本法第五十八条第一项所列管道附属设施周边 500 m 地域范围内,进行爆破、地震法勘探或者工程挖掘、工程钻探、采矿。县级人民政府主管管道保护工作的部门接到申请后,应当组织施工单位与管道企业协商确定施工作业方案,并签订安全防护协议;协商不成的,主管管道保护工作的部门应当组织进行安全评审,作出是否批准作业的决定	全国人民代表大会常务委员会	2010 年 10 月 1 日	否	对金海特大桥跨越 PY 30-1 天然气海管进行安全评价	大桥方
3	大桥施工期、营运期	《油气输送管道与铁路交汇工程技术及管理规定》 第五条　3.管道和铁路不宜在其他铁路站场、道口等建筑物和设备处交叉,不宜在设计时速 200 km/h 及以上铁路及动车组走行线的有砟轨道路基地段、各类过渡段、铁路桥跨越河流主河道区段交叉。确需交叉时,管道和铁路设备应采取必要的防护措施	国家能源局、国家铁路局联合发布	2016 年 1 月 1 日	否,实施保护方案后满足	在大桥施工期和营运期,对海管进行保护方案设计并实施保护	大桥方和海管方

编号	涉及阶段	涉及的法律法规条款	颁布机构	实施时间	项目是否满足法律法规要求	建　议	实施方
4	大桥施工期、营运期	《油气输送管道与铁路交汇工程技术及管理规定》 第十一条　铁路不宜跨越既有管道定向钻穿越段，必须跨越时，应探明管道的位置与深度。当采用桥梁跨越时，桥梁墩台基础外缘与管道外缘的水平净距不应小于 5 m，且不影响管道安全	国家能源局、国家铁路局联合发布	2016 年 1 月 1 日	是	海上施工的定位精度及特殊性决定 5 m 的水平净距明显太小，最小水平净距为 66 m；同时对跨越部分海管实施保护方案	大桥方
5	大桥施工期、营运期	《油气输送管道与铁路交汇工程技术及管理规定》 第十三条　管道穿越既有铁路桥梁或铁路桥梁跨越既有管道时，铁路桥梁（非跨主河道区段）下方管道可直接埋设通过，并应满足下列要求： 1.管顶在桥梁下方埋深不宜小于 1.2 m，管道上方应埋设钢筋混凝土板。钢筋混凝土板的宽度应大于管道外径 1.0 m，板厚不得小于 100 mm，板底面距管顶间距不宜小于 0.5 m，板的埋设长度不应小于铁路线路安全保护区范围。钢筋混凝土板上方应埋设聚乙烯警示带；穿越段的起始点以及中间每隔 10 m 处应设置地面穿越标识。 2.铁路桥梁底面至自然地面的净空高度不应小于 2.0 m。 3.管道与铁路桥梁墩台基础边缘的水平净距不宜小于 3 m。施工过程中应对既有桥梁墩台或管道设施采取防护措施，确保管道与桥梁的安全	国家能源局、国家铁路局联合发布	2016 年 1 月 1 日	否	海管保护方案实施后应满足该条款要求	大桥方

编号	涉及阶段	涉及的法律法规条款	颁布机构	实施时间	项目是否满足法律法规要求	建　议	实施方
6	大桥施工期、营运期	《油气输送管道与铁路交汇工程技术及管理规定》第十五条　埋地管道和铁路在软土等特殊土质、斜坡等特殊地段交叉时，应采取保证既有设施安全和稳定性的特殊设计	国家能源局、国家铁路局联合发布	2016年1月1日		已考虑	大桥方
7	大桥施工期、营运期	《油气输送管道与铁路交汇工程技术及管理规定》第十七条　铁路跨越既有管道时，管道方应对跨越管段进行完整性评价。铁路跨越段应设置保护涵或桥梁，并应对施工区域内的管道采取防护措施。铁路方在施工期间应保持管道原有的受力状态及管道周围土体和边坡的稳定。铁路施工便道及维修通道跨越既有管道时，应对管道采取保护措施。当交叉处管道上存在铁路杂散电流干扰时应对管道采取排流措施	国家能源局、国家铁路局联合发布	2016年1月1日		双方应按该要求进行相应工作	管道方、大桥方
8	大桥施工期、营运期	《油气输送管道与铁路交汇工程技术及管理规定》第二十六条　当管道与铁路工程交汇时，应对既有设施的状态进行评价，并根据评价结果提出设计方案。建设方应在初步设计阶段向对方企业提交设计方案，并就建设项目概况、技术参数、交叉位置描述、拟订通过方案、并行间距等作出说明	国家能源局、国家铁路局联合发布	2016年1月1日	否	要求深圳分公司提交海管的完整性评价报告，进行海管保护方案设计	管道方、大桥方
9	大桥施工期、营运期	《油气输送管道与铁路交汇工程技术及管理规定》第二十九条　交汇工程施工由项目建设单位负责实施，对方企业配合。交汇工程竣工后，应由双方共同进行工程验收，竣工资料由双方存档	国家能源局、国家铁路局联合发布	2016年1月1日		双方按要求执行	管道方、大桥方

编号	涉及阶段	涉及的法律法规条款	颁布机构	实施时间	项目是否满足法律法规要求	建　议	实施方
10	大桥施工期、营运期	《油气输送管道与铁路交汇工程技术及管理规定》 第三十二条　交汇工程施工中应采取必要的安全措施,对既有工程及附属设施实施良好的保护。 第三十三条　交汇处应设置相应的警示标志,以及其他必要的安全措施,确保运营安全。 第三十四条　对每一处交汇工程,双方企业运维单位应建立联系机制,对本方设施进行维护、检修时,应保护对方设施,并做好相关的应急预案;当巡检、维护中发现对方设施存在异常现象或安全隐患时,应及时通知对方。防洪期间,双方企业应加强交汇段各自设施的防护。 第三十五条　当交汇段出现紧急事故危及对方运营安全时,应立即通知对方,双方采取有效措施,排除风险	国家能源局、国家铁路局联合发布	2016 年1 月 1 日		双方按要求执行海管保护方案,建立沟通机制	大桥方、海管方

3）抛石层的最小厚度

通常情况下,锚落入海床中时,初始时为垂直贯入,当达到最大落锚深度后,随着船舶的惯性行进,锚在土壤中还要进行水平行进。锚在海床中的合成运动轨迹一般为抛物线,在锚运动到海床表面水平位置时,锚抓力达到最大。

为了避免锚在拖曳过程中对管道造成损伤,应依据锚在达到海床水平位置时,锚爪在堆石层中的贯入深度来确定所需的抛石层最小厚度,计算公式如下:

$$T_\mathrm{d} = \max(H, z) + CL + D_\mathrm{t} \tag{2-13}$$

式中　T_d——抛石层的最小厚度,m;

　　　H——锚爪贯入覆盖层的深度,m;

　　　z——由锚的直接冲击引起的穿透堆石层的深度,m;

　　　CL——锚爪与管道应保持的最小间隙,m;

　　　D_t——含涂层在内的管道总外径,m。

抛石层最小厚度计算如图 2-16 所示,在大桥施工期,预计最大为 10 t 重的锚在此处使用,故施工期考虑 10 t 重的锚计算抛石层最小厚度。在大桥营运期,以主桥(340 m＋340 m＋

340 m)作为通航孔,其中第 1 孔和第 2 孔 340 m 跨作为远期 5 000 t 级海轮双孔单向通航孔和 3 000 t 级海轮单孔双向通航孔。在天然气管道搬迁前,5 000 t 级双孔不通航。因此,大桥营运期考虑 2 460 kg 锚重进行最小抛石层厚度计算。

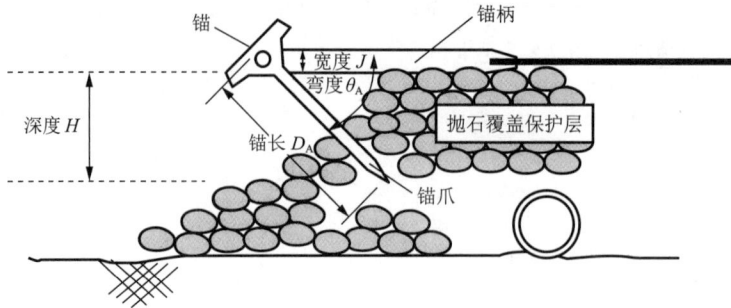

图 2-16　抛石层最小厚度计算示意图

4)抛石层对锚的冲击能量的吸收

一个较重锚直接撞击到没有任何保护的管道上会对管道造成较严重的损伤。抛石覆盖作为一种保护方法,可以有效减轻由于锚的直接冲击对管道造成的损伤。通过使落锚的有效冲击能量和抛石层所吸收的能量相等,可以得到抛石层的吸收能量;然后检验抛石层的厚度,确保抛石层的厚度大于计算得到的锚能够穿透抛石层的深度。

落物的有效冲击能量 E_E 定义如下:

$$E_E = E_T + E_A = \frac{1}{2}(m + m_a)v_T^2 \tag{2-14}$$

式中　E_T——落锚的终速度对应的动能,kJ;

　　　E_A——水动力增加质量对应的能量,kJ;

　　　m——落锚的质量,kg;

　　　m_a——水动力增加质量,kg;

　　　v_T——落锚的终速度,m/s。

抛石层吸收落锚的能量按照下式计算:

$$E_p = 0.5rDN_rA_pz + rz^2N_qA_p \tag{2-15}$$

式中　E_p——抛石层吸收的能量,kJ;

　　　r——填充材料的有效单位重量,取 11 kN/m³;

　　　D——落物的直径,m;

　　　A_p——落物的塞紧面积,m²;

　　　z——穿越深度,m。

5)抛石稳定性设计

对于为保护管道而抛投在海管上的石块在风、浪、流等环境荷载作用下的稳定性,可采用相关文献中的方法进行设计。

用于工程回填的石块应该由一系列密度约为 2 600 kg/m³ 的、等级配比良好的石块组成。在计算石块质量时,要考虑 lsbash 常数的影响,以确保石块能够抵抗海底面大的流速和波浪诱导速度等环境载荷的影响。

$$W_D = \frac{\pi}{48g^{-3}} \frac{v^6 \gamma_r}{y^6} \left(\frac{\gamma_w}{\gamma_r - \gamma_w}\right)^3 \left(1 - \frac{\sin^2 \theta_B}{\sin^2 \phi_r}\right)^{-\frac{3}{2}} \tag{2-16}$$

式中　W_D——单个石块的质量,kg;

v——流速和波浪诱导速度的合成速度,m/s;

g——重力加速度,取 9.81 m/s^2;

γ_r——石块的密度,kg/m^3;

γ_w——海水密度,取 1 025 kg/m^3;

θ_B——相对于水平方向的边坡角度,(°);

ϕ_r——石块的响应角,(°);

y——lsbash 常数。

有效石块直径 D_{50min} 可按照下式计算:

$$D_{50min} = \left(\frac{6}{\pi}\right)^{1/3} \left(\frac{W_D}{\gamma_r}\right)^{1/3} \tag{2-17}$$

式中　D_{50min}——级配曲线上石块累积质量为抛石层总质量的 50% 时所对应的石块最小直径,m。

抛石层的石块等级分布曲线应该满足如下要求:

$$D_{50max} = 1.5^{1/3} D_{50min} \tag{2-18}$$

$$D_{15min} = 0.31^{1/3} D_{50min} \tag{2-19}$$

$$D_{15max} = 0.75^{1/3} D_{50min} \tag{2-20}$$

$$D_{100min} = 2^{1/3} D_{50min} \tag{2-21}$$

$$D_{100max} = 5^{1/3} D_{50min} \tag{2-22}$$

式中　D_{50max}——在级配曲线上石块累积质量为抛石层总质量的 50% 时所对应的石块最大直径,m;

D_{15min}——级配曲线上石块累积质量为抛石层总质量的 15% 时所对应的石块最小直径,m;

D_{15max}——级配曲线上石块累积质量为抛石层总质量的 15% 时所对应的石块最大直径,m;

D_{100min}——级配曲线上石块累积质量为抛石层总质量的 100% 时所对应的石块最小直径,m;

D_{100max}——级配曲线上石块累积质量为抛石层总质量的 100% 时所对应的石块最大直径,m。

抛石分级曲线如图 2-17 所示,抛石层的最小厚度推荐采用如下公式计算:

$$r = 3.2 D_{50min} \left(\frac{\pi}{6}\right)^{1/3} \quad 或 \quad r = 0.5 \text{ m(最小)} \tag{2-23}$$

式中　r——抛石层的最小厚度,m。

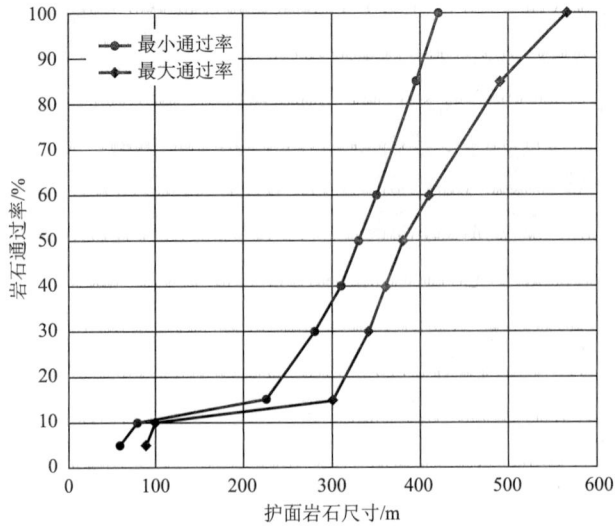

图 2-17 抛石分级曲线

6）抛石层的沉降量

虽然海管设计时采用后挖沟自然回填的方式铺设，但根据最新的路由调查，该段管道整体处于裸露状态，其管道底部土质情况不能确定，故采用表层黏土计算沉降量。

该带的浅层土主要由青灰色砂质黏土和青灰色黏土质粉砂组成，可塑，含水量大。实验室测试结果表明，其未排水剪切强度为 2.5～9.7 kPa，非常软。天然含水量接近或超过液体界限，表明其为敏感物质，孔隙比 e 大多数大于 1.5，该浅层土为淤泥。钻孔 D02 和 D03 土壤数据见表 2-15。

表 2-15　钻孔 D02 和 D03 土壤数据

钻孔编号	样品编号	取土深度/m	土的物理性质			稠性限度				十字板抗剪强度/kPa
			含水量 w/%	有效重度 γ/(kN·m^{-3})	孔隙比 e	液限 W_L/%	塑限 W_P/%	塑性指数 l_P	液性指数 l_L	
D02	D02-1	0.45	50.4	16.7	1.396	40.4	22.7	17.7	1.56	4.7
	D02-2	1.45	61.6	15.7	1.721	53.5	26.2	27.3	1.30	6.8
	D02-3	2.45	48.4	17.0	1.357	40.5	22.1	18.4	1.43	5.7
	D02-4	3.45	55.8	16.2	1.558	45.7	24.1	21.6	1.47	7.2
	D02-5	4.8	56.6	16.5	1.525	46.3	24.3	22.0	1.47	2.5
	D02-6	5.8	56.6	16.1	1.587	42.2	24.4	17.8	1.81	3.5
	D02-7	7.0	59.4	16.5	1.554	48.3	25.0	23.3	1.48	6.2
	D02-8	6.2	53.6	16.2	1.522	44.2	23.5	20.7	1.45	3.5
	D02-9	9.4	59.2	16.4	1.566	48.2	25.8	22.4	1.49	4.5
	D02-10	10.6	55.1	16.4	1.516	45.2	23.9	21.3	1.46	6.8

钻孔编号	样品编号	取土深度/m	土的物理性质			稠性限度				十字板抗剪强度/kPa
			含水量 w/%	有效重度 γ/(kN·m⁻³)	孔隙比 e	液限 W_L/%	塑限 W_P/%	塑性指数 I_P	液性指数 I_L	
D03	D03-1	1.0	56.5	15.8	1.635	46.2	26.3	19.9	1.52	3.1
	D03-2	1.7	55.4	16.3	1.536	45.5	24.0	21.5	1.46	4.2
	D03-3	2.7	53.9	16.5	1.481	44.4	23.4	21.0	1.45	2.7
	D03-4	3.7	55.7	16.3	1.541	49.8	26.5	23.3	1.25	5.1
	D03-5	5.0	55.8	16.2	1.558	45.7	28.9	16.8	1.60	7.1
	D03-6	6.1	63.1	15.5	1.781	51.0	26.0	25.0	1.48	1.1
	D03-7	7.2	59.0	16.1	1.611	48.0	24.9	23.1	1.48	9.7
	D03-8	8.3	58.4	15.5	1.701	47.6	27.9	19.7	1.55	8.1

抛石保护层接触海底泥面后主要依靠自重作用下沉,下沉深度与挤淤形式、护底总厚度、抛石容重以及淤泥性质等因素有关。将抛石保护梯形截面简化为矩形截面,按表 2-16 所示护底厚度 H 和宽度 B 组合进行计算。

表 2-16　护底厚度 H 和宽度 B 组合

组　合	护底厚度 H/m	宽度 B/m
组合 1	2.5	8
组合 2	3.0	9
组合 3	3.5	10

采用传统的土体极限平衡分析法得出护底厚度(即抛填物总厚度或抛石厚度)H 与填筑物下沉深度 D 的计算公式为:

$$H = \frac{(2+\pi)C_u + 2\gamma_s D}{\gamma} + \frac{(4C_u + 2\gamma_s D)D}{\gamma B} + \frac{2\gamma_s D^3}{3\gamma B^2} \quad \left(t > \frac{B}{\sqrt{2}+1}\right) \tag{2-24}$$

式中　C_u——淤泥的十字板抗剪强度,kPa;

　　　γ——块石容重,取 26 kN/m³;

　　　γ_s——淤泥容重,取淤泥有效重度平均值(16.2 kN/m³);

　　　D——填筑物在淤泥中的下沉深度,m;

　　　B——填筑物宽度,m;

　　　t——淤泥深度,m。

淤泥的十字板抗剪强度按表层淤泥分别取 3.1 kPa,4.2 kPa,4.7 kPa 和 6.8 kPa,经计算,组合 1~组合 3 对应的护底简化矩形尺寸与填筑物下沉深度 D 见表 2-17。

表 2-17　护底简化矩形尺寸与下沉深度

工　况	护底厚度 H/m	宽度 B/m	十字板抗剪强度/kPa	下沉深度 D/m
组合 1.1			3.1	1.25
组合 1.2	2.5	8	4.2	1.11
组合 1.3			4.7	1.04
组合 1.4			6.8	0.77
组合 2.1			3.1	1.56
组合 2.2	3.0	9	4.2	1.42
组合 2.3			4.7	1.36
组合 2.4			6.8	1.09
组合 3.1			3.1	1.87
组合 3.2	3.5	10	4.2	1.73
组合 3.3			4.7	1.67
组合 3.4			6.8	1.40

7）混凝土压块的沉降量

混凝土压块与抛石层沉降量的计算思路和方法类似,这里不再赘述,不同的是最初抛下的石块可以滚动到管道下方,而不会导致管道沉降,而混凝土压块在覆盖之后会带着管道一起沉降。混凝土压块护底简化矩形尺寸与下沉深度见表 2-18。

表 2-18　护底简化矩形尺寸与下沉深度

工　况	混凝土层数/层	十字板抗剪强度/kPa	下沉深度 D/m
组合 1.1		3.1	1.25
组合 1.2	1	4.2	1.11
组合 1.3		4.7	1.04
组合 1.4		6.8	0.77
组合 2.1		3.1	1.56
组合 2.2	2	4.2	1.42
组合 2.3		4.7	1.36
组合 2.4		6.8	1.09

8）混凝土配重层对石块冲击能量的吸收能力

在向海里投放石块的过程中,石块是从一定的高度下落,石块降落所产生的动能将被混凝土涂层、防腐涂层、钢管和位于管道上面的土壤吸收。下面对混凝土涂层对落物(石块)冲击能量的吸收能力进行研究。

（1）冲击能量。

落物的有效冲击能量已经定义，这里不再赘述。

（2）能量吸收。

$$E_K = \begin{cases} Ybhx_0 \\ Yb\dfrac{4}{3}\sqrt{Dx_0^3} \end{cases} \qquad (2\text{-}25)$$

式中　E_K——吸收的能量，kJ；

　　　Y——挤压强度，MPa，$Y = ff_{cu}$；

　　　f——强度因子，一般可取 3～5；

　　　f_{cu}——混凝土强度，一般可取 35～45 MPa；

　　　b——落物的宽度，m；

　　　h——落物的高度，m；

　　　x_0——贯入深度，m；

　　　D——管道直径，m。

基于能量守恒原理，使 $E_K = E_E$，进而求出贯入深度 x_0。落物对混凝土涂层的冲击如图 2-18 所示。

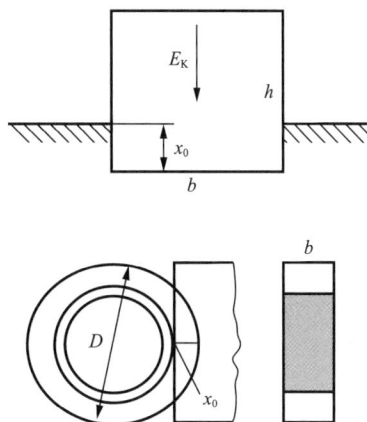

图 2-18　落物对混凝土涂层的冲击

9）建议的保护方案

根据 HAZID 研究会议专家意见和海管现状，结合上述论证，提出以下 5 种可行的海管保护方案。

方案一：在穿越点海管凸起现状基础上进行抛石保护（里层抛小石，外层抛大石）。要求计算抛石保护高度并进行保护截面设计，对桥跨管线保护段（约 600 m）海管凸起海床部分进行保护设计，对其他平放海床部分进行保护设计，如图 2-19 所示。

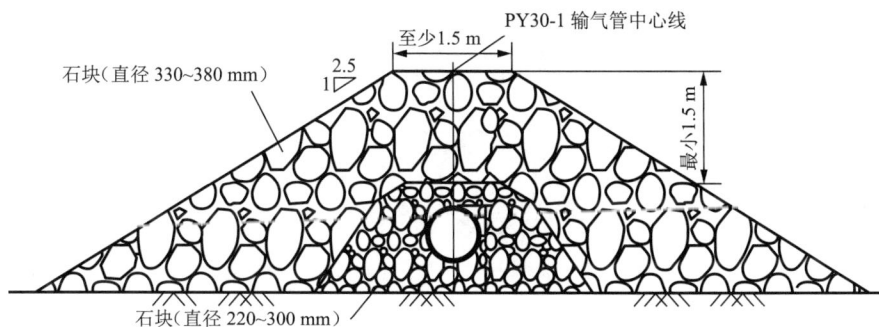

图 2-19　海管保护方案一

方案二：对海管下方基础进行预处理，将海管平放在海床上，然后进行抛石保护（里层抛小石，外层抛大石），如图 2-20 所示。

方案三：对海管进行挖沟，然后进行抛石回填（底层抛粗砂，上层抛砾石并覆盖大石或混凝土灌浆板）。计算的挖沟和回填深度及确定的抛石回填截面形状如图 2-21 和图 2-22 所示。

41

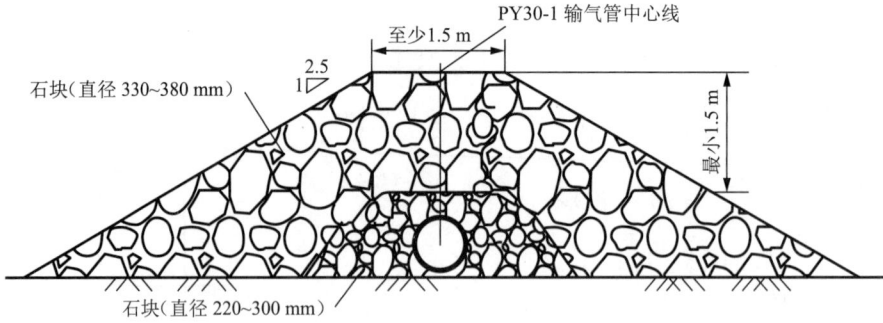

图 2-20　海管保护方案二

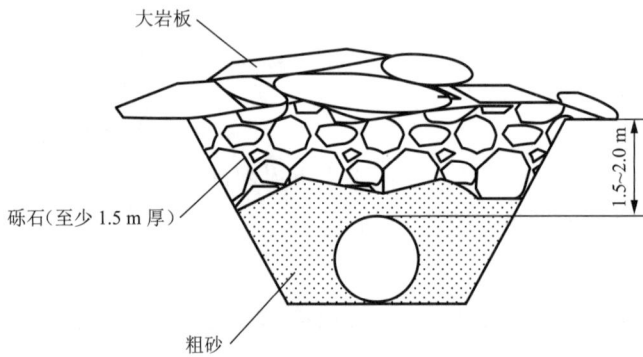

图 2-21　海管保护方案三(砂石填充)

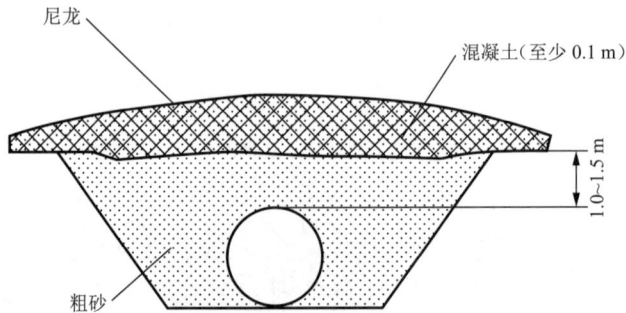

图 2-22　海管保护方案三(混凝土填充)

由于表层为较软的黏土,挖沟后抛石有利于抛石的稳定性,所以对该方案进行了简单论证并补充为方案三,如果实施需特别注意避免不停产挖沟带来的风险。

方案四:在管道上方覆盖两层混凝土压块,每层混凝土压块的厚度约为 300 mm,利用混凝土压块实现对管道的保护。为防止混凝土压块下放过程中对管道造成损伤,可以在管道上抛小石,形成一定保护能力之后再进行混凝土压块下放作业,如图 2-23 所示。

方案五:根据施工单位的推荐,并参考铁路工程既有管线施工安全技术规程和相关经验,在管道上方安装防护棚架以实现对管道的保护,同时棚架的桩基可以起到禁航和禁锚的作用,如图 2-24 所示。

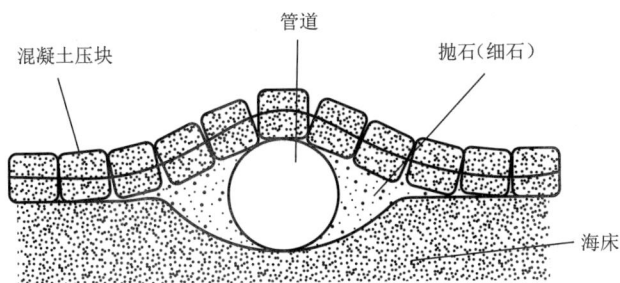

图 2-23　海管保护方案四(混凝土压块)

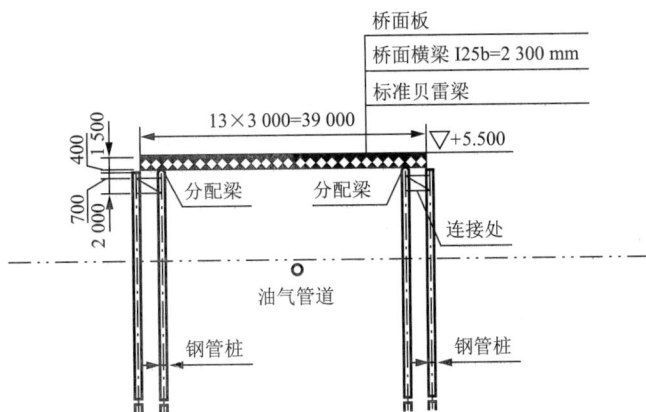

图 2-24　海管保护方案五(防护棚架)(单位:cm)

10) 保护方案比较

5 个保护方案的比较见表 2-19。

表 2-19　保护方案比较

	描　述	工程量 (土石方)	施工 风险	是否 停输	对通航 的影响	船舶 触底	拖锚 影响	冲刷 影响	存在的问题
方案一	在穿越点海管凸起现状基础上进行抛石保护(里层抛小石,外层抛大石),平放部分同方案二	最　大	小	否	很　大	很　大	有	大	① 穿越点海管保护处水深很浅,航道部门未必批准; ② 抛石保护与海床交界处冲刷不可避免且无法评估
方案二	对海管下方基础进行预处理,将海管平放在海床上,然后进行抛石保护(里层抛小石,外层抛大石)	中	小	否	大	大	有	中	① 穿越点海管保护处水深变浅,航道部门未必批准; ② 抛石保护与海床交界处冲刷不可避免且无法评估

43

	描　述	工程量 （土石方）	施工 风险	是否 停输	对通航 的影响	船舶 触底	拖锚 影响	冲刷 影响	存在的问题
方案三	对海管进行挖沟,然后进行抛石回填(底层抛粗砂,上层抛砾石并覆盖大石或混凝土灌浆板)	小	小	很　小	较　小	较　小	不太有风险	小	① 是否方便找合适的挖沟机具; ② 带压挖沟海管风险大,而且达到既定沟深需要多次挖沟
方案四	在海管上方进行混凝土压块保护(可以先抛小石对管道形成一定的保护)	很　小	小	否	小	小	有	小	① 穿越点海管保护处水深很浅,航道部门未必批准; ② 压块保护与海床交界处冲刷不可避免且无法评估
方案五	参考铁路工程既有管线施工安全技术规程和相关经验,在管道上方安装防护棚架以实现对管道的保护	无	中	否	很　大	无（区域禁航）	无	中	① 陆地施工量加大,费用较高; ② 棚架安装存在一定的施工风险; ③ 对管道的冲刷没有防护效果; ④ 属于临时性措施,运营期无保护效果

注:方案一为 HAZID 研究会议专家推荐方案。

11) 抛石层的最小厚度

根据锚达到海床水平位置时锚爪在抛石层里的贯入深度确定的抛石层最小厚度为 1.411 m。结合落锚分析,PY30-1 海管 65 mm 厚混凝土配重层不足以对最大 10 t 重的落锚提供保护,需要在顶层抛投至少 1.0 m 厚的直径为 330~380 mm 的石块。综合考虑,最后确定大桥施工期抛石层厚度最小为 1.5 m,但在大桥营运期,PY30-1 海管搬迁之前,最小抛石层厚度维持在 1.0 m 以上即可。

12) 抛石层对锚的冲击能量的吸收能力

保守考虑,假设锚从高 30 m 处自由下落,落到抛石层上的速度达到 24.3 m/s,则不同质量的锚对抛石层的冲击能量和贯入深度见表 2-20。

表 2-20　锚对抛石层的冲击能量和贯入深度

锚的质量/t	冲击能量/kJ	贯入深度/m
2.46	865.5	0.70
10.00	3 518.0	0.85

13) 抛石层粒径级配曲线

抛石层的粒径级配曲线如图 2-25 所示。

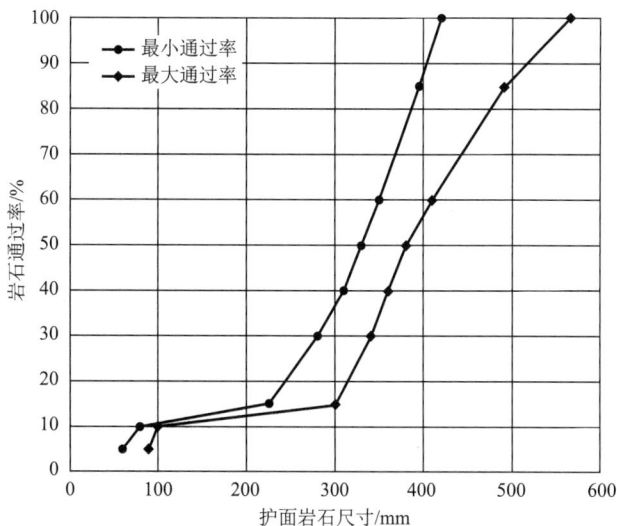

图 2-25　抛石层的粒径级配曲线

14）抛石层沉降量

根据相关计算,结果显示抛石层沉降量较大,见表 2-21。建议挖沟后抛石,否则应考虑抛石引起的管道沉降,以及与未抛石管段过渡位置可能产生的较大弯矩、剪力以及变形问题。

表 2-21　护底简化矩形尺寸与下沉深度

方　案	抛石厚度 H/m	宽度 B/m	十字板抗剪强度 C_u/kPa	下沉深度 D/m
抛石保护方案一	3	9	3.1	1.56
抛石保护方案二	2.5	8	3.1	1.25

15）混凝土配重层对石块冲击能量的吸收能力

将前面计算得到的直径最大(600 mm)的石块作为研究对象,基于保守考虑,假设石块从 30 m 高处自由下落,在撞击到管道的混凝土涂层前速度达到 24.3 m/s。

计算结果表明,石块的最大贯入深度为 17.4 mm,占混凝土涂层厚度的 6.8%。

16）锚的拖曳

假设船舶抛锚时锚从一定的高度自由下落,这个高度与在桥跨管线段活动的船舶大小有关。由于现阶段不能提供施工期具体的船舶吨位和尺寸及锚的大小,经业主确认,大桥施工期暂按最大 10 t 的锚重进行保护设计。同时考虑下述情况:磨刀门水道规划为内河 I 级航道,通行 5 000 t 级海轮。2015 年 12 月进行了通航论证,确定主桥通航孔跨径为 3 m×340 m,其中第 2 孔跨中海油水下天然气管道。在天然气管道搬迁前,位于水道深槽内的第 1 孔和第 2 孔不通航,位于浅水区的第 3 孔单孔双向通航 3 000 t 级海轮;在天然气管道搬迁后,第 1 孔和第 2 孔恢复 5 000 t 级双孔单向通航。在大桥营运期,只需考虑 3 000 t 级海轮,故营运期锚重按最大 2.46 t 进行考虑已能满足设计要求。这两种锚在土壤里的贯入深度和拖曳长度见表 2-22。

表 2-22　拖锚分析计算结果

参　数	10 t 重锚	2.46 t 重锚
锚在海床上的贯入深度/m	6.3	1.9
锚在海床土壤里的拖曳长度/m	15.9	8.0

值得注意的是,在进行海管保护方案施工前,要进行该海管跨越段的施工预调查,以确定:① 对施工存在的新的或以前未查明的潜在危险;② 障碍物及其位置;③ 海床条件。一旦现阶段海管保护方案设计的前提发生变化,施工方必须根据新的条件重新调整保护方案。海管保护方案完成后,要进行后调查以确认海管保护方案实施情况。

2.6.2　落锚分析计算

在管道跨越施工水域,施工船舶抛锚驻位时很可能造成锚直接撞击管道或缆绳刮擦管道,从而对其造成损坏。下面以船舶锚坠直接与管道发生碰撞作为最不利情况,分析其对管道造成的影响。

（1）落锚直接击中裸管,可能导致其泄漏或破裂。碰撞损伤以管道缺口深度与管道直径的百分比形式表示,缺口深度与所吸收落锚动能的关系如下:

$$E = 16 \left(\frac{2\pi}{9} \right)^{\frac{1}{2}} m_\mathrm{p} \left(\frac{D}{t} \right)^{\frac{1}{2}} D \left(\frac{\delta}{D} \right)^{\frac{3}{2}} \tag{2-26}$$

式中　E——所吸收的落锚动能,J;

　　　D——管道直径,m;

　　　m_p——管壁的塑性矩性能,$m_\mathrm{p} = 0.25\sigma_\mathrm{y} t$,J;

　　　t——管道的壁厚,m;

　　　σ_y——屈服应力,MPa;

　　　δ——管道的变形(缺口深度),m。

缺口深度与可能造成的损伤等级参照设计规范,见表 2-23。

表 2-23　钢质管道的碰撞损伤与级别划分的关系

缺口深度 /%	损坏说明	条件概率					
		D_1	D_2	D_3	R_0	R_1	R_2
<5	轻微损害	1.00	0	0	1.00	0	0
5～10	重大损坏,预计会有泄漏	0.10	0.80	0.10	0.90	0.10	0
10～15	重大损坏、泄漏和破裂	0.10	0.75	0.25	0.75	0.20	0.05
15～20	预计会有重大损坏、泄漏和破裂	0	0.25	0.75	0.25	0.50	0.25
≥20	破　裂	0	0.10	0.90	0.10	0.20	0.70

注:$D_1 \sim D_3$ 和 $R_0 \sim R_2$ 分别为条件概率的 3 个数值,且加和分别为 1。

（2）混凝土配重的影响。

混凝土配重所能承受的能量可参考式(2-25)。

对于接触形状无法确定的情况,保守起见,考虑混凝土配重所能承受的能量一般为两式计算结果中较小者。

（3）埋深的影响。

对于埋管情况,需要考虑土体对能量的吸收。当下落物体贯入土中时,所损失的能量可用下式表达：

$$E_p = 0.5\gamma D N_y A_p z + \gamma z^2 N_q A_p \tag{2-27}$$

式中　γ——填充材料单位有效重量,kN/m^2；

　　　D——落物的直径,m；

　　　A_p——落物的贯入面面积,m^2；

　　　z——贯入深度,m；

　　　N_q, N_y——土壤的阻抗系数。

（4）落锚的动能计算。

落锚到达海床的速度可用下式表达：

$$v = \left\{ \left[2gH_0 - \frac{2Ug(\rho_s - \rho_w)}{C_D \rho_w A_F} \right] \exp\left(\frac{-C_D \rho_w A_F z}{U \rho_s} \right) + \frac{2Ug(\rho_s - \rho_w)}{C_D \rho_w A_F} \right\}^{\frac{1}{2}} \tag{2-28}$$

式中　H_0——落锚距海面的高度,m；

　　　g——重力加速度,m/s^2；

　　　U——落锚体积,m^3；

　　　ρ_s——落锚密度,kg/m^3；

　　　ρ_w——海水密度,kg/m^3；

　　　z——距离海面的深度,m；

　　　C_D——拖曳力系数；

　　　A_F——落锚的前接触面积,m^2；

　　　v——落锚在 z 处的速度,m/s。

当水深为 z 时,v 就是落锚撞击海床的速度,此时落锚的动能 E_T 可表示为：

$$E_T = \frac{1}{2}mv^2 \tag{2-29}$$

式中　m——落锚质量,kg。

在水中还需考虑附加水动力质量,则有效碰撞能量为：

$$E_E = E_T + E_A = \frac{1}{2}(m + m_a)v^2 \tag{2-30}$$

$$m_a = \rho_w U C_a$$

式中　m_a——附加质量,kg；

　　　C_a——附加质量系数。

（5）落锚分析计算结果见表 2-24。分别考虑了管道在无混凝土保护、加混凝土保护、加混凝土保护同时埋设 1.0 m、加混凝土保护同时埋设 2.0 m 4 种情况下不同锚重落锚对管道的损伤。

表 2-24　落锚分析结果

参　数	锚重/kg			
	350	850	2 460	4 890
无混凝土保护				
$\dfrac{\delta}{D}$/%	5	4	10	22
加混凝土保护				
$\dfrac{\delta}{D}$/%	0	0	0	0
加混凝土保护同时埋设 1.0 m				
$\dfrac{\delta}{D}$/%	0	0	0	0
加混凝土保护同时埋设 2.0 m				
$\dfrac{\delta}{D}$/%	0	0	0	0

注:δ—缺口深度;D—管道直径。

由计算结果可以得出,管道的混凝土配重层较厚,能够吸收大量落锚所产生的冲击能量。在 101.6 mm 厚的混凝土配重层保护下,管道能够抵御约 5 t 落锚破坏的危险。

2.7　公路穿越

假定管线承受相邻车道上行驶的两辆汽车所产生的荷载,这两组双轴或单轴荷载在一条直线上。假定穿越管道与被穿公路夹角为 90°,且穿越形式为路堤型穿越,如图 2-26 所示。

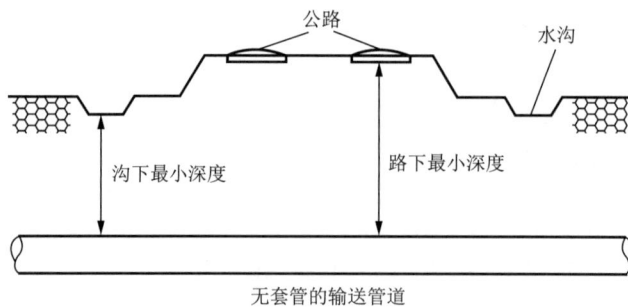

图 2-27　无套管管道穿越公路示意图

2.7.1　荷　载

1)外部荷载

穿越公路的无套管管道承受的外部载荷由土层压力(静荷载)和公路交通(动荷载)产

生,冲击系数适用于动荷载。土层压力即土荷载,是由管道上面覆盖的土壤的重量产生并传递至管顶的一种力。

2) 内部荷载

穿越公路的无套管管道承受的内部荷载由内压产生,计算中使用最大允许操作压力或最大操作压力。

2.7.2　应力计算步骤

为确保管道安全运行,必须全面计算所有外部和内部荷载作用下的无套管管道的所有应力,包括环向应力和纵向应力,计算步骤如下:

(1) 首先根据穿越管道的管径和壁厚,确定管道、土壤、施工以及操作特性。

(2) 利用 Barlow 公式计算由内压引起的环向应力 S_{Hi},然后对照最大允许值校核 S_{Hi}。

(3) 计算由土荷载引起的环向应力 S_{He}。

(4) 计算外部可变荷载(即动荷载)W,并确定相应的冲击系数 F_i。

(5) 计算由可变荷载引起的交变环向应力 S_{Hh} 和交变轴向应力 S_{Lh}。

(6) 计算由内压引起的环向应力 S_{Hi}。

(7) 按下列步骤校核有效应力 S_{eff}。

① 计算主应力,包括环向应力 S_1、轴向应力 S_2、径向应力 S_3;

② 计算总有效应力 S_{eff};

③ 对照允许应力 $SMYS \times F$(其中 $SMYS$ 为规定最小屈服度,F 为设计系数),对 S_{eff} 进行校核。

(8) 校核焊缝疲劳强度:

① 对照环焊缝疲劳极限 $S_{FG} \times F$,比较 S_{Lh},校核环焊缝疲劳强度;

② 对照纵焊缝疲劳极限 $S_{FL} \times F$,比较 S_{Hh},校核纵焊缝疲劳强度。

计算中给出了给定材料特性或几何条件的若干曲线图,计算时可在曲线之间进行内插值。

2.7.3　应力计算过程

1) 土荷载产生的管道环向应力

土荷载产生的管道环向应力为:

$$S_{He} = K_{He} B_e E_e \gamma D \tag{2-31}$$

式中　S_{He}——土荷载产生的管道环向应力,kPa;

　　　K_{He}——土荷载产生管道环向应力的刚度系数;

　　　B_e——土荷载埋深影响系数;

　　　E_e——土荷载挖掘系数;

　　　γ——土壤的容重,如果有岩土试验,则取实际试验值,一般可取 18.9 kN/m³;

D——穿越管道外直径，m。

土荷载刚度系数 K_{He} 反映土壤与管道之间的相互作用，它应根据土壤反作用模量 E' 和管道壁厚 t_w 与外直径 D 的比值确定。采用钻孔施工方法，E' 应按表 2-25 取值；在无勘探资料的情况下，E' 可取 3.4 MPa；采用开挖夯实沟回填方法时，E' 应高于钻孔施工方法的取值。

表 2-25　土壤反作用模量 E' 常用值

土壤状态	E'/MPa
软至中密黏土和高塑性粉土	1.4
软至中密黏土，低、中塑性粉土，疏松砂土和含砾石土	3.4
硬至极硬黏土和粉土，中密砂土和含砾石土	6.9
密砂土、高密砂土和含砾石土	13.8

土荷载埋深影响系数 B_e 应根据土壤分类、管道埋深 H 与钻孔直径 B_d 的比值确定。在不能确定钻孔直径的情况下，宜取 $B_d = D + 51$ mm；采取开挖敷管施工方法时，宜取 $B_d = D$。

土荷载挖掘系数 E_e 应根据钻孔直径 B_d 与管道直径 D 的比值确定。在不能确定钻孔直径的情况下，宜取 $E_e = 1.0$；采取开挖敷管施工方法时，宜取 $E_e = 1.0$。

2）动荷载产生的管道环向应力

（1）表面动荷载。

公路外部动荷载 W 是由作用于公路表面的轴荷载 P 产生的。将轴荷载转换为等当量单轴荷载 P_s 和双轴荷载 P_t。

外加表面动荷载 W（kPa）应按下式确定：

$$W = P/A_p \tag{2-32}$$

式中　P——单轴或双轴荷载，载重汽车车辆荷载的取值见表 2-26，kN；

A_p——荷载作用面积，取 0.093 m^3。

表 2-26　载重汽车车辆荷载

技术指标	汽车等级	汽-10 主车	汽-10 重车	汽-15 主车	汽-15 重车	汽-20 主车	汽-20 重车	汽-超20 主车	汽-超20 重车
轴重 /kN	前轴	30（单轴）	50（单轴）	50（单轴）	70（单轴）	70（单轴）	60（单轴）	70（单轴）	30（单轴）
	中轴								120×2（双轴）
	后轴	70（单轴）	100（单轴）	100（单轴）	130（单轴）	130（单轴）	120×2（双轴）	130（单轴）	140×2（双轴）
车辆着地面积 /m²	前轴	0.25×0.2	0.25×0.2	0.25×0.2	0.3×0.2	0.3×0.2	0.3×0.2	0.3×0.2	0.3×0.2
	中轴								0.6×0.2
	后轴	0.5×0.2	0.5×0.2	0.5×0.2	0.6×0.2	0.6×0.2	0.6×0.2	0.6×0.2	0.6×0.2

技术指标	汽车等级	汽-10		汽-15		汽-20		汽-超 20	
		主车	重车	主车	重车	主车	重车	主车	重车
车轮荷载 /kPa	前轴	300(单轴)	500(单轴)	500(单轴)	583(单轴)	583(单轴)	500(单轴)	583(单轴)	250(单轴)
	中轴								500(双轴)
	后轴	350(单轴)	500(单轴)	500(单轴)	542(单轴)	542(单轴)	500(双轴)	542(单轴)	583(双轴)

（2）冲击系数。

用冲击系数增加动荷载。冲击系数是穿越输送管道埋深 H 的函数。公路的冲击系数为 1.5；管道埋深超过 1.5 m 时，每增加 1 m 冲击系数降低 0.1，直至冲击系数等于 1.0。

3）管道交变环向应力

公路车辆荷载作用下的管道交变环向应力为：

$$S_{Hh} = K_{Hh} G_{Hh} RLF_i W \tag{2-33}$$

式中 S_{Hh} ——车辆荷载产生的管道交变环向应力，kPa；

K_{Hh} ——公路车辆产生交变环向应力的刚度系数；

G_{Hh} ——公路交变环向应力的几何系数；

R ——公路路面类型系数；

L ——公路车辆车轴类型系数；

F_i ——冲击系数；

W ——外加设计表面压力，kPa。

公路车辆荷载产生的交变环向应力的刚度系数 K_{Hh} 根据土壤弹性模量 E_r 和管道的壁厚 t_w 与直径 D 的比值确定。其中，土壤弹性模量 E_r 按表 2-27 取值。

表 2-27 土壤弹性模量 E_r

土壤说明	E_r/MPa
软至中密黏土和粉土	34
硬至极硬黏土和粉土，疏松至中密砂土和含砾石土	69
密砂土、高密砂土和含砾石土	138

公路交变环向应力的几何系数 G_{Hh} 是 D 和 H 的函数。

表 2-28 给出了公路路面类型系数 R 和公路车辆车轴类型系数 L 的取值。

表 2-28 公路路面类型系数 R 和车辆车轴类型系数 L

埋深 $H<1.2$ m，直径 $D \leqslant 305$ mm			
路面类型	设计轴组合	R	L
弹性路面	双轴	1.00	1.00
	单轴	1.00	0.75

埋深 $H<1.2$ m，直径 $D \leqslant 305$ mm			
路面类型	设计轴组合	R	L
无铺砌路面	双 轴	1.10	1.00
	单 轴	1.20	0.80
刚性路面	双 轴	0.90	1.00
	单 轴	0.90	0.65
埋深 $H<1.2$ m，直径 $D>305$ mm；埋深 $H \geqslant 1.2$ m 的各种管径			
路面类型	设计轴组合	R	L
弹性路面	双 轴	1.00	1.00
	单 轴	1.00	0.65
无铺砌路面	双 轴	1.10	1.0
	单 轴	1.10	0.65
刚性路面	双 轴	0.90	1.00
	单 轴	0.90	0.65

4）管道交变轴向应力

车辆荷载产生的管道交变轴向应力为：

$$S_{Lh} = K_{Lh} G_{Lh} R L F_i W \qquad (2\text{-}34)$$

式中　S_{Lh}——车辆荷载产生的管道交变轴向应力，kPa；

　　　K_{Lh}——公路车辆产生的管道交变轴向应力的刚度系数；

　　　G_{Lh}——公路交变轴向应力的几何系数。

公路车辆荷载产生的交变轴向应力的刚度系数 K_{Lh} 根据土壤弹性模量 E_r 和管道的壁厚 t_w 与直径 D 的比值确定。

公路交变轴向应力的几何系数 G_{Lh} 是 D 和 H 的函数。

5）内压产生的环向应力

由内压产生的环向应力 S_{Hi} 按下式计算：

$$S_{Hi} = p(D - t_w)/(2t_w) \qquad (2\text{-}35)$$

式中　p——内压，取最大允许操作压力 $MAOP$ 或 MOP，kPa。

2.7.4　两项许用应力校核

1）环向应力校核

对于由内压引起的环向应力，根据介质不同，其校核应按下列公式进行，即必须小于规定最小屈服强度与设计系数的乘积。

对于输送介质为天然气的管道，有：

$$S_{Hi} = pD/(2t_w) \leqslant F \times E \times T \times SMYS \tag{2-36}$$

对于输送介质为液体或其他油品的管道,有:

$$S_{Hi} = pD/(2t_w) \leqslant F \times E \times SMYS \tag{2-37}$$

式中　F——设计系数,取值为 $0.40 \sim 0.72$;

$\quad\quad E$——纵向焊缝系数;

$\quad\quad T$——温度折减系数;

$\quad\quad SMYS$——规定最小屈服强度,kPa。

2) 总有效应力校核

总有效应力 S_{eff} 应小于或等于规定的最小屈服强度 $SMYS$ 与设计系数 F 的乘积。

主应力 S_1,S_2 和 S_3 用于计算 S_{eff},主应力分别按下式计算。

最大环向应力:

$$S_1 = S_{He} + S_{Hh} + S_{Hi} \tag{2-38}$$

最大轴向应力:

$$S_2 = S_{Lh} - E_s \alpha_T (t_1 - t_2) + \nu_s (S_{He} + S_{Hi}) \tag{2-39}$$

最大径向应力:

$$S_3 = -p = -MAOP \text{ 或 } -MOP \tag{2-40}$$

式中　E_s——管材杨氏模量,kPa;

$\quad\quad \alpha_T$——管材热膨胀系数,$℃^{-1}$;

$\quad\quad t_1$——安装时的温度,℃;

$\quad\quad t_2$——最大或最小操作温度,℃;

$\quad\quad \nu_s$——管材的泊松比。

E_s,α_T 和 ν_s 取值范围见表 2-29。

表 2-29　常用钢材特性

特　性	常用值范围
杨氏模量/kPa	$1.9 \times 10^8 \sim 2.1 \times 10^8$
泊松比	$0.25 \sim 0.30$
热膨胀系数/$℃^{-1}$	$1.6 \times 10^{-5} \sim 1.9 \times 10^{-5}$

总有效应力 S_{eff} 为:

$$S_{eff} = \sqrt{\frac{1}{2} \left[(S_1 - S_2)^2 + (S_2 - S_3)^2 + (S_3 - S_1)^2 \right]} \tag{2-41}$$

按屈服条件校核,即应保证总有效应力小于或等于规定最小屈服强度与设计系数的乘积,即

$$S_{eff} \leqslant SMYS \times F \tag{2-42}$$

2.7.5　环焊缝疲劳强度校核

校核公路下的穿越管道环焊缝由动荷载的交变轴向应力产生的潜在疲劳时,应保证动

荷载周期轴向应力 S_{Lh} 小于疲劳极限与设计系数 F 的乘积。由表 2-30 可知,所有钢级及焊缝类型的疲劳极限取值均为 82 740 kPa。

表 2-30　不同钢级焊缝疲劳极限 S_{FG} 和 S_{FL}

钢级	最小屈服强度/kPa	最小抗拉强度/kPa	环焊缝疲劳极限 S_{FG}/kPa	纵焊缝疲劳极限 S_{FL}/kPa	
			所有类型焊缝	无缝和电阻焊缝	埋弧焊缝
A25	172 375	310 275	82 740	144 795	82 740
A	206 850	330 960	82 740	144 795	82 740
B	241 325	413 700	82 740	144 795	82 740
X42	289 590	413 700	82 740	144 795	82 740
X46	317 170	434 385	82 740	144 795	82 740
X52	358 540	455 070	82 740	144 795	82 740
X56	386 120	489 545	82 740	158 585	82 740
X60	413 700	517 125	82 740	158 585	82 740
X65	448 175	530 915	82 740	158 585	82 740
X70	482 650	565 390	82 740	172 375	89 635
X80	551 600	620 550	82 740	186 165	96 530

由于在设计曲线中已经考虑了相邻车辆荷载,所以在公路穿越的疲劳校核中不采用环焊缝位置的轴向应力折减系数,也不采用双车道系数。环焊缝疲劳校核公式为:

$$S_{Lh} \leqslant S_{FG} F \qquad (2\text{-}43)$$

式中　S_{FG}——环焊缝疲劳极限,一般取 82 740 kPa。

2.7.6　纵焊缝疲劳强度校核

校核公路下的穿越管道纵焊缝由动荷载周期环向应力产生的潜在疲劳时,应保证动荷载交变环向应力 S_{Hh} 小于疲劳极限与设计系数 F 的乘积。

纵焊缝的疲劳极限 S_{FL} 取决于焊缝类型和最小抗拉极限强度。表 2-30 给出了不同钢级钢材的无缝管、电阻焊以及埋弧焊管的纵焊缝的疲劳极限值。对于给定 $SMYS$ 的管道,校核时应选用表 2-30 中小于且最接近的 $SMYS$ 对应的疲劳极限值。例如,$SMYS=$ 372 MPa,则应选用钢级为 X52 所对应的疲劳极限值,即 82.74 MPa。

纵焊缝疲劳校核公式为:

$$S_{Hh} \leqslant S_{FL} F \qquad (2\text{-}44)$$

式中　S_{FL}——纵焊缝疲劳极限,kPa。

由于设计曲线已考虑相邻车辆的荷载,所以在公路校核中不采用双道系数。

2.7.7　变形量验算

《油气输送管道穿越工程设计规范》(GB 50423—2007)第 7.2.9 条规定,无套管穿越公路的管段应验算无内压状态下管段的径向变形。根据输送介质的类型,按现行国家标准《输气管道工程设计规范》(GB 50251—2003)和《输油管道工程设计规范》(GB 50253—2003)规定的方法进行验算。

1)输油管道

对于穿越公路的无套管管段、穿越用的套管及埋深较大的管段,均应按无内压状态验算在外力作用下管道的变形量,其水平径向的变形量不得大于管道外径的 3%。

(1)钢管在外荷载作用下的径向变形可按下式计算:

$$\Delta X = \frac{JKWr^3}{E_s I + 0.061 r^3 E'} \tag{2-45}$$

$$I = \frac{\delta^3}{12} \times 1 \tag{2-46}$$

式中　ΔX——钢管水平径向的最大变形量,m;

　　　J——钢管变形滞后系数,取 1.5;

　　　K——钢管基础系数,取值见表 2-31;

　　　W——单位管长的总竖向荷载,包括管顶竖向土荷载和地面车辆传到钢管上的荷载,MN/m;

　　　r——钢管的平均半径,m;

　　　E_s——钢管的弹性模量,MPa;

　　　I——单位管长截面的惯性矩,m⁴/m;

　　　δ——钢管公称壁厚,m;

　　　E'——回填土的变形模量,取值见表 2-31,MPa。

表 2-31　标准铺管条件的设计参数

铺管条件	E'/MPa	基础包角/(°)	基础系数 K
敷设在未扰动的土上,回填土松散	1.0	30	0.108
敷设在未扰动的土上,管道中线以下的土轻轻压实	2.0	45	0.105
敷设在厚度至少为 10 cm 的松土垫层内,管顶以下回填土轻轻压实	2.8	60	0.103
敷设在砂卵石或碎石垫层内,垫层顶面应在管底以上 1/8 管径处,但至少为 10 cm,管顶以下回填土夯实,夯实密度约为 80%标准葡式密度	3.5	90	0.096
管道中线以下安放在压实的团粒材料内,夯实管顶以下回填的团粒材料,夯实密度约为 90%标准葡式密度	4.8	150	0.085

(2)埋设在管沟内的管道单位长度上的垂直土荷载按下式计算:

$$W_e = \gamma D H \tag{2-47}$$

式中　W_e——单位管长上的垂直土载荷,MN/m;

　　　γ——土壤容重,MN/m³;

D——钢管外直径,m;

H——管顶回填高度,m。

(3) 埋设在土堤内的管道单位长度上的垂直土荷载为管顶上土壤单位棱柱体的重量。

2) 输气管道

输气管道径向稳定校核应符合下列表达式的要求,当管道埋设较深或外荷载校大时,应按无内压状态校核其稳定性:

$$\Delta X \leqslant 0.03D$$

$$\Delta X = \frac{ZKWD_m^2}{8E_s I + 0.061ED_m^3} \tag{2-48}$$

$$W = W_1 + W_2 \tag{2-49}$$

$$I = \delta^3 / 12 \tag{2-50}$$

式中　ΔX——钢管水平方向最大变形量,m;

Z——钢管变形滞后系数,宜取1.5;

K——基础系数;

D_m——钢管平均直径,m;

W——单位管长上的总竖向荷载,N/m;

W_1——单位管长上的竖向永久荷载,N/m;

W_2——地面动荷载传递到管道上的荷载,N/m;

I——单位管长截面的惯性矩,m⁴/m;

δ——钢管公称壁厚,m;

E——土壤变形模量,采用现场实测数,当无实测资料时,按表2-32选取,MPa。

表 2-32　敷管条件的设计参数

敷管类型	敷管条件	E/MPa	基础包角/(°)	基础系数 K
1 型	敷设在未扰动的土上,回填土松散	1.0	30	0.108
2 型	敷设在未扰动的土上,管道中线以下的土轻轻压实	2.0	45	0.105
3 型	敷设在厚度至少为 10 cm 的松土垫层内,管顶以下回填土轻轻压实	2.8	60	0.103
4 型	敷设在砂卵石或碎石垫层内,垫层顶面应在管底以上 1/8 管径处,但至少为 10 cm,管顶以下回填土夯实,夯实密度约为 80% 标准葡式密度	3.8	90	0.096
5 型	管子中线以下安放在压实的黏土内,管顶以下回填土夯实,夯实密度约为 90% 标准葡式密度	4.8	150	0.085

注:管径大于或等于 750 mm 的管道不宜采用 1 型。

第3章
新建电力线路与管道交叉、并行

3.1　相关法律法规及标准规范的要求

3.1.1　交流干扰

在管道线路中心线两侧各 5～50 m 和管道附属设施周边 100 m 地域范围内架设电力线路,设置安全接地体、避雷接地体,施工单位应当向管道所在地县级人民政府主管管道保护工作的部门提出申请。

管道与架空输电线路平行敷设时,线路(边导线)与管道的最小距离应符合表 3-1 的要求。

表 3-1　线路(边导线)与管道的距离要求

电压等级	最小垂直距离/m	最小水平距离/m	
		开阔地区	受限地区(最大风偏)
3 kV 以下	1.5		1.5
3～10 kV	3.0		2.0
35～66 kV	4.0		4.0
110 kV	4.0		4.0
220 kV	5.0	最高杆(塔)高	5.0
330 kV	6.0		6.0
500 kV	7.5		7.5
750 kV	9.5		9.5(管道),8.5(顶部),11(底部)
1 000 kV	18(单回),16(双回逆相序)		13

110 kV 以上输电线路与管道交叉时,交叉角度不宜小于 55°;不能满足要求时,宜根据工程实际情况进行管道安全评估,结合防护措施,交叉角度可适当减小。

管道与高压交流输电线路杆塔、接地体应保证足够的安全距离,其最小距离应符合表3-2的规定。当受限地区难以满足安全距离时,应采取故障屏蔽、接地、隔离等防护措施,并根据工程实际情况,在分析计算的基础上进行管道安全评估。

表 3-2 交流接地体与管道的最小距离

电压等级	最小距离/m	
	受限地区	开阔地区
220 kV 及以下	5.0	最高杆(塔)高
330 kV	6.0	
500 kV 以上	7.5	

当管道与高压交流输电线路、交流电气化铁路的间隔距离大于 1 000 m 时,不需要进行干扰调查测试;当管道与 110 kV 及以上高压交流输电线路靠近时,可按图 3-1 确定是否需要进行干扰调查测试。

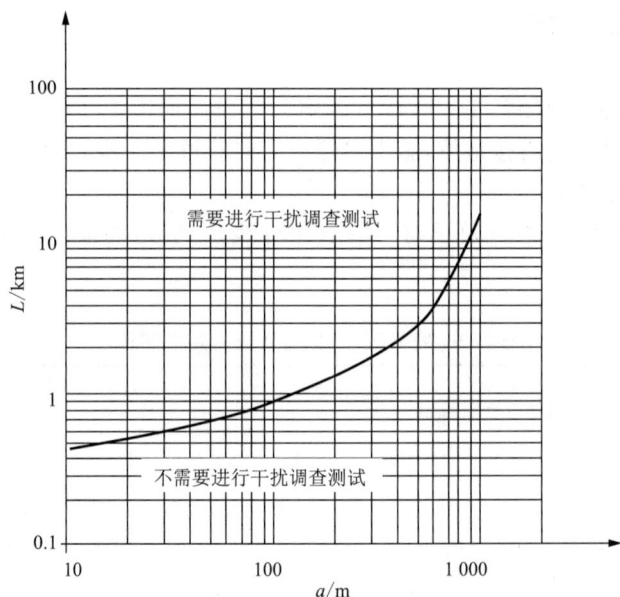

图 3-1 管道与高压交流输电线路极限接近段长度 L 与间距 a 关系图

当管道与高压交流输电线路的相对位置关系处于需要进行干扰调查测试区时,对已建管道应进行管道交流干扰电压、交流电流密度和土壤电阻率的测量。防护设计应根据调查与测试的结果,对下列各项进行预测和评估:

(1)干扰源在正常运行状态下对管道的交流腐蚀;

(2)故障情况或雷电状态下干扰源对管道防腐层和金属本体、阴极保护设备和干扰防护设施的损伤;

(3)操作和维护人员及公众的接触安全等。

交流干扰的详细测试应选取有代表性的点位,进行 24 h 以上的连续测试,测试周期应包括干扰源的高峰、低峰和一般负荷 3 个时间段。测试时宜采用具有自动通断、连续存取功能的设备。

交流干扰调查测试的具体内容、方式和工作要求应符合《埋地钢质管道交流干扰防护技术标准》(GB/T 50698—2011)的相关规定。

交流干扰可按表 3-3 中交流干扰程度的判断指标进行评估,当交流干扰程度判定为"强"时,应采取交流干扰防护措施;判定为"中"时,宜采取交流干扰防护措施;判定为"弱"时,可不采取交流干扰防护措施。

表 3-3　交流干扰程度的判断指标

交流干扰程度	弱	中	强
交流电流密度/$(A \cdot m^{-2})$	<30	$30 \sim 100$	>100

对存在交流干扰的管道,在阴极保护系统设计中应给予更大的保护电流密度;在运行调试中应使管道保护电位[相对于硫酸铜参比电极(CSE),消除电压(IR)降后]比阴极保护准则电位(一般在土壤环境中为 -850 mV,在厌氧菌或硫酸盐还原菌及其他有害菌土壤环境中为 -950 mV)更大。

管道侧防护应根据调查测试或评估的结果,选择集中接地、故障屏蔽、固态去耦合器接地、接地垫等干扰防护措施。在同一条或同一系统的管道中,根据实际情况可采用一种或多种干扰防护措施,但所有干扰防护措施均不应对管道阴极保护的有效性造成不利影响。

交流干扰防护措施实施后,应进行防护效果评定测试,评定测试的工作要求按 GB/T 50698—2011 的相关要求执行。

交流干扰防护措施实施后,应定期开展检查与测试,确保防护系统运行正常,防护措施有效;检测内容与周期按照国家相应规范要求执行。当干扰环境发生较大变化或防护设备进行维修或更换后,应及时进行检查与测试。

3.1.2　直流干扰

管道与高压直流输电系统、直流牵引系统等干扰源宜保持防护间距。当接地极与管道的最小距离小于 10 km,或管道长度大于管道与输电线路的最小距离时,应计算评估接地极化电流的影响,并根据评估计算结果采取合适的防护措施。

处于高压直流输电系统、直流牵引系统等干扰源附近的管道,应进行干扰源侧和管道侧两方面的调查和测试。当发现管地电位存在异常偏移或异常波动时,应进行直流杂散电流干扰调查和测试。

应根据调查和测试结果,对干扰状况进行分析评价,确定是否需要采取干扰防护措施。

直接干扰影响及防护效果的调查测试内容、周期、工作要求按《埋地钢质管道直流干扰防护技术标准》(GB/T 50991—2014)的相关要求执行。

直流干扰的判断应符合下列规则：

（1）对已建管道，宜采用没有阴极保护电流时管地电位相对于自然电位的偏移值进行判断，当任意点上的管地电位相对于自然电位正向或负向偏移超过 20 mV 时，应确认存在直流干扰；当任意点上的管地电位相对于自然电位正向偏移大于或等于 100 mV 时，应及时采取干扰防护措施。

（2）对已投运阴极保护的管道，当干扰导致管道不满足最小保护电位要求时，应及时采取干扰防护措施。可根据干扰程度和受干扰位置随时间的变化情况，判定干扰的形态属动态干扰还是静态干扰。

管道侧应根据调查与测试的结果，选择排流保护、阴极保护、防腐层修复、等电位连接、绝缘隔离、绝缘装置跨接和屏蔽等干扰防护措施。防护措施的选取应考虑下列因素：

（1）干扰来源及干扰源与管道的相互位置关系；

（2）干扰的形态和程度；

（3）干扰的范围及管道阳极区、管道阴极区和管道交变区的位置；

（4）管道周围地形、地貌和土壤电阻率等环境因素；

（5）管道防腐层的绝缘性能；

（6）管道已有干扰防护措施及其防护效果。

直流干扰防护措施实施后，应进行干扰防护效果评定测试。采取干扰防护措施后应满足下列要求：

（1）对于干扰防护系统中的管道及其他共同防护构筑物，管地电位应达到阴极保护电位标准或者达到或接近未受干扰时的状态；

（2）对于干扰防护系统中的管道及其他共同防护构筑物，管地电位最大负值不宜超过管道所允许的最大保护电位；

（3）不宜对干扰防护系统以外的埋地管道或金属构筑物产生干扰。

当评定测试的结果不满足上述要求时，应根据电位正向偏移平均值比进行干扰防护效果的进一步评定。

干扰防护系统的监测应符合下列规定：

（1）每月应进行一次常规测试，测试内容包括管地电位，排流电流，排流接地体的接地电阻，牺牲阳极组的开、闭路电位和输出电流以及强制电流阴极保护系统的控制电位和输出电流；

（2）每年应进行一次排流保护效果评定测试和干扰环境的调查，前后两次调查、测试的时间间隔不应超过 18 个月；

（3）当干扰环境发生较大改变时，应及时进行各项调查、测试，并应根据调查、测试结果进行干扰防护的调整；

（4）干扰防护系统主要元件进行维修或更换后，应进行干扰防护效果评定点的管地电位及排流保护装置排流电流的 24 h 连续测试。

3.2　输电线路对油气管道的风险分析

3.2.1　输电线路对油气管道的影响机理

交流输电线路对油气管道的电磁影响按电磁耦合的性质机理可以概括为感性、阻性和容性 3 种形式。

1）感性耦合

感性耦合主要是指输电线路中的交变电流在其周围空间产生交变的磁场,该磁场使管道产生感应电压。感性耦合在电磁影响中有着极为重要的作用,无论线路运行状态如何,感性耦合均存在。当交流输电线路和管道靠近时,将通过电磁感应在油气管道上产生纵向的电动势,由于管道金属及其外敷设的防腐层具有一定的电导率,管道与大地之间存在漏电导,所以纵向电动势作用于管道与大地形成的回路中,形成电流流动,产生纵向电流和漏电流,对管道造成感性耦合影响。

2）阻性耦合

阻性耦合主要是指电流发生故障时,故障电流通过杆塔或其他途径接入大地,由于管道与电流接入点之间的大地电阻作用,在管道及防腐层上产生较大的电位差。输电线路运行过程中,当线路由于某种原因发生故障接地或遭受雷击时,一部分电流会通过接地杆塔流入大地,经土壤向无穷远处扩散。当该电流流经邻近的埋地金属管道时,会在管道上产生一定的电位升,形成对管道的阻性耦合作用。

3）容性耦合

容性耦合主要是指输电线路导线的高电压在管道周围产生强电场,由静电感应在管道上感应出对地电位。高压交流输电线路导线上施加有较高的电压,其周围存在很强的电场。当管道靠近导线时,强电场通过静电感应在管道上感应出对地电位,进而形成容性耦合作用。一般情况下,大地表面的土壤对电场具有较好的屏蔽作用,容性耦合的影响往往较小。

3.2.2　主要风险及判别限值

1）人身安全风险

管道受持续交流干扰时,管道与周边大地之间会持续存在交流电压差。当地面操作人员触碰到管道或与管道连接的测试电缆时,就会接触到交流干扰电压。为保证操作人员的人身安全,需将管道对地电压控制在安全范围之内。人身安全电压分为正常运行和故障运行两种情况。

（1）正常运行。

对于正常运行状态,根据《常规接触电压限制的使用　应用指南》（IEC/TS 61201—

2017)和《安全电压》(GB 3805—1993)的相关规定,人身安全电压的限值为 33 V,该值主要考虑干燥环境下人体长时间能够承受的安全电压,并且该标准指出此限值没有人群针对性。根据《电信线路遭受强电线路危险影响的容许值》(GB 6830—1986)的规定,强电线路在正常运行状态下,通信导线上的纵电动势容许值为 60 V,该值主要是针对专业技术工作人员工作时的人身安全电压。通常,输油输气管道全部埋入地中,在管道沿线设置的测试桩内有与管道金属部分连接的裸露金属部件,仅管道工作人员能使用测试桩,普通群众没有机会碰触管道的任何金属部分,且管道工作人员作业时一般有很好的保护措施,因此常规情况取 60 V 作为交流时正常情况下的人身安全电压限值。

(2)故障状态。

对于故障状态,导线中会流过较大的短路电流,还会有部分电流入地,其共同作用使得在邻近管道上感应出较大的干扰电压,虽然作用时间较短,但如果此时刚好有工作人员接触管道,管道与大地的电位差可能极高,威胁人身安全。参考《输电线路对电信线路危险和干扰影响防护设计规程》(DL/T 5033—2006)和《电信线路遭受强电线路危险影响的容许值》(GB 6830—1986),给出输电线路故障持续时间和人身安全电压允许值,见表 3-4。

表 3-4 人身安全电压允许值

故障持续时间 t/s	允许电压/V	故障持续时间 t/s	允许电压/V
0.35～0.5	650	0.2～0.35	1 000
0.1～0.2	1 500	0～0.1	2 000

2)管道防腐层破坏风险

当管道外防腐层为单层环氧媒静电粉末(FBE)时,它的电阻及介电常数都很高,正常情况下能有效地保护管道金属层不受腐蚀。但当线路由于发生短路或雷击故障而导致管道上形成高且作用时间短的耦合电压时,该电压可能会超过所规定的管道安全电压,导致管道防腐层被击穿。

参考相关论文数据,防腐层耐受限制取值如下:

(1)单相故障情况下,单层 FBE 防腐层的阈值约为 3 kV;

(2)雷击故障时,单层 FBE 防腐层的最大冲击耐压为 28 kV。

3)阴极保护设备损坏风险

目前,油气长输管道一般采用强制电流阴极保护系统,该系统中的阴极保护设备需要在一定的环境下确保其正常工作。在交流输电线路不同运行状态下,管道上产生的干扰电压可能会干扰强制电流阴极保护的恒电位仪和牺牲阳极阴极保护的牺牲阳极的正常工作。

各设备的抗交流干扰的能力有差异,该限值应根据阴极保护设备的抗交流干扰能力来具体确定。例如阴极保护电源设备,根据《埋地钢质管道阴极保护技术规范》(GB/T 21448—2017),在交流电源干扰下,阴极保护电源设备的抗电强度应能承受 1 500 V(有效值)、50 Hz 的试验电压,试验时间 1 min。

4)管道交流腐蚀风险

当管道受交流干扰区段的外防腐层存在漏点时,交流干扰产生的管地电位差会导致管道在防腐层漏点处发生电流流出，进而对管道造成腐蚀。对于埋地管道，在没有杂散电流通过时，仅发生自然腐蚀；当有杂散电流流入流出管道时，就会发生电化学腐蚀。在阳极反应中，阳极电流从金属构筑物流向大地；在阴极反应中，阴极电流从大地(电解质)流向金属构筑物。杂散电流流出部位的局部腐蚀最为剧烈，可发生涂层损伤甚至管道金属的腐蚀穿孔，严重威胁管道的安全运行。

按照 GB/T 50698—2011，当管道上交流干扰电压不高于 4 V 时，可不采取干扰防护措施；当高于 4 V 时，若交流电流密度低于 30 A/m²，可不采取防护措施，若高于 30 A/m²，则应采取交流干扰防护措施。

目前，业界最新实践和研究成果认为交流电压不能作为交流腐蚀严重程度的评价指标，特别是对土壤电阻率低的区域。事实上，不存在评判交流腐蚀风险高低的交流电压门槛值，即使交流电压很低，交流电流密度也可能远超公认的临界值。因此，采用交流电流密度评价干扰发生程度是业内的通用做法。例如，CIGRE 290 与 NACE 标准明确规定了交流电流密度与腐蚀程度的判别规则，具体如下。

(1) 无腐蚀风险：1 cm² 涂层小孔的交流电流密度小于 20 A/m²。

(2) 中度腐蚀风险：1 cm² 涂层小孔的交流电流密度大于 20 A/m² 且小于 100 A/m²。

(3) 严重腐蚀(腐蚀速率大于 0.1 mm/a)：1 cm² 涂层小孔的交流电流密度大于 100 A/m²。

综合上述风险分析，对稳态运行、短路故障、雷击状态下输油管道上耦合产生电压限制能否满足安全限值要求进行风险模拟计算，并对交流干扰影响进行评估，具体如图 3-2 所示。

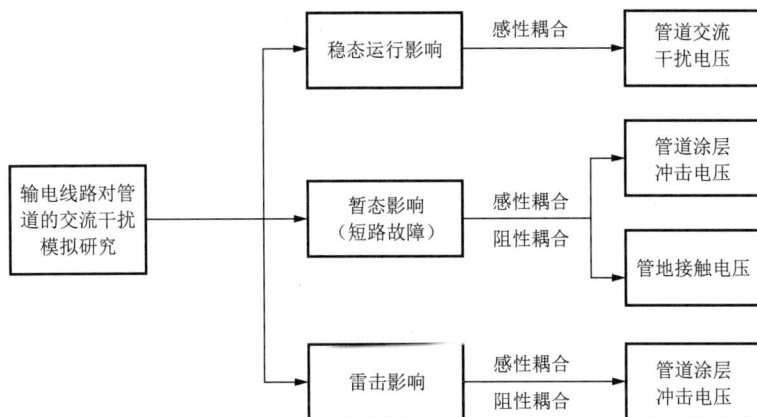

图 3-2　输电线路对管道风险模拟的主要内容

3.3　现场勘查与测试

1) 现场勘查

现场勘查的目的是精确调研管道现状路由，以便在模拟软件中叠加高压线路位置，开展模拟评估。现场勘查用的设备包括 PCMx 管道探测仪、RTK 定位终端、无人机、土壤电阻率测试仪等。

2）土壤电阻率测试

在输电线路与管道交叉处、管道测试桩处进行土壤电阻率检测，根据《埋地钢质管道腐蚀防护工程检验》(GB 19285—2014)关于土壤电阻率的测量方法，将土壤电阻率测试仪的 4 个电极依次排列在同一条直线上，分别间隔 1 m 和 2 m 排列，测量并记录其电阻，根据下式计算土壤电阻率：

$$\rho = 2\pi aR \tag{3-1}$$

式中　ρ——平均土壤电阻率，$\Omega \cdot m$；

　　　a——相邻两电极之间的距离，m；

　　　R——接地电阻仪显示值，Ω。

3）现状管地电位测试

当邻近交叉点周边存在与其他多条已建输电线路的交叉时，应对管道当前管地电位、交流干扰情况进行现场测试。采用阴极保护数据记录仪(uDL2)＋极化试片的方法对管道现状电位和交流干扰电压进行测试。

3.4　杂散电流干扰模拟评估

3.4.1　软件介绍

CDEGS 软件是由加拿大 SES 公司开发而成的，CDEGS 是电流分布(current distribution)、电磁场(electromagnetic fields)、接地(grounding)和土壤结构分析(soil structure analysis)英文首字母的缩写，它是解决电力系统接地、电磁场和电磁干扰工程以及阴极保护问题的软件。它可在稳态、暂态、雷电故障下，计算地上或地下任意位置的由带电导线组成的网状结构产生的接地电位、导线电位和电磁场。CDEGS 同样能够为简单的、裸露的和含外皮的金属管、封闭管道、电缆系统和复杂土壤结构中的各种导线建立计算模型。

CDEGS 软件主要包含 8 个应用模块，分别为 RESAP、MALT、MALZ、SPLITS、TRALIN、HIFREQ、FCDIST 和 FFTSES。

HIFREQ 模块是一个独特的工程工具，可以解决任意电磁问题，包括任意导向的地上和埋设导体网络，可由任意数量的电流和电压源进行激励。HIFREQ 模块可处理包括导体网络的复杂电磁场问题。HIFREQ 模块作为唯一的工程软件模块，提供暂态和稳态问题的精确解决方案，频率范围可在 0 到几千兆赫兹之间，可用于分析埋设和地上载流导体网络。它可以计算空气和土壤中的电磁问题，以及导体中土壤电势和导体中的电流分布。HIFREQ 模块可精确分析土壤中的导体以及处于空气和土壤中的未激励金属结构，而不忽略土壤结构。HIFREQ 模块具有如下优势：

（1）研究暂态（如雷电、开关浪涌和任意可能的电涌问题）和高频对电力系统网络、建筑物和接地系统的干扰,频率范围从几赫兹到几百兆赫兹。

(2)计算电流和电压在所有导体内的分布、空气和土壤中的电阻率以及由于埋设或架设电力系统和建筑物引起的、沿定义路径的电压。

(3)通过计算可以得到对管道的电磁干扰值,同时考虑感应、电容和传导的影响。

(4)分析被保护管道的阴极保护问题,优化整流电容器的位置。

(5)使用 FFTSES(全集成和自动傅里叶变换工具),观测时域电磁场。

(6)研究单极、四分之一波长和其他天线结构的放射干扰或计算电流分布,频率可达到几百兆赫兹。

(7)计算任意电路在低、高频电路和浪涌情况下的相互感应。不管电路在地上还是在地下,都可以确定自阻抗、互阻抗以及电路电容。

3.4.2　输入模拟

1)输电线路与管道交叉模型

根据输电线路设计图和现场勘测,确定输电线路、塔基、管道的相对位置关系,并在软件中建立本次模拟评估的仿真计算模型,如图 3-3 所示。

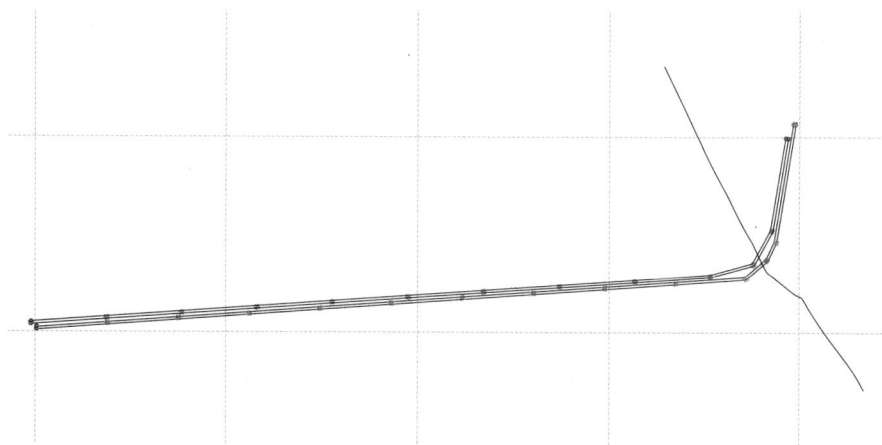

图 3-3　仿真计算模型示意图

2)输电线路参数选取

(1)相线布置参数选取。

相线布置参数主要包括架空地线和相导线的空间布局(如距地面高度和导线间的间距等)、相导线的相位分布等。根据输电线路杆塔的结构形式,某项目模拟的输电线路架空地线、相线间距及离地高度如图 3-4 和表 3-5 所示。

(2)导线数据及参数选取。

根据某项目输电线路的设计文件,选取模拟需要的机械参数和物理参数。

(3)地线逐级接地数据及参数选取。

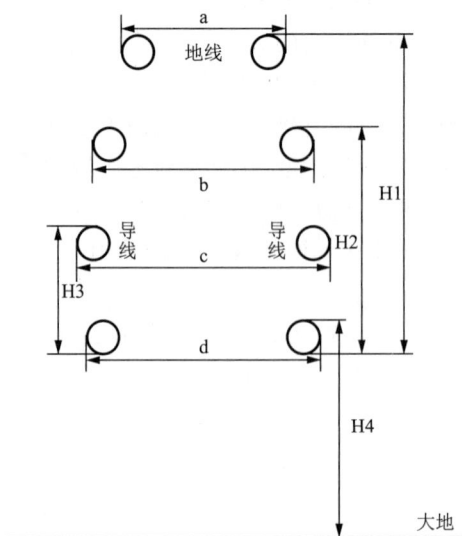

图 3-4　输电线截面布置图

表 3-5　输电线截面布置数据表

序　号	编　号	间距/m
1	a	16.0
2	b	12.0
3	c	15.6
4	d	13.6
5	H1	17.7
6	H2	13.2
7	H3	6.3
8	H4	21.0

3）管道参数选取

根据现场勘测结果,选取管道设计压力、设计温度、设计壁厚、外径、防腐层类型等参数。

3.4.3　稳态情况影响分析

稳态影响是一种持续的影响,其在输电线路运行的全生命周期都存在,是杂散电流干扰分析中应首要考虑的情况。稳态影响主要模拟新建输电线路正常运行状态下管道上的交流干扰电压分布情况。通常,输电线路稳态运行时对管道的干扰主要为感性耦合影响。

以某项目为例,通过对不同稳态运行状态进行分析计算,得到不同工况下管道的交流干扰电压,见表 3-6。管道交流干扰电压最大为 4.21 V(工况 8);最小为 0.89 V(工况 5)。

8 种稳态工况下,管道计算交流干扰电流密度均大于 30 A/m³,可以判定该新建输电线路将对某管道产生较强以上的交流干扰影响。

表 3-6 不同工况下管道交流干扰电压最大值统计表

备 注	运行工况	线路1	线路2	管道最大交流干扰电压/V	交流干扰电流密度/(A·m⁻²)	
本 期	1	本期正常工况 (630 A)	本期正常工况 (630 A)	1.34	57	>30
	2	本期正常工况 (630 A)	本期极限工况 (1 260 A)	1.94	82	>30
	3	本期极限工况 (1 260 A)	本期正常工况 (630 A)	2.09	88	>30
	4	本期极限工况 (1 260 A)	本期极限工况 (1 260 A)	2.68	113	>30
远 期	5	远期正常工况 (418 A)	远期正常工况 (418 A)	0.89	38	>30
	6	远期正常工况 (418 A)	远期极限工况 (1 981 A)	2.63	111	>30
	7	远期极限工况 (1 981 A)	远期正常工况 (418 A)	3.05	129	>30
	8	远期极限工况 (1 981 A)	远期极限工况 (1 981 A)	4.21	178	>30

3.4.4 故障情况影响分析

单相短路故障是输电线路中最常见的故障状态,其在输电线路的故障中占比很高。这里主要模拟计算新建输电线路发生单相短路故障时管道上的交流干扰电压分布。当输电线路发生短路故障时,线路中的瞬时电流将远大于稳态电流,极端情况下可能是正常运行电流的几十倍。此时,管道上的交流干扰电压受感性耦合和阻性耦合共同作用。

以某项目为例,通过对上述不同故障工况进行分析计算,得到不同工况下管道上最大接触电压、管道防腐层耐受电压,见表 3-7。

管道接触电压最大值为 297 V(工况 4),最小值为 158 V(工况 1),均小于 340 V;防腐层电位最大值为 446 V(工况 4),最小值为 270 V(工况 1),均小于 3 kV。可以判定单相接地故障情况下,管道防腐层电位和管道接触安全电压满足相关标准要求。此外,通过数据对比,杆塔 B4 距离管道更近,其发生故障时,管道接触电压和防腐层电位更大。

表 3-7 不同故障工况下管道接触电压、涂层耐受电压最大值统计表

工况	情形	接触电压/V		防腐层耐受电压/V	
工况 1	A4 塔单相故障接地 （26 908 A）	158	＜340	270	＜3 000
工况 2	B4 塔单相故障接地 （26 908 A）	279	＜340	416	＜3 000
工况 3	A4 塔单相故障接地 （32 914 A）	165	＜340	287	＜3 000
工况 4	B4 塔单相故障接地 （32 914 A）	297	＜340	446	＜3 000

3.4.5 雷击情况影响分析

雷击情况影响分析主要模拟输电线路离管道最近的杆塔遭受雷击时瞬时冲击电流对管道防腐层的冲击影响。杆塔遭受雷击时，线路和杆塔上会产生极大的瞬时电流，通过阻性耦合和感性耦合作用，对管道防腐层、管道设备造成很大的电压冲击。雷电流波是非周期脉冲波，其频率成分丰富，电流沿线衰减迅速，大部分雷电流会经由雷击点附近的杆塔流入大地。

以某项目为例，选取雷击杆塔点与管道垂直距离最近处作为观测点，通过计算该处的最大雷击电压值，判断该处管道防腐层是否存在被击穿的风险。主要分为两种工况：① 杆塔 A4 遭受雷击；② 杆塔 B4 遭受雷击。

（1）工况 1：杆塔 A4 遭受雷击时，管道上最近观测点的电压时域曲线如图 3-5 所示。

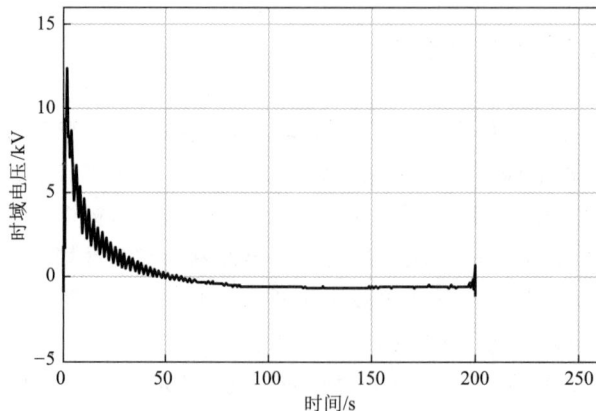

图 3-5 杆塔 A4 遭受雷击时管道上最近观测点的电压时域曲线

（2）工况 2：杆塔 B4 遭受雷击时，管道上最近观测点的电压时域曲线如图 3-6 所示。

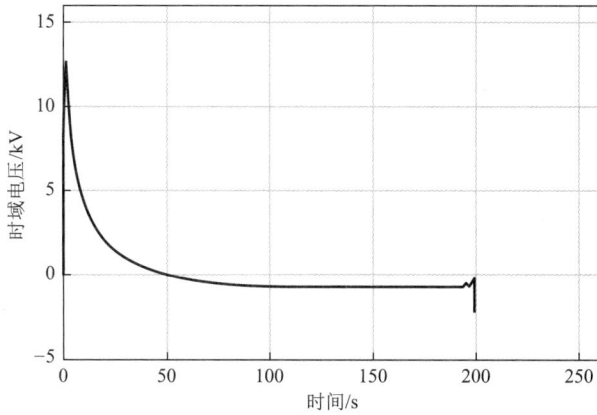

图 3-6　杆塔 B4 遭受雷击时管道上最近观测点的电压时域曲线

3.5　干扰防护方案

根据《埋地钢质管道交流干扰防护技术标准》(GB/T 50698—2011)及防护模拟结果，通常采用固态去耦合器接地法作为交流干扰排流保护方案，排流点采用锌带作为排流地床。方案实施后，根据监测结果，在杂散电流干扰严重段管道沿线设置排流监测点。通过排流前后电位对比评估防护效果。

第4章
电气化铁路与管道交叉、并行

4.1 相关法律法规及标准规范的要求

目前涉及电气化铁路与管道交叉、并行的法律法规、标准规范主要包括《油气输送管道与铁路交汇工程技术及管理规定》(国能油气〔2015〕392号)、《油气输送管道穿越工程设计规范》(GB 50423—2013)等。

《油气输送管道与铁路交汇工程技术及管理规定》(国能油气〔2015〕392号)的主要技术要求如下。

(1) 管道与铁路交叉位置选择应符合下列规定:

① 管道和铁路不应在旅客车站、编组站两端咽喉区范围内交叉,不应在牵引变电所、动车段(所)、机务段(所)、车辆段(所)围墙内交叉。

② 管道和铁路不宜在其他铁路站场、道口等建筑物和设备处交叉,不宜在设计时速200 km/h及以上铁路及动车组走行线的有砟轨道路基地段、各类过渡段、铁路桥跨越河流主河道区段交叉。确需交叉时,管道和铁路设备应采取必要的防护措施。

③ 管道与铁路交叉宜采用垂直交叉或大角度斜交,交叉角度不宜小于30°。当铁路桥梁与管道交叉条件受限时,在采取安全措施的情况下交叉角度可小于30°。

④ 铁路不宜跨越既有管道定向钻穿越段,必须跨越时,应探明管道的位置与深度。当采用桥梁跨越时,桥梁墩台基础外缘与管道外缘的水平净距不应小于5 m,且不影响管道安全。

⑤ 铁路桥梁底面至自然地面的净空高度不应小于2 m。

⑥ 管道与铁路桥梁墩台基础边缘的水平净距不宜小于3 m。施工过程中应对既有桥梁墩台或管道设施采取防护措施,确保管道与桥梁的安全。

⑦ 管道隧道与铁路隧道交叉时,两隧道垂直净距不应小于30 m,且满足不小于3~4倍铁路隧道开挖洞径的要求;两隧道净距小于50 m地段,后建隧道的衬砌结构应加强。

⑧ 新建铁路隧道在埋地管道下方采用控制爆破开挖时,隧道顶部与埋地管道底部的垂直高度不应小于20 m,同时应考虑铁路隧道断面大小、围岩条件、地面沉降变形及管道

结构安全性等因素。

⑨ 铁路跨越既有管道时,管道方应对跨越管段进行完整性评价。铁路跨越段应设置保护涵或桥梁,并应对施工区域内的管道采取防护措施。铁路方在施工期间应保持管道原有的受力状态,并保证管道周围土体和边坡稳定。铁路施工便道及维修通道跨越既有管道时,应对管道采取保护措施。当交叉处管道上存在铁路杂散电流干扰时,应对管道采取排流措施。

(2) 管道与铁路并行布置时,应同时满足下列要求:

① 管道距铁路用地界的净距不应小于 3 m;

② 埋地管道与邻近铁路线路轨道中心线的净距不应小于 25 m;

③ 地上管道与邻近铁路线路轨道中心线的水平净距不应小于 50 m;

④ 电气化铁路与管道并行间距在 100 m 以内、并行长度在 1 000 m 以上时,在建设期间应预设必要的排流措施,铁路运行初期应按《埋地钢质管道交流干扰防护技术标准》(GB/T 50698—2011)对排流效果进行检测、复核;

⑤ 铁路与管道站场设施的最小距离应按《石油天然气工程设计防火规范》(GB 50183—2020)执行。

《油气输送管道穿越工程设计规范》(GB 50423—2015)中规定油气管道与公路、铁路、桥梁交叉时,在对管道采取保护措施后交叉角度可小于 30°,但是由于 GB 50423—2015 较《关于规范公路桥梁与石油天然气管道交叉工程管理的通知》(交公路发〔2015〕36 号)颁发时间较早,且后者等级更高,所以应按后者执行,即当油气管道与公路、铁路交叉时宜垂直交叉,在特殊情况下,交叉角不应小于 30°。

4.2　电气化铁路对油气管道的风险分析

油气管道与电气化铁路相互靠近时,可能受到来自电力系统的交流干扰。交流电气化铁路主要通过感性耦合及阻性耦合对埋地油气管道产生危险和干扰影响,如图 4-1 所示。危险影响是指感应电压超过人体能承受的电压及电位差产生的电火花对管道的安全造成的威胁。干扰影响是指对油气管道的设备产生的干扰影响,影响阴极保护装置的正常工作,以及在某些防腐层破损点因长时间有交流电流入地而引起交流腐蚀。

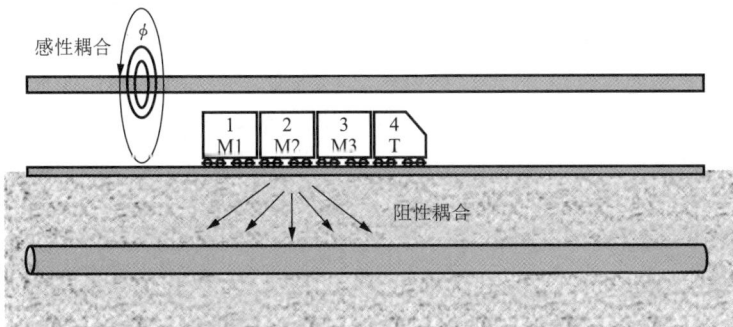

图 4-1　电气化铁路对管道的干扰形式

早期的研究显示交流引起的腐蚀速率比较小,而且阴极保护可以有效地阻止交流腐蚀,因此交流腐蚀一度被人们所忽视。20 世纪 90 年代后,国内外相继报道了交流腐蚀的案例,使得交流腐蚀问题再次受到关注。1991 年,加拿大安大略湖的 1 条 300 km 高压天然气管道发生腐蚀泄漏,对该管道调查发现管道由镁阳极提供阴极保护,管道电位在 $-1.50 \sim -1.45$ V(CSE)之间。经过检测发现,泄漏处管道的交流干扰电压达 28 V。1994 年,在对多伦多的 1 条输油管道进行内检测时发现管道存在严重的点蚀。该管道由外加电流提供阴极保护,管道电位为 -1.27 V(CSE)。调查发现,该管道的交流干扰电压为 15 V。1995 年,Union Gas 公司在对其管道进行超声波外检测时发现了管道腐蚀。该管道由外加电流提供阴极保护,保护电位为 -1.05 V(CSE)。检测发现,管道上的交流干扰电压最高可达 33 V,交流电流密度可达 84 A/m^2。近年来,在美国俄勒冈州、纽约奥斯威戈以及得克萨斯州均报道了交流腐蚀引起管道泄漏的案例。在我国,随着油气管道和城镇基础设施的大量建设,也出现了许多交流干扰的案例。四川的成都—德阳输气管道、东北的铁岭—秦皇岛输油管道和新港输油管道都检测到较高的交流干扰。

随着电气化铁路和管道的建设与日俱增,管道所受到来自铁路系统的交流干扰情况越来越多。在我国,新疆 KWY-D529 和 KWY-D377 管道受乌鲁木齐至阿拉山口铁路影响,管地电位偏移近 8 V;永唐秦天然气管道受到沿线电气化铁路的影响,最大交流干扰电压超过 100 V;胶日线天然气管道受青浙线、胶济线等铁路的影响,最大干扰电压达 44 V。

4.2.1 轨道供电系统的杂散电流泄漏

理想情况下,牵引变电站为接触网/接触轨供电,列车在运行过程中,通过受电弓或受电靴从接触网/接触轨获得电能并驱动电机,之后电流流出列车流入钢轨,回流到牵引变电站负母排,构成回路。钢轨本身通过绝缘扣件固定在道床轨枕上,在列车行驶时兼做回流通道。

实际中,由于钢轨材料本身存在电阻,所以牵引电流在返回负母排过程中会流过钢轨并形成电压,即产生钢轨对地电位。由于钢轨与地面的绝缘不是无穷大,所以在钢轨回流时总要有部分电流离开钢轨,通过大地或其他原本不该有电流的导电介质回流到负母排。通过大地或其他导电介质回流的电流称为杂散电流,如图 4-2 所示。

此外,随着运行时间的累积,轨道本身的磨损、绝缘扣件的老化以及混凝土结构、道床结构的受潮会导致轨道对大地的绝缘程度逐渐降低,使得杂散电流的泄漏量进一步增加。同时由于机车处于加速制动等动态工况下,所以其所需的牵引电流大小在不断变化,钢轨对地电位也处于不断变化中。

当钢轨对地电位超过一定限制时,超过限制电位的钢轨将主动直接接地,保护人员安全。铁路系统中直接接地的行为也会加剧杂散电流的泄漏。

4.2.2 泄漏电流对埋地管道的影响

长期的电化学腐蚀不仅会使铁路道床钢筋和隧道结构钢筋因为腐蚀而失去原有的承重能力,还会使铁路沿线的油气管道发生杂散电流干扰腐蚀,具体如图 4-3 所示。

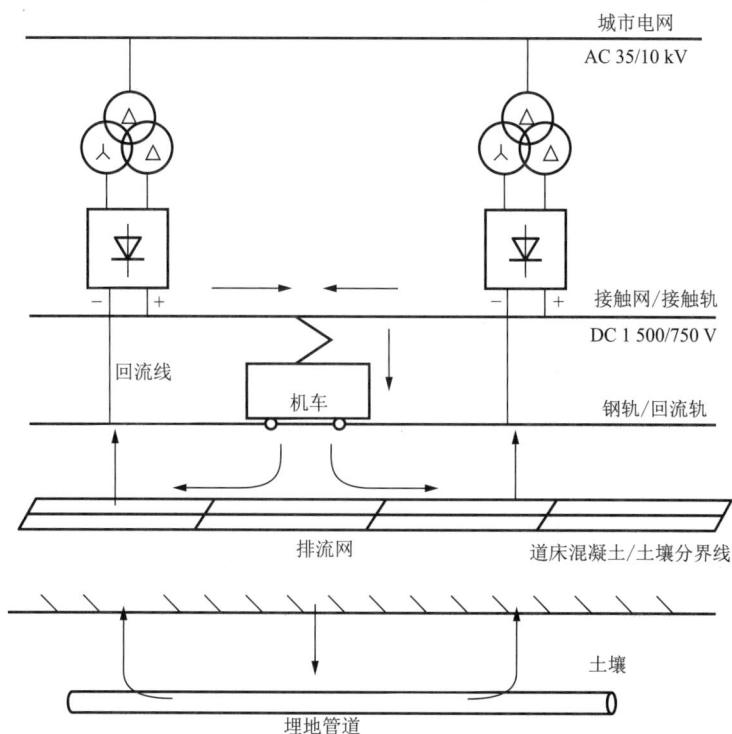

图 4-2　牵引供电系统的杂散电流泄漏

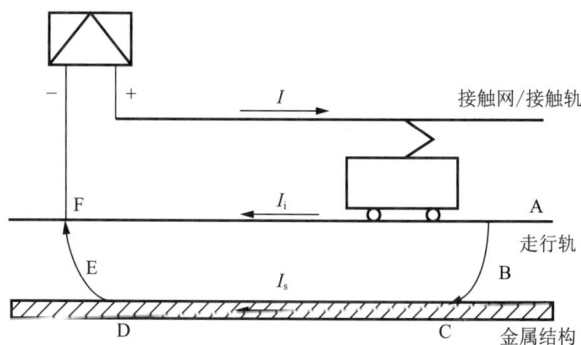

图 4-3　杂散电流对埋地管道的腐蚀

（1）机车从接触网/接触轨取得电流后,牵引电流流出机车并注入钢轨 A 处,钢轨 A 处电流泄漏,杂散电流通过道床 B 进入金属结构 C,构成原电池,其中 A 为阳极区,C 为阴极区。

（2）金属结构 C 处电流在结构内部流动,流至靠近牵引所负母排 F 的 D 处,金属结构内杂散电流流出,经过道床 E 流入牵引变电站负母排处钢轨 F,构成原电池,其中 D 为阳极区,F 为阴极区。

（3）管道阳极区金属发生氧化反应,造成金属的损失与防腐层的破裂。在阴极,水电解生成的氢氧根离子与土壤中的钙生成氢氧化钙,不稳定的氢氧化钙最终会结合空气中的二氧化碳生成碳酸钙类盐,严重破坏管道防腐层。

73

当杂散电流流入埋地金属管道时,由于轨道区间长达数千米,所以通常情况下管道的电流流入点和流出点不是同一点,甚至相隔甚远,电流流入、流出点之间会有较高的电位差。从管道防护角度分析,埋地金属管道所处地下环境相对阴暗潮湿,原本管道就容易发生腐蚀,而杂散电流的存在将促进管道与土壤发生电解反应,进一步加快管道的腐蚀。如果不采取防护与治理措施,则铁路线路周围的埋地金属管发生腐蚀泄漏的时间和频率会大幅超过正常腐蚀,严重威胁管道的安全稳定运行。

此外,当埋地管道发生腐蚀穿孔时,维护人员往往不能第一时间发现破损点,导致管道的破损进一步加剧。当发现管道穿孔问题后,为了维修或更换管道,需要对管道沿线进行开挖。长线路、大面积的挖掘工作会影响铁路线路的结构安全,同时开挖更换管道工作量大、更换周期长且成本高。即使管道更换工作结束,如果不从杂散电流源头进行防护治理,新换管道依然会发生腐蚀。

因此,对于杂散电流的干扰应在设计阶段和建设阶段进行充分论证和考虑,增设必要的防护措施。

4.3　现场勘查与测试

1) 现场勘查

现场勘查的目的是精确调研管道现状路由,从而在模拟软件中叠加高压线路位置,开展模拟评估。现场勘查用的设备包括 PCMx 管道探测仪、RTK 定位终端、无人机、土壤电阻率测试仪等。

2) 土壤电阻率测试

在输电线路与管道交叉处、管道测试桩处进行土壤电阻率检测。根据《埋地钢质管道腐蚀防护工程检验》(GB 19285—2014)关于土壤电阻率的测量方法,将土壤电阻率测试仪的 4 个电极依次排列在同一直线上,分别间隔 1 m 和 2 m 排列,测量并记录其电阻,根据式(3-1)得到平均土壤电阻率。

3) 现状管地电位测试

当交叉点周边与其他多条已建输电线路存在交叉时,应对管道当前管地电位、交流干扰情况进行现场测试。采用 uDL2＋极化试片的方法对管道现状电位和交流干扰电压进行测试。

4.4　杂散电流仿真模拟

交流牵引系统杂散电流的分析方法主要有理论、仿真和实测 3 种。牵引系统是多个牵引站、多区间的复杂系统,因此采用 CDEGS 软件进行干扰模拟计算,分析管道所受的交流干扰电压是否满足安全限值要求。

交流供电系统对管道的干扰主要为阻性干扰,即铁轨泄漏电流通过大地流入、流出埋地管道,影响管道对地阴极保护电位。参考相关工程案例建立阻性干扰模型,如图 4-4 所示。

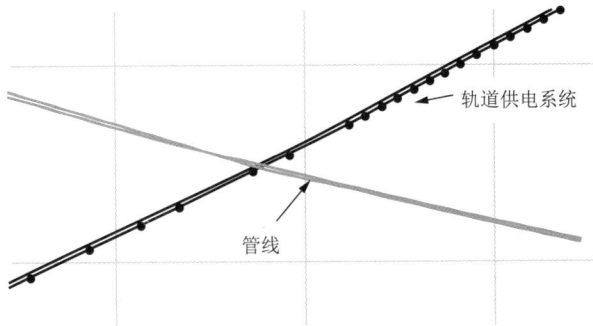

图 4-4 阻性干扰仿真计算模型

4.4.1 模型主要输入参数

1) 接触网

目前,国内外城市轨道交通中普遍采用的接触线有铜接触线和铜银合金接触线两种。铜接触线的优点是导电性好,但机械强度偏低;铜银合金接触线的优点是机械强度比铜接触线高,耐高温、耐磨耗性能好。

某工程接触线采用 150 mm^2 的铜银合金接触线(CTA150),模型中接触网采用等效半径为 6.9 mm 的导体进行模拟,其单位长度纵向电阻设置为 0.037 8 Ω/km,接触网离轨高度为 4.6 m。

2) 走行轨

走行轨除了具有为机车承重和导向的作用外,还是牵引电流返回牵引变电站负极的流通路径,因此走行轨是牵引供电系统中的重要组成部分。由于在 CDEGS 仿真软件中所使用的导体均是规则的圆形导体,而某工程实际的走行轨由两条间距为 1 435 mm、不规则的"工"形导体并列组成。因此,在对走行轨进行建模时需要对工程实际中的不规则的"工"形走行轨进行导体转化,转化成 CDEGS 仿真软件所使用的圆形导体。

在进行导体转化时需要满足相同时间内相同横截面积上通过的电流相等的原则,即在单位时间内流过实际走行轨与流过转化后的走行轨导体的电流相同。某工程轨道采用 60 kg/m 的"工"形走行轨,其在 CDEGS 仿真软件中的等效半径为 0.048 m,单位长度纵向电阻为 0.034 4 Ω/km(考虑 5% 的磨耗),轨间距为 1 435 mm。

3) 过渡电阻

轨-地过渡电阻是影响杂散电流的重要参数。对于无砟轨道,走行轨下方为放置在道床上并呈离散分布的轨枕,且走行轨和轨枕之间通过扣件固定,因此杂散电流主要通过走行轨和道床之间的连接工件(如道钉、弹条和绝缘垫板等,图 4-5)从走行轨泄漏至大地或从大地回流至走行轨。

在模型中,通过在轨道与地基之间设置等效电阻的形式进行模拟,等效电阻的表达式为:

$$R_e = \frac{R_g N}{L} \tag{4-1}$$

式中　R_e——单位长度轨-地等效电阻,Ω/m;

　　　R_g——轨-地过渡电阻,$\Omega \cdot km$;

　　　N——单位长度轨道中等效导体的数量,个$/km$;

　　　L——轨-地过渡电阻的等效长度,m。

某工程轨道主要为高架段,取轨-地过渡电阻为 $30\ \Omega \cdot km$。模型中,对 $1\ km$ 的轨道,取 $N = 40$ 个$/km$,则单位长度轨-地等效电阻 R_e 为 $12\ \Omega/m$。

4)排流网

为了最大限度地减少杂散电流在大地或其他原本不该有电流的导电介质中的流动,在工程建设时会在钢轨下方建设排流网。排流网是一组由金属条横纵连接且贯穿整条线路的金属网。排流网使杂散电流能够快速回流至牵引变电站负母排。钢筋通过横纵连接,不同段落则利用跨接电缆联结贯通整个线路,形成全线排流网,如图 4-6 所示。

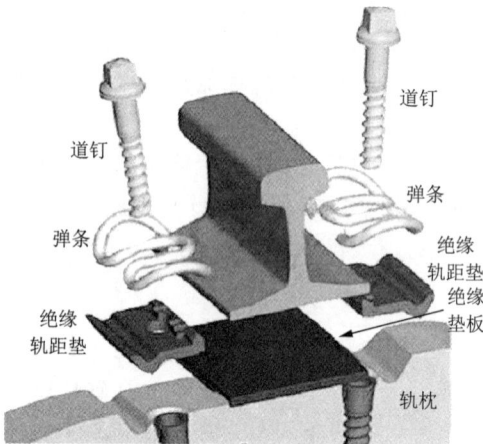

图 4-5　走行轨和轨枕之间关键工件相对位置示意图

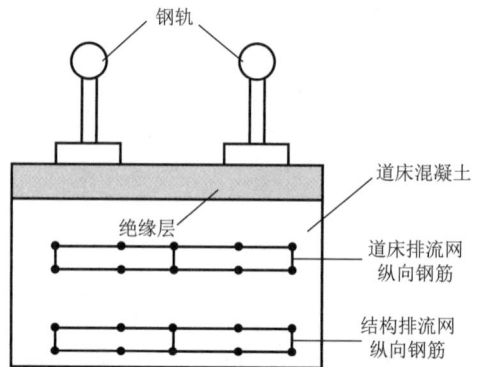

图 4-6　排流网与钢轨关系示意图

根据铁路设计单位提供的初设方案中的杂散电流干扰篇,某工程设计的上、下行轨道排流网钢筋截面积均不小于 $4\ 000\ mm^2$。对于高架结构,在承轨台内道床截面不足且桥梁和桥墩之间良好绝缘的前提下,利用桥面钢筋作为辅助排流措施。

该仿真模型在铁路下方建立了等效排流网,排流网采用半径为 $0.012\ m$、单位长度纵向电阻为 $0.58\ \Omega/km$ 的钢筋进行模拟,沿轨道方向纵向均匀布置 7 根钢筋,横向每隔 $40\ m$ 布置一道钢筋进行连接。

5)桥梁墩台接地

按照《桥梁防雷技术规范》(GB/T 31067—2014),桥梁墩台需设置引下线或利用桥梁钢筋进行防雷接地(接地电阻不大于 10 Ω),如图 4-7 所示。因此,该模拟中将桥墩等效为电阻为 10 Ω 的接地导体,模拟其电气特征。

6）管道参数

根据现场勘测结果,选取管道设计压力、设计温度、设计壁厚、外径、防腐层类型等信息。

7）环境电气参数

模型中建立空气、土壤的二层环境模型。土壤采用均匀土壤模型,电阻率参数经现场实测取值。

桥墩接地
引下线

图 4-7　典型桥墩接地结构

4.4.2　计算工况分析

1）列车行驶状态

列车在行车过程中的功率是动态变化的,因此钢轨中的电流也是不断波动的。一般而言,列车出站时会加速,此时列车的功率上升,牵引电流较大;列车进站时会减速,此时列车的动能转化为电能,通过电流回收装置回馈电网,电流方向发生改变。

2）行车位置的影响

根据相关学者的研究成果,当列车位于交叉点时,交叉点处的钢轨泄漏电流最大,受阻性耦合等因素的影响,此时交叉点处管道涂层的电位最大;当列车远离交叉点时,交叉点处的钢轨泄漏电流逐渐减小,交叉点处管道涂层的电位逐渐减小。

3）激励输入

根据供电系统初步设计方案,某工程供电类型为双边供电的方式。列车在上、下游牵引供电站正常运行时,供电母线的有效电流为 383 A;上、下游某牵引供电站出现故障时,供电母线的最大有效电流为 787 A。

因此,本次仿真计算分别对牵引供电网输入电流为 383 A 和 787 A 两种工况进行仿真计算,见表 4-1。

表 4-1　仿真计算工况

列车 供电工况	输入激励 电流/A	激励 输入位置	对应场景
正　常	383	轨道与管道 交叉点	列车匀速行驶至管道上方,相邻两侧牵引供电站正常供电
故　障	787	轨道与管道 交叉点	列车匀速行驶至管道上方,相邻两侧牵引供电站出现故障,由远侧牵引供电站供电

4.4.3　计算结果分析

(1) 交叉点处的管道干扰电压最大,远离交叉点的干扰电压逐渐降低。

(2) 供电站正常供电时,区间牵引供电网电流为 383 A,管道上方干扰电压最大为 0.15 V;供电站出现故障时,区间牵引供电网电流为 787 A,管道上方干扰电压最大为 0.31 V。根据评判标准,两侧现状管地断电电位在 $-0.87 \sim -0.69$ V 之间,当管道上产生干扰电压时,供电站正常供电时的管地断电电位在 $-0.72 \sim -0.54$ V 之间;供电站出现故障时的管地断电电位在 $-0.56 \sim -0.38$ V 之间,干扰导致管道不满足最小保护电位要求($-1.20 \sim -0.85$ V),需及时增设干扰防护措施。

4.5　交流电流干扰的缓解

目前,国内外对于交流电流干扰的缓解措施主要包括:① 对干扰源进行控制,即"堵";② 对被干扰结构进行缓解排流,即"排";③ 加强干扰严重区域的监/检测,即"测"。对于杂散电流干扰的排流,排流位置的选取、地床形式与管道距离等参数的设计十分关键。相关研究表明,如果排流地床设置不合理,不但无法达到预期的缓解效果,还有可能增加其他位置处的杂散电流干扰。对于杂散电流干扰的排流设计,国外早期采用解电路的方法推导出简化的计算公式并进行求解。但是,该方法为了简化计算工作,进行了大量假设和简化,例如采用均匀的土壤模型,不能计算多种干扰源同时干扰的过程。这导致该方法的适用范围较小、准确性较差。近年来,计算机仿真模拟技术突飞猛进,在热传导仿真、力学仿真、电场仿真等领域得到广泛应用。杂散电流干扰计算机模拟技术是利用边界元方法求解麦克斯韦方程组和电传导拉普拉斯方程。该方法是将结构在边界上离散化,通过迭代的方法计算得到区域内电场、磁场的分布情况。计算机模拟技术可以计算复杂金属结构以及多层土壤模型中的杂散电流干扰问题,同时考虑因素较多,随着网格的细分,计算准确性大幅提高,因此是目前国内外杂散电流干扰排流的主流设计方法。

根据项目经验选取设计系数为 1.2,将交流干扰电流密度的缓解目标限值定为 25 A/m²。

目前,国际上主要采用接地地床加固态去耦合器的方式缓解交流干扰。干扰缓解措施按照地床形式不同主要分为敷设水平锌带、埋设锌阳极和铺设接地网。

某项目计算的水平锌带直径为 200 mm,与管道同埋深,距离管道外壁 0.3 m。水平锌带示意图如图 4-8 所示。

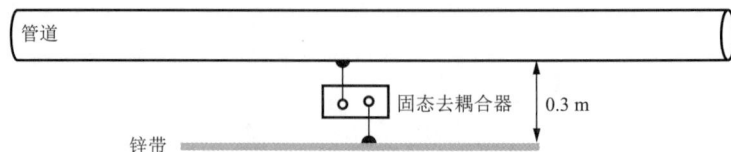

图 4-8　锌带缓解示意图

某项目计算的排流锌阳极与管道外壁垂直距离为 1 m,如图 4-9 所示。

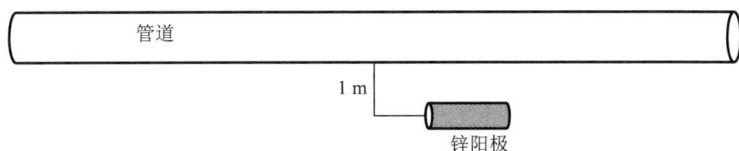

图 4-9　锌阳极缓解示意图

某项目计算的接地网规格为 1 m×1 m,与管道同埋深,与管道外壁的垂直距离为 4 m,如图 4-10 所示。

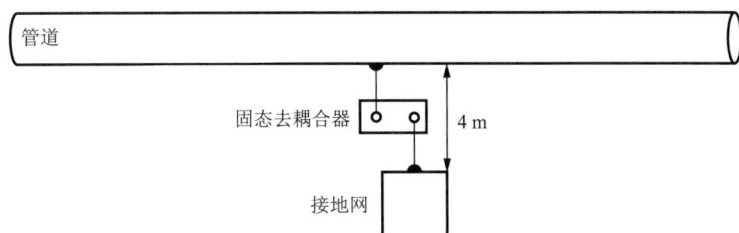

图 4-10　接地网缓解示意图

4.6　铁路穿越管道安全分析

假定管道承受由单列火车所产生的荷载,计算火车对每条轨道的作用荷载时,应使用交变轴向应力和交变环向应力的应力提高系数。假设穿越管道与被穿越铁路夹角为 90°,且穿越形式为路堤型穿越,如图 4-11 所示。

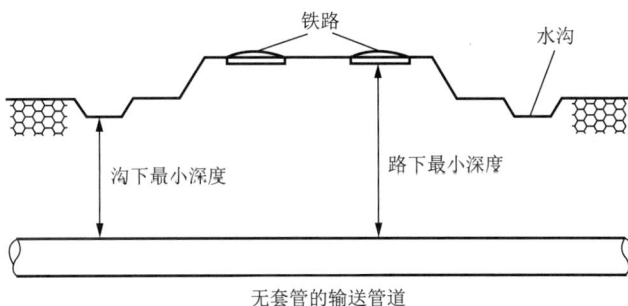

图 4-11　无套管管道穿越铁路示意图

4.6.1　荷　载

1）外部荷载

穿越铁路的无套管管道承受的外部荷载由土层压力(静荷载)和火车交通(动荷载)产

生,冲击系数适用于动荷载。

2）内部荷载

穿越铁路的无套管管道承受的内部荷载由内压产生,计算中使用最大允许操作压力或最大操作压力。

4.6.2　应力计算步骤

为确保管道安全运行,必须全面计算影响无套管管道的所有应力,包括环向应力和纵向应力,计算步骤如下:

（1）首先根据穿越管道的管径和壁厚,确定管道、土壤、施工以及操作特性。

（2）利用 Barlow 公式计算由内压引起的环向应力 S_{Hi},然后对照最大允许值校核 S_{Hi}。

（3）计算由土荷载引起的环向应力 S_{He}。

（4）计算外部可变荷载 W,并确定相应的冲击系数 F_i。

（5）计算由可变载荷引起的交变环向应力 S_{Hr} 和交变轴向应力 S_{Lr}。

（6）计算由内压引起的环向应力 S_{Hi}。

（7）按下列步骤校核有效应力 S_{eff}。

① 计算主应力,包括环向应力 S_1、轴向应力 S_2、径向应力 S_3;

② 计算有效应力 S_{eff};

③ 对照允许应力 $SMYS \times F$,对 S_{eff} 进行校核。

（8）校核焊缝疲劳强度:

① 对照环焊缝疲劳极限 $S_{FG} \times F$,比较 S_{Lr},校核环焊缝疲劳强度;

② 对照纵焊缝疲劳极限 $S_{FL} \times F$,比较 S_{Hr},校核纵焊缝疲劳强度。

计算中给出了材料特性或几何条件的若干曲线图,计算时可采用曲线之间的内插值。

4.6.3　应力计算过程

1）土荷载产生的管道环向应力

土荷载产生的管道环向应力为:

$$S_{He} = K_{He} B_e E_e \gamma D \tag{4-2}$$

式中,变量解释和具体公式说明参见公路穿越部分的相关内容。

2）动荷载产生的管道环向应力

（1）表面动荷载。

铁路外部动荷载是指施加于被穿越铁路表面的车辆荷载 W。除非已知更大的荷载,其值一般取 $W=96$ kPa,它是由在 6.1 m$\times2.4$ m 面积上均布 4 个 356 kN 轴荷载得出的。

（2）冲击系数。

冲击系数是穿越输送管道埋深 H 的函数,用以增加动荷载。铁路的冲击系数为 1.75,埋深超过 1.5 m 时,每增加 1 m 冲击系数降低 0.1,直至冲击系数等于 1.0。

3）管道交变环向应力

铁路载荷产生的交变环向应力为：

$$S_{Hr} = K_{Hr} G_{Hr} N_H F_i W \tag{4-3}$$

式中　S_{Hr}——铁路荷载产生的交变环向应力，kPa；

　　　K_{Hr}——交变环向应力铁路刚度系数；

　　　G_{Hr}——交变环向应力铁路几何系数；

　　　N_H——交变环向应力铁路单或双轨系数；

　　　F_i——冲击系数；

　　　W——外加设计表面压力，kPa。

铁路刚度系数 K_{Hr} 根据土壤弹性模量 E_r 和管道的壁厚 t_w 与直径 D 的比值确定。其中，土壤弹性模量 E_r 按表 4-2 取值。

表 4-2　土壤弹性模量 E_r

土壤说明	E_r/MPa
软至中密黏土和粉土	34
硬至极硬黏土和粉土，疏松至中密砂土和含砾石土	69
密砂土、高密砂土和含砾石土	138

4）管道交变轴向应力

铁路荷载产生的交变轴向应力：

$$S_{Lr} = K_{Lr} G_{Lr} N_L F_i W \tag{4-4}$$

式中　S_{Lr}——铁路荷载产生的交变轴向应力，kPa；

　　　K_{Lr}——交变轴向应力铁路刚度系数；

　　　G_{Lr}——交变轴向应力铁路几何系数；

　　　N_L——交变轴向应力铁路单或双轨系数。

铁路刚度系数 K_{Lr} 根据土壤弹性模量 E_r 和管道的壁厚 t_w 与直径 D 的比值确定。

5）内压产生的环向应力

由内压产生的环向应力 S_{Hi} 按下式计算：

$$S_{Hi} = p(D - t_w)/(2t_w) \tag{4-5}$$

式中　p——内压，取 $MAOP$ 或 MOP，kPa。

4.6.4　两项许用应力校核

1）环向应力校核

对于由内压产生的环向应力 S_{Hi}，根据介质不同，其校核应按下列公式进行，即必须小于规定最小屈服强度与设计系数的乘积。

对于输送介质为天然气的管道，有：

$$S_{Hi} = p(D - t_w)/(2t_w) \leqslant F \times E \times T \times SMYS \tag{4-6}$$

对于输送介质为液体或其他油品的管道,有:

$$S_{Hi} = p(D - t_w)/(2t_w) \leqslant F \times E \times SMYS \tag{4-7}$$

式中 F——设计系数,其取值为 $0.40 \sim 0.72$;

E——纵向焊缝系数;

T——温度折减系数;

$SMYS$——规定最小屈服强度,kPa。

2)总有效应力校核

总有效应力 S_{eff} 应小于或等于规定的最小屈服强度 $SMYS$ 与设计系数 F 的乘积。

主应力 S_1,S_2 和 S_3 用于计算 S_{eff},主应力分别按下式计算。

最大环向应力 S_1:

$$S_1 = S_{He} + S_{Hr} + S_{Hi} \tag{4-8}$$

最大轴向应力 S_2:

$$S_2 = \Delta S_{Lr} - E_s \alpha_T (t_1 - t_2) + \nu_s (S_{He} + S_{Hi}) \tag{4-9}$$

最大径向应力 S_3:

$$S_3 = -p = -MAOP \text{ 或 } -MOP \tag{4-10}$$

式中 E_s——管材杨氏模量,kPa;

α_T——管材热膨胀系数,$℃^{-1}$;

t_1——安装时的温度,℃;

t_2——最大或最小操作温度,℃;

ν_s——管材的泊松比。

总有效应力 S_{eff}:

$$S_{eff} = \sqrt{\frac{1}{2} \left[(S_1 - S_2)^2 + (S_2 - S_3)^2 + (S_3 - S_1)^2 \right]} \tag{4-11}$$

管道屈服条件校核应保证总有效应力小于或等于规定最小屈服强度与设计系数的乘积,即

$$S_{eff} \leqslant F \times SMYS \tag{4-12}$$

4.6.5　环焊缝疲劳强度校核

必须校核铁路下的穿越管道环焊缝由动荷载的交变轴向应力产生的潜在疲劳,应保证动荷载交变轴向应力 S_{Lr} 小于疲劳极限与设计系数 F 的乘积。

单轨和双轨穿越铁路对 S_{Lr} 的影响不同,因此在疲劳校核中必须考虑这种影响。假定所有外加周期荷载都是通过双轨同时加载而产生的,且火车轮组总是同时位于穿越段正上方,则有些过于保守。因此,铁路穿越环焊缝疲劳校核所使用的交变轴向应力是以单轨加载条件下所产生的动荷载应力为基础的,由此得出:

$$S_{Lr}/N_L \leqslant S_{FG} F \tag{4-13}$$

式中 N_L——单轨或双轨系数,穿越单轨时 $N_L = 1.00$;

S_{FG}——环焊缝疲劳极限，取值为 82 740 kPa。

环焊缝距轨道中心线距离 $L_G < 1.5$ m。对其他位置的环焊缝应采用下式进行疲劳校核：

$$R_F S_{Lr}/N_L \leqslant S_{FG} F \tag{4-14}$$

式中　R_F——轴向疲劳应力折减系数。

4.6.6　纵焊缝疲劳强度校核

校核铁路下的穿越管道的纵焊缝由其动荷载交变环向应力产生的潜在疲劳时，应保证动荷载交变环向应力 S_{Hr} 小于纵焊缝疲劳极限 S_{FL} 与设计系数 F 的乘积。

纵焊缝的疲劳极限 S_{FL} 取决于焊缝类型和最小抗拉极限强度。表 2-30 给出了各种不同钢级钢材的无缝管、电阻焊以及埋弧焊管的纵焊缝的疲劳极限值。

正如铁路穿越环焊缝疲劳强度校核一样，如采用双轨交变应力考虑疲劳问题，则过于保守。因此，铁路穿越的纵焊缝疲劳强度校核也采用单轨可变荷载的交变环向应力，由此得出：

$$S_{Hr}/N_H \leqslant S_{FL} F \tag{4-15}$$

式中　N_H——单轨或双轨系数，单轨穿越时 $N_H = 1.00$；

S_{FL}——纵焊缝疲劳极限，kPa。

第5章
埋地设施与管道交叉、并行

5.1 相关法律法规及标准规范的要求

（1）新建其他埋地管道与石油、天然气输送管道并行，对于不受地形、地物或规划限制地段的并行管道，当管径小于 1 422 mm 时，并行间距不应小于 6 m，当管径为 1 422 mm 或更大时，间距不应小于 8 m；对于受地形、地物或规划限制地段的并行管道，采取安全措施后净距可小于 6 m。

（2）石方地段需要爆破管沟时，与已建管道的并行间距应大于 20 m，且应控制爆破参数。

（3）对于管径相同且并行净距小于 6 m 的埋地管道，以及管径相同且共用隧道、涵洞或共用管桥跨越的管道，应有可明显区分识别的标识。

（4）新建其他埋地管道与石油、天然气输送管道在穿越地段并行敷设时，应根据建设时机和影响因素综合分析确定间距。对于共用隧道、跨越管桥及涵洞设施的并行管道，并行间距不应小于 0.5 m，且应符合下列规定：

① 并行管道采用顶管方式穿越公路、铁路、水渠时，套管并行间距不宜小于 10 m；当空间受限，经核算顶管对邻近套管及路基无影响时，套管最小并行间距不应小于 5 m；铁路、公路桥梁下穿越时，可同沟敷设。

② 同期建设的并行管道宜采用同一涵洞穿越铁路、高速公路和水渠；不同期建设的并行管道在利用已建管道涵洞时应分析其可行性。新建穿越涵洞时，与已建管道的涵洞的并行间距不宜小于 10 m。

③ 同期建设的并行管道采用挖沟法穿越河流时，间距不宜小于 1.5 m；不同期建设时，并行间距应确保已建管道位于施工影响范围以外。

④ 定向钻穿越河流等障碍物时，管道与已建并行定向钻管道的穿越轴线间距宜大于 10 m。

⑤ 穿越全新世活动断层的并行管道不宜同沟敷设。

（5）同期建设的输油管道宜同沟敷设；同期建设的输气管道可同沟敷设；同期建设的

油气输送管道,受地形限制时局部地段可同沟敷设;同沟敷设的并行管道,间距应满足施工及维护需求且最小净距不应小于 0.5 m。

（6）管道与通信光缆同沟敷设时,其最小净距(两断面垂直投影的净距)不应小于 0.3 m。

（7）直埋电力电缆不应在埋地油气输送管道的正上方或正下方敷设;采取绝缘隔离等安全措施后,电力电缆与埋地油气输送管道并行间距不应小于 1 m;水下的电力电缆与管道之间的水平距离不宜小于 50 m,受条件限制时不应小于 15 m。

（8）直埋通信线路与油气输送管道并行间距不宜小于 10 m。

（9）油气输送管道与其他埋地管道、电力电缆、通信光(电)缆交叉的间距应符合下列规定:

① 油气输送管道与其他埋地管道或金属构筑物交叉时,其交叉角度不宜小于 30°;

② 油气输送管道与其他管道交叉时,垂直净距不应小于 0.3 m,当小于 0.3 m 时,两管交叉处应设置坚固的绝缘隔离物,交叉点两侧各延伸 10 m 以上的管段,应确保管道防腐层无缺陷;

③ 油气输送管道与电力电缆、通信光(电)缆交叉时,垂直净距不应小于 0.5 m,交叉点两侧各延伸 10 m 以上的管段,应确保管道防腐层无缺陷。

（10）新建埋地设施(电缆、管道、管廊)与油气输送管道交叉或并行,在施工过程中应对现有油气输送管道进行保护:

① 施工前应准确探测现有管道的位置,并做好标识。在现有管道转角处设标志桩,并行段正上方间隔 30 m 增设加密桩,并满足通视性要求。

② 交叉点两侧各 5 m 水平距离范围内不应实施焊接作业。在新建设施焊接过程中,应采用防火阻燃材料对现有管道进行保护。交叉段设施应提前预制、快速通过,尽量减少现有管道及伴行光缆的裸露时间。

③ 交叉处回填覆土时,宜预制埋设厚度为 20 cm 的混凝土板(坚固的绝缘隔离物),置于现有管道与新建设施之间,并进行分层回填,充分夯实,回填土应高于地表 20 cm。

④ 交叉点处应补强现有管道防腐层,宜增设一支交叉测试桩,且新建设施的阴极保护站、接地体等配套设施应远离现有管道,必要时交叉点、并行段应加设牺牲阳极排流保护系统。

5.2　定向钻施工风险辨识

1）破坏管道或光缆风险

如果在役管道伴行光缆定向钻实际走向不明确,则定向钻穿越可能破坏在役管道或导致光缆断缆。定向钻穿越施工对于在役管道及光缆来说,最为重要的是确保管道及光缆的运行安全,设计上已明确了相互间的相对位置及走向,施工方面需要进一步保证现场实施的精度,确保定向钻穿越的受控施工,这主要体现在控向的精准性上。

2）定向钻控向风险

定向钻导向孔钻进过程中,因控向设备故障或人为因素影响,可能出现实际穿越曲线与设计穿越曲线偏差较大(脱离原设计地层)、钻具撞击管道的风险。另外,当穿越轨迹存在急弯、死折等局部曲率半径不足的情况时,如果得不到及时纠偏、修孔,则可能造成管道埋深不足、导向孔钻进困难、管道回拖卡管或钻杆断裂等问题。

3)定向钻施工工艺风险

定向钻的扩孔级数、钻井液性能、管道发送方式等都是影响定向钻施工顺利进行的关键因素。扩孔级数过少,可能会因扩孔级差的增大而产生过高的钻进扭矩,给钻杆和钻具带来不利影响;扩孔级数过多,会增加施工成本,延长施工时间,增大孔壁坍塌风险。孔壁坍塌导致土体应力发生变化,可能会导致在役管道产生变形。钻井液在定向钻施工过程中起护壁、携砂、润滑、控温的作用,若钻井液性能物性低劣,将直接影响定向钻成孔的效果,增大钻进难度和管道回拖阻力。

4)管道回拖防腐层破损风险

在定向钻穿越过程中,经常出现管道防腐层破损问题。如果地质勘察信息有误、发送沟内存大量的杂质、钻井液配比不合理或管道发送方式选择不当,管道回拖时不仅会增大管道回拖力,还会对管道防腐层造成较大的破坏。若定向钻施工完成后管道防腐层破损严重,无法满足其运行要求,则需要重新选择定向钻穿越位置并进行换管,这给并行在役管道的运行带来了额外的风险。

5.3 定向钻施工期间管道保护要求

5.3.1 定向钻施工控向措施

导向孔施工是水平定向钻穿越中的关键环节,控向精度直接关系到施工成败。导向孔钻进前,应确定地面信号磁场的布置位置,并对线圈控制桩进行定位测量;测量完成后与设计文件进行对照,若出现较大误差,则应重新进行复测校正。根据现场实际地形地貌、控向员的要求灵活布置人工磁场线圈,钻导向孔时每 50 m 进行一次控向数据校正,确保导向孔的控向精度。

穿越曲线应满足《油气输送管道穿越工程施工规范》(GB 50424—2015)中的规定。

(1)导向孔应根据设计曲线钻进,并随钻随测,做好记录。

(2)导向孔钻进钻杆折角应满足每根钻杆最大折角不大于 0.3°、4 根钻杆累加最大折角不大于 1.2°的要求,且曲率半径应在设计规定的曲率半径范围内。

(3)按照要求,钻孔期间应建立穿越曲线数据库,采集控向过程中由控向系统的计算机自动生成的有关数据,如每个测量点的 Inc(倾角)、Az(方位角)、Away(水平距离)、Right(左右偏差)、Elev(高程)值等。现场资料收集员记录每根钻杆的三维坐标以建立管道三维模型。

(4)在导向孔钻进过程中,若实时数据与磁场线圈数据存在较大的差距,则应立刻进行重复测量以确认数据是否准确。确认数据准确后,根据实时数据与磁场线圈数据的位移差进行纠偏计算,修改基准方位角,进行纠偏操作。

1) 导向孔工艺流程

(1) 人工磁场＋磁靶:鉴于某工程水平及纵向均存在的曲线定向,穿越线路必须于三街化工厂范围、运西排干渠两侧、公路两侧全程布线控制,即在穿越中心线上布设地磁线圈,人工制造磁场并进行测量,以提高穿越轨迹的精准度。在施工中,严格执行施工规范,确保每根钻杆的操作符合设计规定的曲率半径要求,如图 5-1 所示。

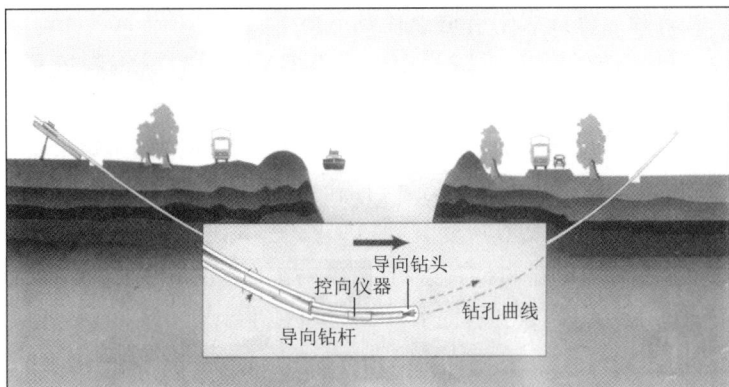

图 5-1　导向孔施工示意图

(2) 测量控向参数:校准导向孔穿越 Paratrack Ⅱ控向系统,标定控向参数。为保证数据准确,在穿越中心线的不同位置测取控向参数进行对比,并做好记录。

(3) 司钻、钻井液、控向等技术工种密切配合,将钻井液排量、钻井液压力、推力、扭矩等参数控制在合理范围内。

2) P2 控向软件数字精控

为防止钻孔时导向孔偏移设计穿越曲线,可采用 P2 控向软件和地面信标系统进行精准控向。当地面信标系统使用的电缆接通交流电后产生交变磁场,P2 软件即通过 4 次采集交流线圈数据,分析其频率,并对导向探头和线圈之间的频率进行矢量计算,筛选和取平均值后得到导向探头精确位置,如图 5-2 所示。

图 5-2　人工磁场、磁靶的布置图

进口 P2 有线控向仪及国产无线控向仪的控向精度均在 0.5 m 以内,可以有效确保导向孔轴线严格遵循设计曲线,确保钻头在设计出土点精度范围内出土。

在定向钻控向施工过程中,需要施工单位、监理单位与在役管道管理单位人员同时监测,以确保施工控向精确。

5.3.2　定向钻扩孔要求

（1）最小扩孔直径应保证大于管道外径且不小于管道外径＋300 mm。

（2）扩孔前,应根据导向孔钻进过程中取得的实际地质资料编制扩孔工艺,并编制卡钻、钻杆断裂等情况的应急预案,配备相应的设备和材料。

（3）扩孔级数。扩孔尺寸越大,切削量就越大,为了保证钻机扭矩平稳输出,降低扭矩过大导致的断裂风险,宜采用 7 级扩孔,最大扩孔尺寸为 60 in（1 524 mm）。

（4）钻具组合。扩孔阶段钻具所受到的扭矩较大,为确保施工安全及大尺寸扩孔器获得更大的扭矩,应选用加强钻杆和钻具进行施工。施工单位应根据地层条件及施工经验,选用合适的钻杆及扩孔器。建议扩孔过程中钻杆直径不小于 6⅝ in,钻杆所承受的最大扭矩不应小于 8×10^4 N·m。

（5）钻井液工艺。采用与导向孔相同的钻井液体系;在扩孔施工时,应根据现场施工返浆、返出的钻井液性能、返出钻井液携带的钻屑等情况调整钻井液性能。

施工中为了提升钻井液的流动性,宜加装喷浆短节。

（6）洗孔工艺。扩孔过程中,如发现空转扭矩过大,则应尽快采取措施:进行洗孔作业,洗孔扭矩降至合理扭矩以下时洗孔结束,再继续扩孔;扩孔结束后,如发现扭矩、拉力仍较大,可再进行洗孔作业。根据现场实际施工情况,确定洗孔的尺寸及次数。

5.3.3　管道回拖要求

扩孔完成并通过试压等手段检验管道合格后,即可进行管道回拖。为确保管道顺利回拖,应完成以下事项:

（1）回拖前应检查钻机、钻具、钻井泵等设备完好性。

（2）管道回拖前应采用电火花检漏仪按设计要求对全部管线进行检漏。对于漏点部位,应及时修补。检漏要求应符合《埋地钢质管道聚乙烯防腐层》（GB/T 23257—2017）的相关规定。

（3）建议采用发送沟＋水道方式发送。采用发送沟方式时应符合以下规定:发送沟下口宽度不小于 1.5 m,深度不小于 2 m,管道发送沟内应注水,最小注水深度应确保管道能够漂浮。

（4）回拖时应采取吊车吊篮或托架措施,以使管道入洞角度与实际钻孔角度一致。

（5）回拖应连续作业,停留时间不宜超过 4 h;对于停留时间过长的钻孔,应维持钻井液在井孔内的流动,钻杆也应低速旋转,回拖前应进行洗孔。

（6）回拖过程中,最大回拖力不能超过钻机允许的最大回拖力。当回拖过程中出现异常情况时,应停止回拖并采取应急方案,同时将现场情况及时反映给设计单位。

(7)回拖后应对管道出土端管段的防腐层或防护层进行检测,防腐层或防护层不应有贯穿性损伤。回拖后应对管段防腐层按照《油气输送管道工程水平定向钻穿越设计规范》附录 B 进行馈电测试,防腐层标称电导率 λ 不大于 200 μS/m 或防腐层绝缘电阻(面电阻)R 不小于 5 000 $\Omega \cdot m^2$ 为合格。

5.4　在役定向钻管道埋深检测技术

对于实施定向钻穿越的管段,在定向钻穿越施工之前需精准掌握与其并行或交叉的管道走向及埋深,以保证定向钻施工安全。下面介绍在役定向钻管道检测技术原理及实施步骤。

5.4.1　检测技术原理

测量管道的位置、埋深及走向,是对管道进行安全检测的第一步,精确定位管线位置非常重要,仪器探测的深度及电流均受管道定位精度的影响。精确定位是指对被测管道的位置已有大致的了解后,用电磁类仪器定位管道。

应用有源电磁探测方法,可实现对陆上及水下埋地管道的探测。探测原理为:利用发射机给管道施加交变的电流信号,在管道周围产生交变的磁场,使用电磁感应线圈在管道上方测量所施加信号的分布情况,依据信号分布规律精确定位管道的位置,同时根据该信号值探测管道的埋设深度,实时显示定位信号,自动/手动测定管道的埋设深度。

1)信号施加

在超深管道探测项目中,管中信号的强弱对管道的路由探测至关重要。检测系统的发射机可采用卫星同步的方式给管道加载多个检测信号以产生叠加效果,有效增加信号的强度,为高精度定位管道奠定坚实的基础,如图 5-3 所示。

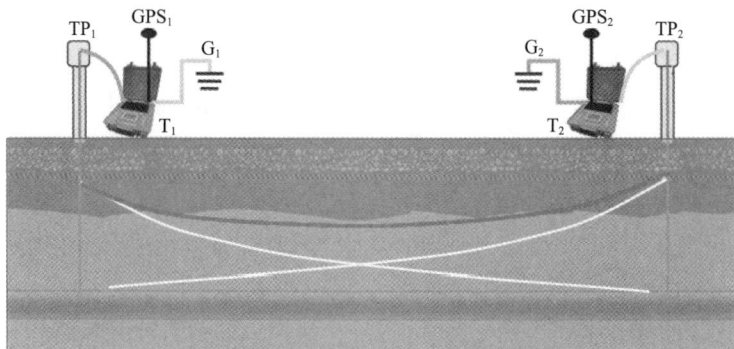

图 5-3　卫星同步发射机双侧同步模式施加信号示意图

2）峰值法定位

将接收机的灵敏度放在大致一半的位置上,若此时模拟指针满刻度,则沿逆时针方向调节增益,使指针在大致 60% 的位置。整个测量过程需及时调整灵敏度,使仪器的模拟指针保持在可观察范围内。手持接收机,令机身平面与管道走向垂直,机身底部接近地面。在管道上方横向左右移动,以找到信号的最大响应点,并停在最大响应点,如图 5-4 所示。在获得最大响应点上,转动仪器获得最大响应,如有需要则调整增益。在上述位置上将接收机向两侧轻微移动,找出峰值最大响应点。此时接收机所在位置即埋地管道上方,且管线走向与接收机机身平面成直角。标出该点的确切位置,该位置就是管道所在位置。

3）谷值法定位

在峰值法的记号点上将接收机设置为工作谷值方式。根据左/右方向箭头指示,在管道上方找到一个最小响应点,如图 5-5 所示。如果此点与峰值法重合,说明管道已被精确定位;如不重合,说明管道位置尚未"精确"地找到或存在干扰。如果两种方法定出的位置都偏离在管道的同一侧,那么该管道的真实位置应该接近峰值法所定的位置。

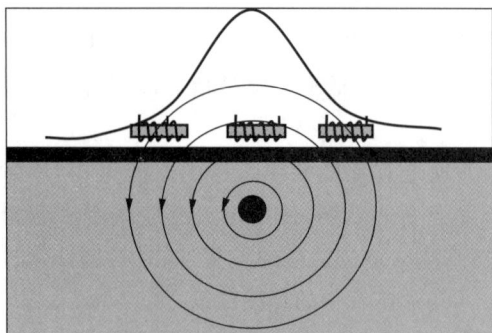

| 图 5-4　峰值法定位示意图 | 图 5-5　谷值法定位示意图 |

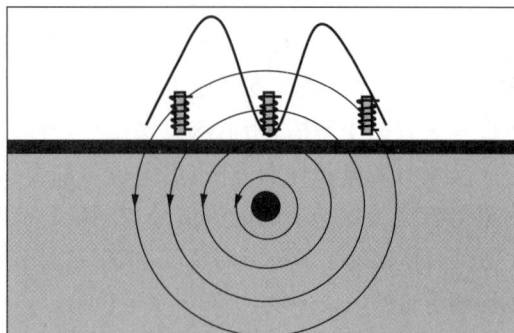

4）管道埋深的测量

管道埋深的测量是在峰值法模式下实现的,即应用两个相同的有固定间距的水平磁感应线圈,分别测出两个线圈的磁感应强度 B_t 和 B_b,然后可计算出管道埋深。

5）管道侧方打井垂直测量

管道侧方打井垂直测量应用的技术原理是电磁法。首先在管道一侧距离管道 5 m 范围内用小型钻机打一口直径约 120 mm、深度超过管道埋深的垂直井,并给待测管道施加检测信号,然后将测量探头放入垂直探测孔内进行探测,如图 5-6 所示。此项检测与管道地面探测的原理相同,在检测位置和方向上有所区别,它是将探头放入井内进行垂直方向的测量,可减小探头与管道的位置增强信号并降低干扰。

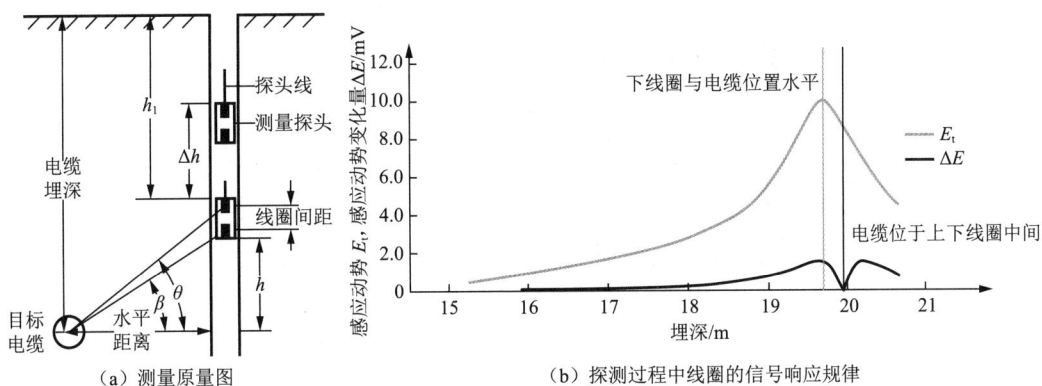

（a）测量原量图　　　　　　（b）探测过程中线圈的信号响应规律

图 5-6　管道侧方打井垂直测量原理示意图

5.4.2　检测工作实施步骤

1）资料收集

收集管道设计施工资料及历史检测记录。

2）现场勘查

勘查现场是否满足检测要求，选取合适的检测方法。

3）管道位置探测

利用有源电磁法，采取多种频率探测及不同设备（管线仪、超深管道定位系统）之间相互验证的方法确定管道的准确位置，如果因现场干扰较大或管中信号较差而造成管道位置探测误差范围增大，则需与业主单位协商选用超深管道埋深测量系统进行探测，即管道侧方打井垂直测量，在管道定位范围以外的合适位置进行下一步施工。

4）钻　探

根据管道定位结果，在管道无其他埋地设施一侧距离管道水平位置（管道定位误差最大点）2～5 m 处钻一大于管道埋深的垂直井，钻探深度根据设计深度和管道定位深度确定，一般为最大深度再延伸 3 m 左右。为保证管道安全，采用水钻进行施工。钻探时，在探测深度至设计深度误差范围以外采用钢质钻头，钻至管道埋深范围内时采用特制尼龙材质钻头。钻探作业结束后向孔内下入 φ75 mm 塑料套管。

5）井内垂直测量

利用有源电磁法，在垂直探孔内下入测量探头进行探测，找到垂直方向管道的准确位置，检测完成后抽出套管。

6）探孔回填

现场检测完成后，使用建筑细砂对探孔进行回填。

5.5 交叉/并行管道的杂散电流干扰及防治措施

强制电流阴极保护是通过外部电源来改变周围环境的电位,使需要保护的管道的电位一直处在低于周围环境电位的状态下,从而成为整个环境中的阴极,这样需要保护的管道就不会因为失去电子而发生腐蚀。这种强制外加电流的阴极保护系统由整流电源、阳极地床、参比电极、连接电缆组成,用于埋地长输管道阴极保护。

根据受干扰管道与干扰管道的位置差异(交叉或并行)和阳极位置的不同,阴极保护干扰形式分为阴极干扰、阳极干扰和混合干扰。

1)阴极干扰

当一个电势低于远地的电压梯度场叠加在外部结构物上时,该结构物将在受影响区域释放电流。阴极性电压梯度是这种情况下的控制因素。如果这个结构物排放电流,那么它必然在干扰影响区域之外的部位汲取电流。图 5-7 展示了阴极干扰原理。

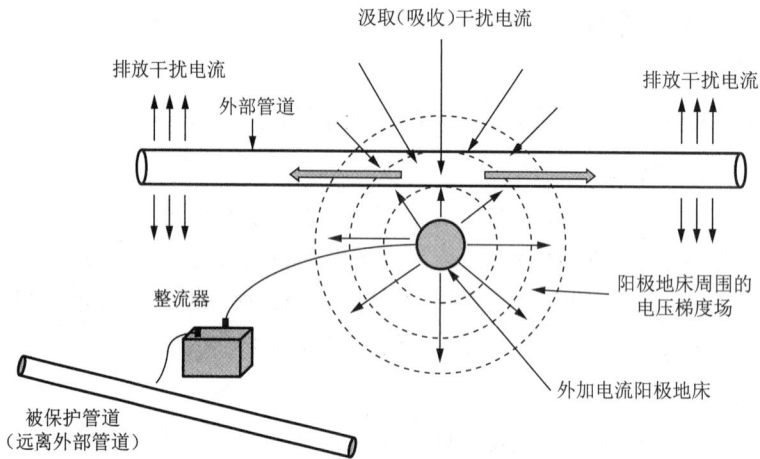

图 5-7 阴极干扰原理示意图

2)阳极干扰

当外部结构物穿越一个电势高于远地的电压梯度场时,该外部结构物将在受影响区域汲取电流。阳极性电压梯度是这种情况下的控制因素。由于外部结构物汲取了电流,那么它必然在干扰影响区域外的部位排放电流。图 5-8 展示了阳极干扰原理。

3)混合干扰

如果外部结构物也与管道相交(图 5-9),那么外部结构物的电阻相对管道减小,这将导致更大的杂散电流。

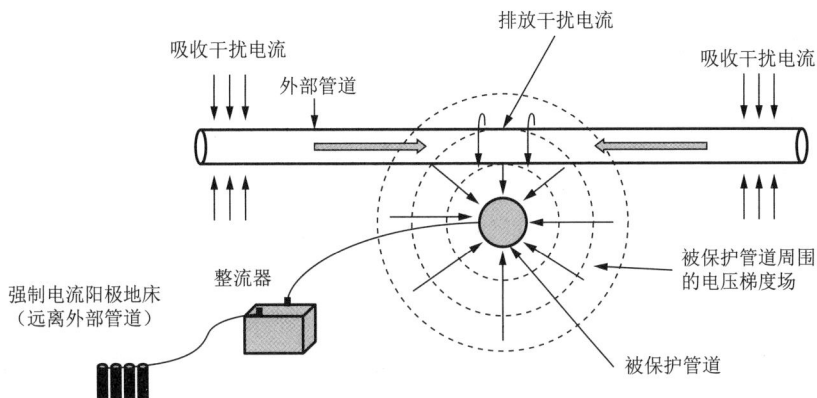

图 5-8　阳极干扰原理示意图

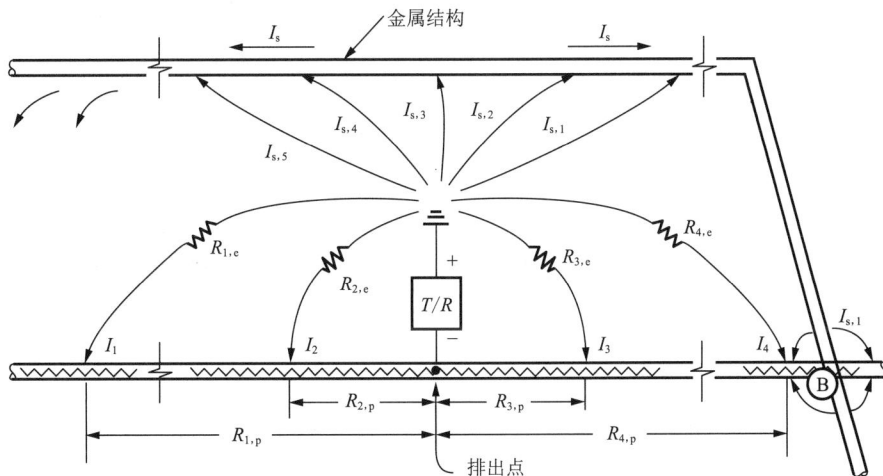

图 5-9　管道交叉并行杂散电流干扰原理示意图

根据行业经验,在建管道与已建管道交叉处设置一支交叉测试桩,测试桩连接两根测试电缆,一根与在建管道焊接,另外一根与已建管道焊接。与已建管道焊接前必须取得业主同意,否则不得焊接。

另外,从防范管道交叉、并行阴极保护干扰的角度出发,可考虑如下建议:

(1) 布置设计新建管道阴保站时,应尽可能地远离油气管道,在管道交叉、并行处加设牺牲阳极排流保护系统;待管道交叉位置施工完成后,应对长输管道的防腐层进行电火花检测,并根据检测结果进行修复补强。

(2) 在建管道强制电流阴极保护系统投运后,委托相关检测单位对 3 条管道进行管/地电位测试,当管/地电位较自然电位正向偏移 100 mV,或被干扰管道附近土壤电位梯度大于 2.5 mV/m 时,或被干扰管道不满足阴极保护有效性要求时,需采取治理措施。

5.6 悬空管道计算

5.6.1 力学模型

建立图 5-10 所示的水平面(xz 平面)内管道力学分析模型。管段 BD 受重力 q_{uz} 作用；AB 和 AA' 段位于堤岸内,受土体抗力和管土间轴向摩擦力 f 作用。管土间横向相互作用具有非线性特点,即当管土相对位移达到某一值后,土弹簧屈服,管土横向相互作用力恒定。对于屈服段 AB,管段受均布土体极限抗力 q_{uz} 作用,AA' 段管土间横向作用力 $q_z(x)$ 为线弹性,可视为弹性地基上的梁。

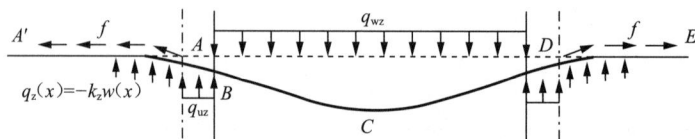

图 5-10 悬空管道受力示意图

1）弹性梁理论

弹性梁理论假设地基土体为弹性介质,将地基中的构件视为自由梁。采用弹性梁理论计算和分析构件的变形与内力。弹性地基梁模型中最具代表性的是基于 Winkler 地基的计算方法。

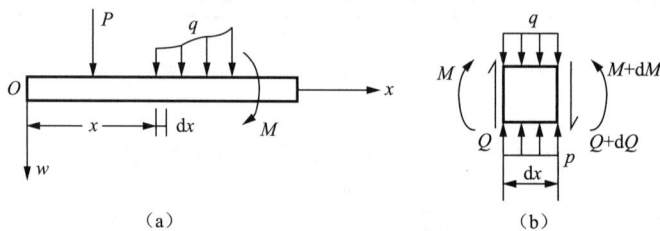

（a）　　　　　　　　　　　（b）

图 5-11 Winkler 地基上的梁

P—外力；M—弯矩；Q—内力

对于图 5-11 所示的 Winkler 地基上的等截面梁,其挠曲微分方程为：

$$EI\frac{\mathrm{d}^4 w}{\mathrm{d}x^4} = -bp + q \tag{5-1}$$

式中　E——梁的弹性模量,MPa；

I——截面惯性矩,m^4；

q——分布载荷,kN；

p——地基反力,N；

b——梁的宽度,m；

w——挠度。

引入 Winkler 弹性地基模型 $p=kw$（k 为常数），则有：

$$EI \frac{\mathrm{d}^4 w}{\mathrm{d}x^4} + bkw = q \tag{5-2}$$

在无分布载荷的梁上，$q=0$，则有：

$$EI \frac{\mathrm{d}^4 w}{\mathrm{d}x^4} + bkw = 0 \tag{5-3}$$

令 $\lambda = \sqrt[4]{\dfrac{kb}{4EI}}$（$\lambda$ 为柔度指标，综合考虑了梁的挠曲刚度和 Winkler 地基的弹性特征），则上式可写为：

$$\frac{\mathrm{d}^4 w}{\mathrm{d}x^4} + 4\lambda^4 w = 0 \tag{5-4}$$

其通解为：

$$w = \mathrm{e}^{\lambda x}(C_1 \cos \lambda x + C_2 \sin \lambda x) + \mathrm{e}^{-\lambda x}(C_3 \cos \lambda x + C_4 \sin \lambda x) \tag{5-5}$$

式中，$C_1 \sim C_4$ 为待定系数，根据载荷及边界条件确定。

通常情况下，埋地管道可被视为无限或半无限长梁，当载荷为集中力 P_0 或集中力偶 M_0 时，根据边界条件可以确定管道挠度 ω、转角 θ、弯矩 M 和内力 Q。

弹性地基梁模型简单明了、易于计算，在土木工程领域应用广泛，但是由于其将地基视为弹性介质、管道视为小变形梁，所以该方法只适用于荷载较小、地基承载力较大的情况。

5.6.2　有限元计算方法

采用管单元和土弹簧单元，根据塌陷坑的实际情况进行建模。考虑到管道穿越塌陷坑时受力情况对称，因此取一半进行建模即可。中间悬空段只承受管道自身的重量，埋地段施加轴向和竖向弹簧约束。土弹簧模型是一种用于分析地下结构与土体相互作用关系的简化模型，它将管线周围土体简化为一系列的等效弹簧，弹簧的刚度和自由度由土质和土体运动形式决定。

在有限元方法中，管-土之间的相互作用通过连接在管单元节点上的轴向、横向和竖向土弹簧模拟，如图 5-12 所示。轴向土弹簧反映了回填介质与管道之间的轴向作用力和位移关系，横向和竖向土弹簧则反映了场地土与管道之间的垂向作用力与位移关系。由于土体位移可能很大，通过弹簧刚度和相对位移可描述管-土之间的非线性作用关系。

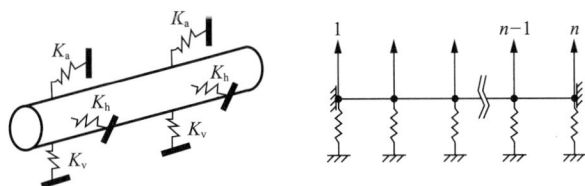

图 5-12　土弹簧模型示意图

K_a，K_v，K_h—横向、竖向、轴向压力系数假设管道周围土体状态均匀一致,当管-土之间的相对位移达到最大值(屈服位移)时,管-土之间的相互作用力为一恒定值,据此可确定土弹簧刚度,如图 5-13 所示。

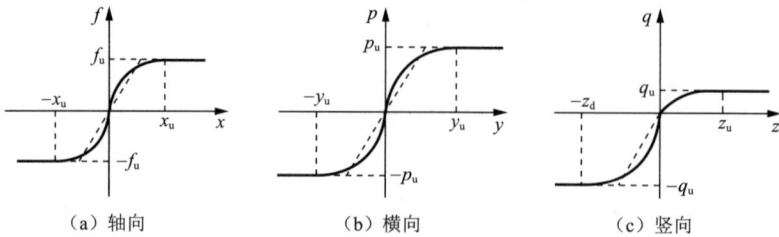

| （a）轴向 | （b）横向 | （c）竖向 |

图 5-13 土弹簧模型

1）轴向土弹簧模型

埋地管道一般为沟埋式敷设,并在特殊地段上覆回填砂土。管轴方向上,单位长度管道所受的回填土极限作用力 f_u 为:

$$f_u = \pi D k c_s + 0.5\pi D H \rho_s g(1 + K_0)\tan\delta \tag{5-6}$$

式中　　D——管道直径,m;

　　　　k——黏合系数;

　　　　c_s——回填土内聚系数;

　　　　H——地面至管道轴线的埋深,m;

　　　　ρ_s——土密度,kg/m³;

　　　　g——重力加速度,m/s²;

　　　　K_0——静土压力系数,可取 0.5;

　　　　δ——管-土界面摩擦角,(°)。

防腐层相关系数 f 与土内摩擦角和管-土界面摩擦角有关,其取值见表 5-1。

表 5-1　防腐层相关系数取值

防腐层	混凝土	沥青类	粗糙钢管	光滑钢管	环氧类	聚乙烯类
相关系数 f	1.0	0.9	0.8	0.7	0.6	0.6

2）横向土弹簧模型

横向土弹簧刚度主要由场地土质决定,单位长度上管-土间横向极限作用力 p_u 为:

$$p_u = N_{ch} c_s D + N_{qh} D H \rho_s g \tag{5-7}$$

式中　　N_{ch}——黏土水平抗压能力因子;

　　　　N_{qh}——砂土水平抗压能力因子。

横向土弹簧各项参数的取值见表 5-2。

横向屈服位移 y_u 取值如下:

$$y_u = 0.04(H + D/2) \leqslant 0.10D \sim 0.15D \tag{5-8}$$

表 5-2　横向土弹簧参数取值

系　数	ϕ	x	a	b	c	d	e
N_{ch}	0°	H/D	6.752	0.065	−11.063	7.119	—
N_{qh}	20°	H/D	2.399	0.439	−0.03	1.059×10^{-3}	-1.754×10^{-5}
N_{qh}	25°	H/D	3.332	0.839	−0.09	5.606×10^{-3}	-1.319×10^{-4}
N_{qh}	30°	H/D	4.565	1.234	−0.089	4.275×10^{-3}	-9.159×10^{-5}
N_{qh}	35°	H/D	6.816	2.109	−0.146	7.651×10^{-3}	-1.683×10^{-4}
N_{qh}	40°	H/D	10.959	1.783	0.045	-5.425×10^{-3}	-1.153×10^{-4}
N_{qh}	45°	H/D	17.658	3.309	0.048	-6.443×10^{-3}	-1.299×10^{-4}

3）竖向土弹簧模型

当管道在竖直平面内移动时，由于上层土体厚度有限，管道向上和向下的地基土刚度存在明显差异，即管道相对于土做向上位移时的土反力和向下位移时的土反力不同，因此竖直方向的土弹簧分为向上和向下两部分。

对于垂直向上的土弹簧，有：

$$q_u = N_{cv}c_sD + N_{qv}\rho_sgHD \tag{5-9}$$

$$N_{cv} = 2H/D \leqslant 10$$

$$N_{qv} = \phi H/(44D) \leqslant N_q$$

式中　N_{cv}——黏土竖向升举因子；

　　　　N_{qv}——砂土竖向升举因子；

　　　　N_q——地基承载力系数。

对于垂直向下土弹簧，有：

$$q_d = N_cc_sD + N_q\rho_sgHD + N_r\rho_sgD^2/2 \tag{5-10}$$

式中　N_c，N_r——地基承载力系数。

为了便于求解管-土相互作用问题，ABAQUS 有限元软件提供了类似于土弹簧的特殊单元 PSI 来模拟埋地管道与土体间的相互作用。PSI 是一种虚拟单元，如图 5-14 所示，由 4 个节点组成，单元上端两个节点（3 和 4）与地表面相连，反映地面运动与位移，下端两个节点（1 和 2）与管道单元相连。管-土间的作用关系用非线性单元刚度表示。应用 PSI 单元可以避免对管道区域周围的土体进行单元剖分，尤其当管线较长时，其优点更加明显，既能保证计算模型集中反映管道本体及土对管道的作用，又能大大减少单元的数量。

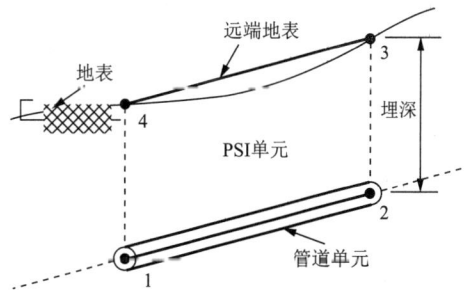

图 5-14　ABAQUS 中的 PSI 单元

第6章
管道周边新增高后果区

6.1 相关法律法规及标准规范的要求

（1）在管道线路中心线两侧和管道附属设施周边修建居民小区、学校、医院、娱乐场所、车站、商场等人口密集的建筑物或变电站、加油站、加气站、储油罐、储气罐等易燃易爆物品的生产、经营、存储场所时，建筑物与管道线路和管道附属设施的距离应符合国家技术规范的强制性要求。

（2）对于新增高后果区管段，应采取风险评价的方法确定建筑群与油气管道中心线的安全距离，同时管道的个人风险及社会风险必须满足《危险化学品重大危险源监督管理暂行规定》（国家安全生产监督管理总局令第40号）的风险可接受标准，即针对新增高后果区应开展定量风险评估，基于个人风险等值线计算安全距离，评估新增高后果区的安全性。

（3）依据《油气输送管道完整性管理规范》（GB 32167—2015），对于因人口密度增加或地区发展导致地区等级变化的输气管段，应进行评价并采取相应措施，以满足变化后的更高等级区域管理要求。当评价表明该变化区域内的管道能够满足地区等级的变化时，该管段最大操作压力不需要调整；当评价表明该变化区域内的管道不能满足地区等级的变化时，应立即换管或调整该管段最大操作压力。

（4）2015年12月31日，国家安监总局给江苏省安监总局关于石油天然气长输管道安全监管有关问题的复函中提到，输油管道与单个建筑物距离超过5 m，但从居民小区中穿过的，不符合《输油管道工程设计规范》（GB 50253—2014）的要求。

（5）《输油管道工程设计规范》中的5 m是指在《石油天然气管道保护法》第三十条规定的前提下统筹考虑管道施工、运行和检修维护所需要的最小间距。管道的安全与距离无直接对应关系，如某个敏感位置确实需要确定一个"安全距离"，可根据当地的风险可接受程度，采用风险评价的方法进行确定。

6.2　管道失效后果分析方法

　　管道发生事故后,会给管道沿线地区的居民、生态环境带来影响,导致管道输送部门停产等,考虑当前危险和长期危险,会给社会带来经济损失和政治影响。失效后果分析方法包括定性分析法、半定量分析法、定量分析法,其中定量分析方法是后果分析的高级阶段。定量分析方法是在大量信息和数据的支持下,经过缜密的物理模拟和严格的数学分析,对失效后果进行精确的、数值化的评价,涉及数学、力学、热力学、流体力学、材料学和油气理论等多种学科的知识,分析结果的精确性取决于原始数据的完整性、数学模型的精确性和分析方法的合理性。

6.2.1　损伤判定准则

1）火灾损伤判断标准

　　火灾的危害包括对人、物以及生态环境所造成的危害,主要来源于热量和烟气,其中热辐射是热量传播的主要形式。热辐射对人的影响与热辐射强度、持续时间及人的年龄、性别、皮肤暴露程度、身体健康状况有关,热辐射对设备的影响和破坏取决于作用时间的长短。不同强度热辐射对人和设备的影响情况见表 6-1。

　　利用 DNV GL Phast&Safeti 7.2 软件默认计算得出的设备的喷火影响有 3 个热辐射通量值,即 37.5 kW/m²,12.5 kW/m² 和 4.0 kW/m²。

表 6-1　热辐射强度的影响

热辐射通量/(kW·m⁻²)	对设备的危害	对人的危害
37.5	操作设备全部被破坏	10 s,1%死亡; 1 min,100%死亡
25.0	在无火焰、长时间辐射下木材燃烧的最小能量	10 s,重大烧伤; 1 min,100%死亡
12.5	有火焰时,木材燃烧、塑料熔化的最小能量	10 s,1 度烧伤; 1 min,1%死亡
4.0	—	20 s 以上感觉疼痛,未必起泡
1.6	—	较长时间暴露,无不适感

2）爆炸的伤害及评定

　　发生爆炸时,爆破能量在向外释放时以冲击波、碎片和容器残余变形能量 3 种形式表现出来,其中空气冲击波占绝大部分,是爆炸的主要危害因素。

　　冲击波是由压缩波叠加形成的,是波阵面以突进形式在介质中传播的压缩波。容器破裂时,内部的高压气体或蒸汽大量冲出,使其周围的空气受到冲击而发生扰动,状态(压力、密度、温度等)发生突跃变化。若其传播速度大于扰动介质的声速,则这种扰动在空气中传播时就成为冲击波。在离爆炸中心一定距离的地方,空气压力会随时间迅速变化:开始时压力突然升高,产生一个很大的正压力,接着迅速衰减,在很短时间内正压降至负压;如此反复循环数次,压力逐渐衰减,直至完全消失。开始时产生的这一最大正压力即为冲击波波阵面上的超压,它可以达到数个甚至数十个大气压。

冲击波的伤害和破坏作用在多数情况下都是由超压引起的。目前国内外的研究机构及学者提出了很多冲击波超压准则。

(1) 挪威 DNV 公司提出的超压实验数据。

挪威 DNV 公司提出的爆炸超压对建筑物和人的危害作用见表 6-2 和表 6-3。

表 6-2　爆炸超压对建筑物的破坏

超压阈值/bar	>0.76	0.50~0.76	0.30~0.50	0.12~0.30	0.02~0.12	<0.02
对建筑物的危害	房屋倒塌	门窗全部破坏	门窗大部分破坏	门窗部分破坏	玻璃窗破坏	基本无破坏

注:1 bar＝0.1 MPa。

表 6-3　爆炸超压对人的伤害

超压阈值/bar	>0.75	0.45~0.75	0.25~0.45	0.1~0.25	<0.1
对人的伤害	当场死亡	重　伤	中　伤	轻　伤	基本无伤害

此外,若爆炸使建筑物倒塌,那么建筑物内的人员也会受到伤害。综合分析认为,对于管道的安全运行,外部因素的影响十分重要。

(2) 美国机械工程师协会提出的超压经验数据。

美国机械工程师协会提出的超压经验数据见表 6-4。

表 6-4　冲击波超压经验数据

超压阈值/bar	建/构筑物损坏程度 (有遮蔽场所人员伤亡程度)	超压阈值/bar	无遮蔽场所人员伤亡程度
0.20	大型钢架结构破坏(死亡)	0.10	死　亡
0.10	钢筋混凝土破坏(重伤)	0.05	重　伤
0.07	砖墙倒塌(轻伤)	0.03	轻　伤
0.05	门窗破坏	0.02	几乎无影响

(3)《化工企业定量风险评价导则》(AQT 3046—2013)提出的超压资料数据。

对于蒸气云爆炸,在 0.3 bar 超压影响区域内,人员的死亡概率为 100%;在 0.1 bar 超压影响区域外,人员的死亡概率为 0。超压对建筑物的影响见表 6-5。

表 6-5　超压对建筑物的影响(近似值)

超压/kPa	影　响
0.14	令人厌恶的噪声(137 dB,或低频 10~15 Hz)

超压/kPa	影　响
0.21	已经处于疲劳状态的大玻璃偶尔破碎
0.28	产生大的噪声(143 dB),玻璃破裂
0.69	处于压力应变状态的小玻璃破裂
1.03	玻璃破裂的典型压力
2.07	安全距离(低于该值,不造成严重损坏的概率为95%),抛射限值,屋顶出现某些破坏,10%的窗户玻璃被打碎
2.76	有限的较小结构破坏
3.4～6.9	大窗户和小窗户玻璃通常破碎,窗户框架偶尔遭到破坏
4.8	房屋受到较小的破坏
6.9	房屋部分破坏,不能居住
6.9～13.8	石棉板粉碎;钢板或铝板起皱,紧固失效;木板固定失效、吹落
9.0	钢结构的建筑物轻微变形
13.8	房屋的墙和屋顶局部坍塌
13.8～20.7	没有加固的混凝土墙毁坏
15.8	严重结构破坏的低限值
17.2	房屋砌砖50%破坏
20.7	工厂建筑物内的重型机械(1 362 kg)轻微损坏;钢结构建筑变形,并离开基础
20.7～27.6	自成构架的钢面板建筑破坏,油储罐破裂
27.6	轻工业建筑物的覆层破裂
34.5	木制的支撑柱折断,建筑物内高大液压机(18 160 kg)轻微破坏
34.5～48.2	房屋几乎完全破坏
48.2	装载货物的火车车厢倾翻
48.2～55.1	未加固的、203.2～304.8 mm厚的砖板因剪切或弯曲导致失效
62.0	装载货物的火车货车车厢完全破坏
68.9	建筑物可能全部遭到破坏;重型机械工具(3 178 kg)移位并严重损坏,非常重的机械工具(5 448 kg)幸免

6.2.2　失效事故类型

根据《油气输送管道风险评价导则》(SY/T 6859—2012),天然气管道发生泄漏之后,如果立即点燃,通常只会发生喷射火(JF),而不是先发生火球,再发生喷射火,这是因为最初火球灾害可认为是稳定喷射火灾害的保守情形。如果延迟点燃,泄漏的气体介质扩散之后会发生蒸气云爆炸(VCE)或蒸气云火(VCF);如果没有点燃,则只形成有毒火窒息气团(VC),如图 6-1 所示。气体扩散后的影响范围与介质在空气中的浓度有关,受介质物理性质、气象条件等因素影响。

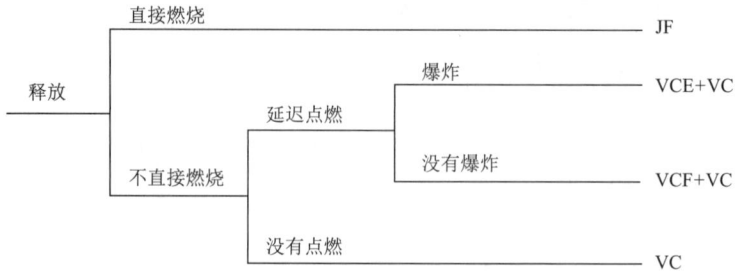

图 6-1　天然气管道失效后果事件树

常用的气体扩散模型有 Sutton 模型、高斯模型、BM 模型、FEM3 模型。DNV GL Phast&Safeti 7.2 软件中的泄漏天然气扩散是以高斯烟团模型为基础进行修正的,当空气中的天然气气团达到 4.404％～16.530％时,遇到明火则可引燃或引爆,发生更严重的事故。

喷射火是指喷射气体的燃烧,其形状主要受泄漏动量的影响。典型的喷射火焰会影响一个相对狭窄的锥形体积。碳氢化合物喷射火焰发射大量的辐射热。因此,事故后果取决于释放方向、位置、密度以及周围活动和人口的组成等,如果直接接触喷射火焰或暴露在一定的热辐射等级范围内,就可能造成人员伤亡。

DNV GL Phast&Safeti 7.2 软件中提供了两个喷射火模型:API RP521 Model 和 Cone Model(Shell Model)。通常认为 Cone Model 比 API RP521 Model 更成熟,因此本次分析计算中采用 Cone Model 来模拟火灾后果。

蒸气云爆炸是指在一个足够封闭的空间(通风不好)中或被障碍物阻碍的可燃气云发生燃烧,产生压力聚积,从而形成爆炸。蒸气云爆炸后迅速地释放能量,产生的压力波会造成人员伤亡和建筑结构的破坏。在定量后果分析中,蒸气云爆炸与闪火的区别在于突然释放的能量在投射物上的投影及燃烧气体产生破坏性水平的超压值。

DNV GL Phast&Safeti 7.2 软件中提供了 3 种蒸气云爆炸模型,分别为 TNT 当量法、TNO 多能法和 Baker-Strehlow 模型。其中,TNT 当量法模型是 Phast 提供的最简单的模型,TNO 多能法模型比 TNT 当量法模型更成熟且在实际中更真实,Baker-Strehlow 爆炸模型是一个用来预测反应性和限制的影响的单个源模型。当前常采用 TNO 多能法模型来模拟爆炸后果。

6.3　管道失效风险分析方法

风险是指潜在损失的度量,是对事故发生概率和后果严重程度的综合度量。本次风险评估采用定量评估方法,分别评估管道失效后的个人风险和社会风险。个人风险是指假设人员长期处于某一场所且无保护,由危险化学品事故造成的死亡频率;社会风险是指群体(包括周边企业员工和群众)在危险区域承受某种程度伤害的频发程度,通常用大于或等于 N 人死亡的事故累积频率 F 和死亡人员数量 N 之间的关系曲线图(F-N 曲线)来表示。

定量风险评估的主要目标是:

(1) 识别主要风险因素;

(2) 定量计算周围人员面临的风险情况;

(3) 评估可接受的风险水平;

(4) 给出评估结论。

6.3.1　风险可接受标准

1) 个人风险可接受标准

根据 2011 年 8 月 5 日公布的《危险化学品重大危险源监督管理暂行规定》(国家安全生产监督管理总局令第 40 号),管道失效的个人风险可接受标准见表 6-6。

表 6-6　个人风险可接受标准

危险化学品单位周边重要目标和敏感场所类别	可接受个人风险/(次·a^{-1})
① 高敏感场所(如学校、医院、幼儿园、养老院等); ② 重要目标(如党政机关、军事管理区、文物保护单位等); ③ 特殊高密度场所(如大型体育场、大型交通枢纽等)	$<3\times10^{-7}$
① 居住类高密度场所(如居民区、宾馆、度假村等); ② 公众聚集类高密度场所(如办公场所、商场、饭店、娱乐场所等)	$<1\times10^{-6}$

2) 社会风险可接受标准

社会风险可接受标准是对个人风险可接受标准的补充,是在危险源周边区域实际人员分布的基础上,为避免群死群伤事故的发生概率超过社会和公众的可接受范围而制定的。

根据《危险化学品重大危险源监督管理暂行规定》(国家安全生产监督管理总局令第 40 号),我国社会风险可接受标准 F-N 曲线(图 6-2)分为以下 3 个区。

(1) 不可接受区:风险不能被接受的区域。

(2) 可接受区:风险可以被接受,无须采取安全改进措施的区域。

(3) 尽可能降低区:需要尽可能采取安全措施以降低风险的区域。

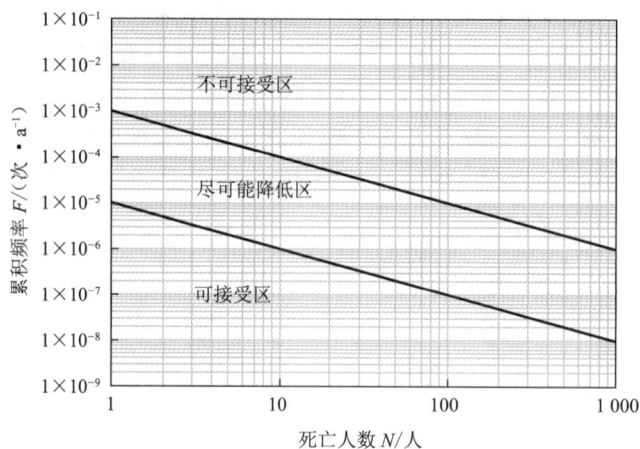

图 6-2　社会可接受风险标准 F-N 曲线

6.3.2　管道失效可能性分析

1) PHMSA 管道失效数据统计

美国管道和危险材料安全管理局(Pipeline & Hazardous Materials Safety Administration,PHMSA)的管线安全部门提供了美国联邦政府控制下的天然气管道、危险液体管道和液化天然气设施的各类数据。

自 1995 年至 2014 年间,PHMSA 统计的重大管道事故案例如表 6-7、图 6-3、图 6-4所示。

表 6-7　PHMSA 统计的近 20 年美国管道重大事故统计

年　度	数量/起	死亡人数/人	受伤人数/人	当年总成本/美元
1995	259	21	64	74 291 229
1996	301	53	127	160 065 297
1997	267	10	77	108 382 011
1998	295	21	81	171 394 251
1999	275	22	108	175 046 770
2000	290	38	81	253 056 430
2001	233	7	61	77 717 793
2002	258	12	49	125 139 262
2003	295	12	71	164 185 502
2004	309	23	56	310 022 995
2005	333	16	46	1 450 016 946
2006	257	19	34	155 251 632

续表 6-7

年　度	数量/起	死亡人数/人	受伤人数/人	当年总成本/美元
2007	267	16	46	149 573 489
2008	278	8	54	580 381 948
2009	275	13	62	177 659 032
2010	263	19	103	1 602 282 547
2011	288	12	51	438 139 551
2012	251	10	54	228 389 550
2013	300	9	45	345 669 427
2014	304	19	95	323 557 583
合　计	5 598	360	1 365	7 070 223 246

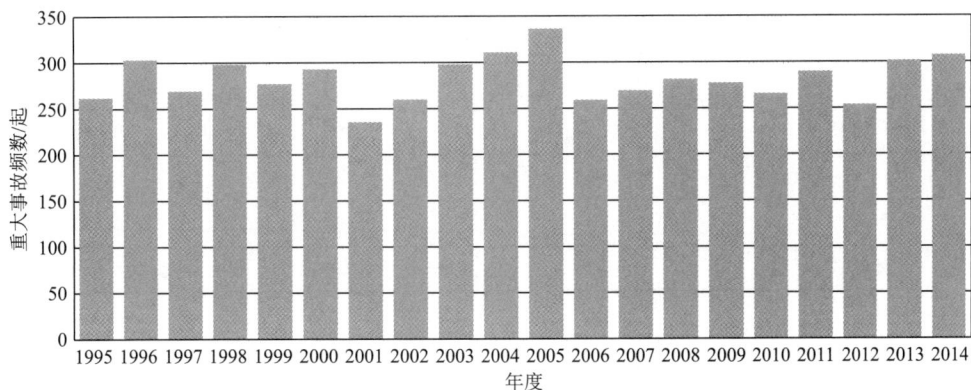

图 6-3　PHMSA 统计的近 20 年管道重大事故频数

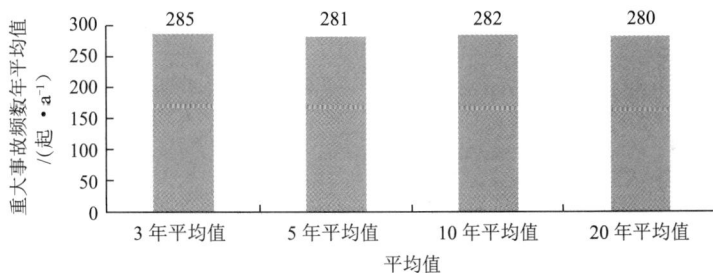

图 6-4　PHMSA 统计的管道重大事故频数年均值

2）EGIG 管道失效数据统计

欧洲天然气管道事件数据组（European Gas Pipeline Incident Data Group，EGIG）自 1982 年由 6 个油气系统运营商联合成立以来，规模不断扩大，现已有 17 个主要油气系统运营商，其数据库中包含的管道也由最初的不足 33 000 km 增加到 143 727 km。

管道失效事故的初始原因可以分为以下几个方面：

（1）外部因素，即导致事故发生的活动（如挖掘、打桩及其他土工或地面作业）或导致事故发生的设备（如锚、推土机、挖掘机和耕作机械）；

（2）腐蚀，包括内部或外部腐蚀，分为均匀腐蚀、坑腐蚀和点腐蚀等；

（3）建造缺陷/材料失效，即由建造或材料（如焊接、沙孔、夹层等）导致的失效事故；

（4）土体位移，即不可预见及不可抗的地形地貌的变化，如决堤、坍塌、山体滑坡、泥石流等。

由管道失效原因及频率统计（表 6-8）可以看出，管道失效整体呈现下降的趋势，2004年之后基本达到一个较为稳定的状态；管道失效的最大原因是外部因素，对于通过人员密集区域的管道而言，这样的风险尤其突出，同时腐蚀和建造缺陷/材料失效也不应忽视。对于服役寿命较长尤其是超期服役的管道，腐蚀情况较为严重，其风险会相应增大，如图 6-5、图 6-6 所示。

表 6-8　管道失效原因及频率统计

失效原因	失效频率/[次·(10³ km·a)⁻¹]		
	1970—2013 年	2004—2013 年	2009—2013 年
外部因素	0.156	0.055	0.044
腐　蚀	0.055	0.038	0.042
建造缺陷/材料失效	0.055	0.025	0.026
土体位移	0.026	0.020	0.024

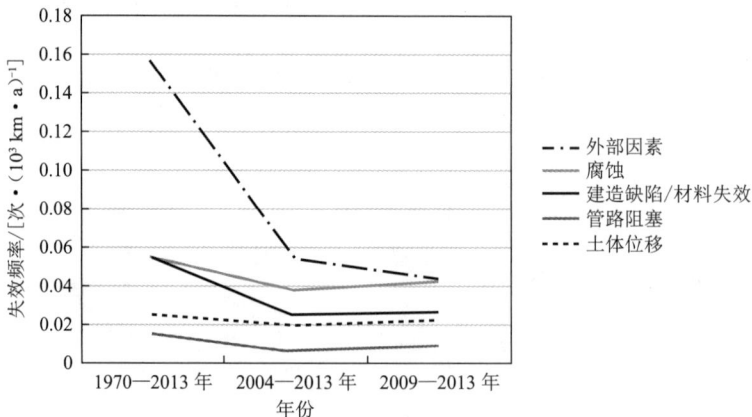

图 6-5　管道失效频率变化趋势

对管道失效事故发现的对象进行统计（表 6-9 和图 6-7），可以看出，发现管道失效事故最多的是群众，其次是公司和承包商；对比 1970—2013 年和 2004—2013 年数据可以看出，各比例变化不大。

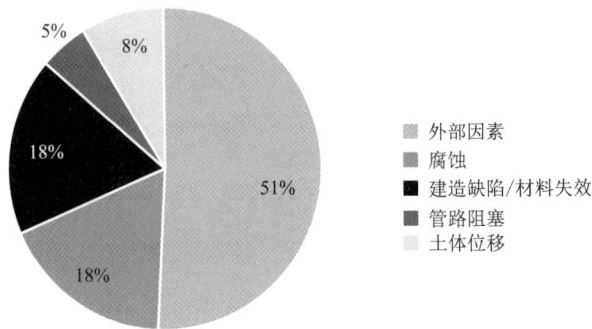

图 6-6　1970—2013 年管道失效原因比例

表 6-9　管道失效发现对象

发现对象	比例/%	
	1970—2013 年	2004—2013 年
群　众	41.10	39.30
公司、承包商	39.60	38.80
分销公司	4.80	4.30
检　验	1.80	4.80
其　他	12.80	12.90

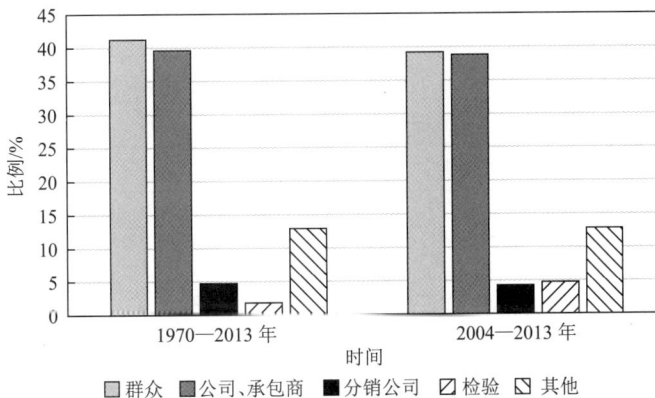

图 6-7　管道失效发现对象

3）GB 32167—2015 推荐数据

《油气输送管道完整性管理规范》(GB 32167—2015)附录 G 给出了国内外管道泄漏频率和推荐可接受标准，见表 6-10。

4）GB/T 34346—2017 推荐数据

《基于风险的油气管道安全隐患分级导则》(GB/T 34346—2017)给出了不同管道公称直径及壁厚下的油气管道平均失效概率，见表 6-11。

表 6-10 管道泄漏频率和推荐可接受标准表

来 源	输油管道泄漏频率 /[次·(10^3 km·a)$^{-1}$]	输气管道泄漏频率 /[次·(10^3 km·a)$^{-1}$]	油气管道整体泄漏频率 /[次·(10^3 km·a)$^{-1}$]
美国 PHMSA(2012 年)	2.155	0.400	0.906
欧洲 CONCAW 石油组织(2012 年)	0.194	—	0.194
EGIG(2001—2010 年)	—	0.167	0.167
英国陆上管道管理协会 (2008—2012 年)			0.122
加拿大运输安全局(2012 年)	—	—	0.438
国内相关管道企业	2.151	0.193	—
推荐的失效可接受标准	2.000	0.400	—

表 6-11 不同油气管道的平均失效概率

管道类别	管道特征/mm	平均失效概率/[次·(km·a)$^{-1}$]
输油管道	管道公称直径≤200	$1.0×10^{-3}$
	200<管道公称直径≤350	$8.0×10^{-4}$
	350<管道公称直径≤550	$1.2×10^{-4}$
	550<管道公称直径≤700	$2.5×10^{-4}$
	管道公称直径>700	$2.5×10^{-4}$
输气管道	管道公称壁厚≤5	$4.0×10^{-4}$
	5<管道公称壁厚≤10	$1.7×10^{-4}$
	10<管道公称壁厚≤15	$8.1×10^{-5}$
	管道公称壁厚>15	$4.1×10^{-5}$

5)失效可能性计算

本次评估考虑按照《油气输送管道完整性管理规范》附录 G 中天然气管道的失效频率 $0.4×10^{-3}$ 次/(km·a)作为琉永支线和陕京三线的管道平均失效概率。

按照《基于风险的油气管道安全隐患分级导则》的管道失效概率计算方式进行修正：

$$P_oF = aff × F_M × F_D \tag{6-1}$$
$$F_D = F_C × V_C × F_L × V_L × F_V × V_V × F_P × V_P × F_F × V_F$$

式中 P_oF——管道失效概率；

  aff——油气管道平均失效概率；

  F_M——管理措施修正因子；

  F_D——损伤修正因子；

  F_C,V_C——腐蚀环境修正因子及其权重；

  F_L,V_L——管道本体缺陷修正因子及其权重；

F_V,V_V——第三方破坏修正因子及其权重;

F_P,V_P——制管与施工修正因子及其权重;

F_F,V_F——疲劳修正因子及其权重。

由于管道本体情况未知,腐蚀环境修正因子的权重 V_C、管道本体缺陷修正因子的权重 V_L、第三方破坏修正因子的权重 V_V、制管与施工修正因子的权重 V_P 和疲劳修正因子的权重 V_F 各取 0.2。

6.3.3　点火源及周边人员分布

不同点火源的点火可能性不同,点火源的类型主要有以下 3 种。

(1)点源:已知的特定点火源,如火炬、车间等。

(2)线源:公路、铁路及电力线路。

(3)面源:人口、点火源不确定的工业区域。

参考荷兰紫皮书《量化风险评价指南》,给出一些点火源在 1 min 内点燃泄漏物质的可能性(表 6-12)。

表 6-12　点火源点燃可能性

序　号	类　型	点火源	1 min 内点燃可能性
1	点　源	机动车	0.40
		火　炬	1.00
		室外加热炉	0.90
		室内燃烧炉	0.45
		室外锅炉	0.45
		室内锅炉	0.23
		船　只	0.5
		携带可燃物品船只	0.3
		渔　船	0.2
		游　艇	0.1
		火车(燃油)	0.4
		火车(电)	0.8
2	线　源	输电线	0.2/100 m
		公　路	根据机动车密度计算
		铁　路	根据火车密度计算
3	面　源	化工厂	0.9/区域
		炼油厂	0.9/区域
		重工业工厂	0.7/区域

序 号	类 型	点火源	1 min 内点燃可能性
3	面 源	轻工业工厂	根据人口计算
		仓 库	根据人口计算
4	人 口	居 民	0.01/人
		工作人员	0.01/人

表中,发生泄漏事故地点周边的公路或铁路的点火概率 P 与平均交通密度 d 有关。d 的计算公式为:

$$d = NE/v \tag{6-2}$$

式中 N——每小时通过的汽车数量,h^{-1};

  E——道路或铁路的长度,km;

  v——汽车平均速度,km/h。

如果 $d \leqslant 1$,则 d 就是蒸汽云通过时点火源存在的概率,此时点火概率 P 为:

$$P(t) = d(1 - e^{-\omega t}) \tag{6-3}$$

式中 ω——单辆汽车的点火效率,s^{-1}。

如果 $d > 1$,则 d 表示蒸气云经过时的平均点火源数目,在 $0 \sim t$ 时间内的点火概率 P 为:

$$P(t) = 1 - e^{-d\omega t} \tag{6-4}$$

对于某个居民区而言,$0 \sim t$ 时间内的点火概率可由下式给出:

$$P(t) = 1 - e^{-n\omega t} \tag{6-5}$$

式中 n——系数。

如果其他模型中采取不随时间变化的点火概率,则该点火概率等于 1 min 内的点火概率。

6.4 建筑用玻璃

2015 年 8 月 12 日,天津港瑞海公司危险品仓库发生特别重大火灾爆炸事故。距离事故现场最近的小区是滨海新区万科海港城小区,直线距离仅为 600 m。在爆炸冲击下,海港城小区门窗损毁严重,绝大多数玻璃被震碎,部分屋顶脱落,少部分墙体出现了熏黑的颜色。万科金域蓝湾小区距离事故现场直线距离大约为 1 500 m,小区门窗发生损毁,玻璃也发生破碎。天津港"8·12"瑞海公司危险品仓库特别重大火灾爆炸事故爆炸影响情况如图 6-8 所示。

该事故案例反映了爆炸超压对建筑、玻璃的影响和破坏作用。目前在建筑、装饰等行业中使用较多的玻璃有浮法玻璃、夹胶玻璃、钢化玻璃等。浮法玻璃主要用于高档建筑、光电幕墙或者用作装饰用玻璃等;夹胶玻璃具有透明度好,抗冲击性能高,耐久、耐热、耐湿、耐寒性高的特点,其夹层的 PVB 胶片的黏合作用保证碎片不散落伤人,因此多用于与室外

（a）海港城小区损毁情况

（b）金域蓝湾小区损毁情况

（c）爆炸核心区，小汽车被烧毁

图 6-8　爆炸冲击对建筑、玻璃等的影响

接壤的门窗上；钢化玻璃有均匀的内应力，破碎后呈网状裂纹，安全性能比普通玻璃好，但由于钢化玻璃在制作中加入了预应力，所以存在自爆的可能性。钢化夹胶玻璃在一定程度上减小了钢化玻璃自爆的危害，即使发生自爆，由于碎片会被中间的夹胶黏住，因此也不会飞散。

　　根据目前国内的一些研究情况，通过静态爆轰实验发现了上述玻璃的特点：在相同厚度和平面面积条件下，钢化夹胶玻璃（夹层钢化玻璃）冲击波超压破坏阈值最高，且玻璃碎化成较均匀的细网状，夹层的胶片具有一定阻止碎片飞散的作用；单层浮法玻璃的冲击波超压破坏阈值最低，玻璃破碎后碎片即沿冲击波作用方向飞散。

钟巍等对 6 mm＋1.52 mm PVB＋6 mm 厚带 PVB 夹层钢化玻璃的冲击波毁伤效应进行了实验,分析了 PVB 夹层对冲击波超压阈值的影响,并给出了可供工程参考的 6 mm＋1.52 mm PVB＋6 mm 厚带 PVB 夹层钢化玻璃冲击波超压阈值取值范围。实验结果表明,带 PVB 夹层的钢化玻璃在受到爆炸冲击波作用后,基本上不会产生玻璃碎片飞散现象,因此其次级毁伤效应很小。在论文中所描述的玻璃安装方式下,6 mm＋1.52 mm PVB＋6 mm 厚带 PVB 夹层钢化玻璃的冲击波超压阈值范围为 41～55 kPa。

6.5　占压管道

在地面占压荷载的作用下,管顶所承受的土压力由以下两部分构成:
(1) 上覆土体自重产生的管顶土压力;
(2) 地面外荷载通过土体传递对管道产生的附加荷载,通常随埋深的增加而减小。

6.5.1　管顶土压力计算

管道埋设方式通常分成沟埋式和上埋式两种。不同的埋设方式下,管道上部覆土的变形及其与两侧土体的相互作用不同,因此管顶土压力的计算模型也不尽相同。

目前管顶垂直土压力的计算模型众多,如基于极限平衡理论的土柱滑动面模型和经验集中系数模型,两者实质都基于 Marston 土压力模型。在 Marston 土压力模型中,沟埋式和上埋式分别采用不同的土压力计算模型。

沟埋式和上埋式的槽宽分界为:

(1) 当 $\dfrac{B-D}{2}<100$ cm(B 为管顶处槽宽,D 为管径)时,属于沟埋式;

(2) 当 $\dfrac{B-D}{2}>100$ cm 时,属于上埋式。

沟埋式管顶土压力为:

$$W_g=K_g\rho gBH \tag{6-6}$$

$$K_g=\frac{1-\exp(-2fKH/D)}{2fKH/D} \tag{6-7}$$

式中　W_g——沟埋式管道单位长度管顶土压力,kPa/m;

　　　K_g——沟埋式管道管顶竖向土压力集中系数;

　　　K——水平土压力系数,一般取 0.5,或者 1.0;

　　　f——沟壁摩擦系数;

　　　ρ——土壤密度,kg/m³;

　　　B——管顶处槽宽,m;

　　　H——管顶回填土刚度。

上埋式是指管道敷设于平坦场地上,并填土压实的埋设方式,如公路、铁路的路堤或管沟宽度远大于管径等情况下的管道埋设。上埋式管道管顶土压力为:

$$W_s = K_s \rho g D H \tag{6-8}$$

$$K_s = \frac{\exp(2fKH_e/D) - 1}{2fKH/D} + \frac{(H - H_e)\exp(2H_e fK/D)}{H} \tag{6-9}$$

式中　W_s——上埋式管道单位长度管顶土压力，kPa/m；

　　　K_s——上埋式管道管顶竖向土压力集中系数；

　　　H_e——等沉面高度，m。

根据《地下管道计算》中的 K_g 和 K_s 计算方法，分别根据实例的具体情况进行计算。

根据土力学与基础工程中的计算公式，占压 σ 按照地面均布载荷进行计算：

$$
\begin{aligned}
\sigma &= \frac{3pz^3}{2\pi} \int_0^l \int_0^b \frac{\mathrm{d}x\mathrm{d}y}{(x^2 + y^2 + z^2)^{\frac{5}{2}}} \\
&= \frac{p}{2\pi}\left[\frac{mn(1 + n^2 + 2m^2)}{\sqrt{1 + m^2 + n^2}(m^2 + n^2)(1 + m^2)} + \arctan\frac{n}{m\sqrt{1 + m^2 + n^2}} \right]
\end{aligned} \tag{6-10}
$$

其中：
$$m = l/b, \quad n = z/b$$

式中　L——占压长度，m；

　　　b——占压宽度，m。

由占压载荷产生的管顶压力 W_2 为：

$$W_2 = D\sigma \tag{6-11}$$

管顶总压力 W_e 为：

$$W_e = W + W_2 \tag{6-12}$$

式中　W——管顶土压力，按上埋式和沟埋式分别取 W_s 和 W_g。

6.5.2　变形量验算

埋地管道在上覆土垂直压力、地面荷载附加应力和管底地基支承反力等的作用下，管道截面可能会出现椭圆化现象，即管壁产生不均匀径向变形。因此，在埋地管道设计和施工阶段，必须对管道截面径向变形量进行控制，即所谓的刚度控制，使埋地管道的受压变形保持在容许范围内。我国《输气管道工程设计规范》(GB 50251—2015)和《输油管道工程设计规范》(GB 50253—2014)都采用 Spangler-Iowa 方法校核外载作用下管道截面的径向变形量。

Spangler-Iowa 方法管道荷载示意如图 6-9 所示，作用于管顶的垂直荷载 q_v（土压力、地面荷载等）按均布考虑，分布宽度与管道外径相同；管底承受地基的垂直反力 q_v'，均匀分布在管座对应的圆心角 2α 范围内；管侧承受土壤的弹性抗力，其强度假定按二次抛物线规律分布，作用范围对应圆心角 2β，最大抗力（$q_H = E'\Delta/2$ 位于水平直径的两端，其中 Δ 为管壁的最大水平位移，E' 为地基系数。

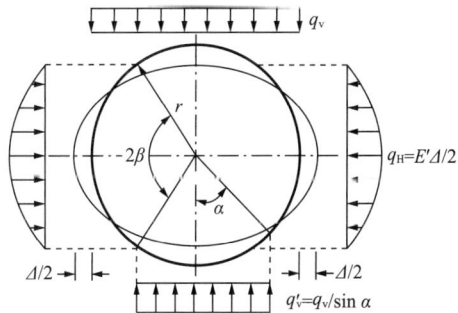

图 6-9　Spangler-lowa 方法管道荷载示意图

Spangler-Iowa 方法中，管壁的最大水平位移按下式计算：

$$\Delta = \frac{D_L K_{xv} W_e R^3}{E_s I_w + 0.061 E' R^3} \tag{6-13}$$

式中　Δ——管道的最大水平位移,即径向最大变形;

　　　D_L——管道变形滞后系数,取 1.5;

　　　K_{xv}——管道基座系数,取值见表 6-13;

　　　W_e——单位长度管顶垂直荷载;

　　　R——管道半径;

　　　E_s——管材弹性模量;

　　　I_w——单位长度管壁截面的惯性矩,$I_w = \delta^3/12$;

　　　δ——管道壁厚;

　　　E'——地基系数,取值见表 6-13。

表 6-13　铺管条件的设计参数

铺管条件	$2\alpha/(°)$	K_{xv}	E'/MPa
敷设在未扰动的土上	30	0.108	1.0
敷设在未扰动的土上,管道中线以下的土轻轻压实	45	0.105	2.0
敷设在厚度至少为 10 cm 的松散垫层内,管顶以下回填土轻轻压实	60	0.103	2.8
敷设在砂卵石或碎石垫层内,垫层顶面在管底以上 1/8 管径处,且不小于 10 cm,管顶以下回填土夯实,夯实密度约为 80% 标准葡式密度	90	0.096	3.5
管道中线以下安装在压实的黏土内,管顶以下回填土夯实,夯实密度约为 90% 标准葡式密度	150	0.085	4.8

地基对管道的支撑如图 6-10 所示。

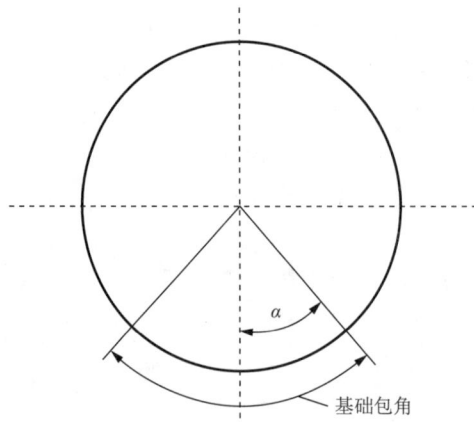

基础包角

图 6-10　悬空管道受力示意图

第 7 章
新建河道水利穿越管道施工

7.1　相关法律法规及标准规范的要求

（1）新建海（河）港码头、大中型水库和水工建（构）筑物距输油管道的距离不宜小于20 m。

（2）在穿越河流的管道线路中心线两侧各 500 m 地域范围内，不应抛锚、拖锚、挖砂、挖泥、采石、水下爆破。在保障管道安全的条件下，为防洪和航道通畅而进行的养护疏浚作业除外。

（3）在管道专用隧道中心线两侧各 1 000 m 地域范围内，不应采石、采矿、爆破，但是因修建水利工程等公共工程确需实施采石、爆破作业的，应当经管道所在地县级人民政府主管管道保护工作的部门批准，并采取必要的安全防护措施，方可实施。

（4）在管道线路中心线两侧各 5～50 m 和管道附属设施周边 100 m 地域范围内新建河渠、水利工程等，若与管道交叉，则施工单位应与管道企业协商施工方案，并签订安全保护协议。

（5）因修建河渠、水利等设施，可能影响管道保护的，应当事先通知管道企业并注意保护下游已建成的管道水工防护设施。

（6）建设单位应编制管道保护专项施工方案，方案包括但不限于项目概况、管道概况、工程与管道相遇关系、施工工序工法、施工过程中可能危害管道安全的因素、管道安全保护措施、安全管理方案、应急预案等。

（7）在管道附近修建大中型水库时，应开展地质灾害危险性评估，采取必要的管道保护措施。

（8）在管道线路中心线两侧各 200 m 和管道附属设施周边 500 m 地域范围内进行基坑挖掘前，施工单位应当向管道所在地县级人民政府主管管道保护工作的部门提出申请。

（9）在管道线路中心线两侧各 5 m 地域范围内不应使用机械工具进行基坑挖掘施工。

（10）基坑与管道并行应符合下列要求：

① 建设单位应编制专项施工方案；

② 施工前应开展基坑施工方案评估工作,必要时应进行专项论证,并确定管道保护措施,保护措施应符合相关技术标准的规定。

(11) 基坑与管道交叉应符合下列要求:

① 建设单位应编制专项施工方案;

② 宜垂直交叉,特殊情况下交角不应小于30°;

③ 施工前应开展基坑施工方案评估工作,必要时应进行专项论证,并确定管道保护措施,且保护措施应符合相关技术标准的规定。

(12) 施工前应在管道中心线的地面上连续放线,标识出管道的埋设位置。

(13) 宜设标志旗和拉设警示带或采取设置安全隔离栏等警戒措施。

(14) 对局部受限地段,需在管道两侧各5 m范围内施工时,应采用人工作业。

(15) 当管道保护区外的取土、堆土或振动施工影响管道安全时,建设单位应采取保证管道安全的措施。

(16) 当施工车辆不可避免要从管道上方经过时,施工方应在管道上方搭设钢制便桥或采取其他保护措施,避免车辆碾压管道。

(17) 管道开挖后的管道悬空段长度不宜大于6 m,因施工原因不能满足以上要求时,应采取砌筑基墩支撑、悬吊等措施。

(18) 新建基坑作业时应按《电力系统继电保护及自动化设备柜(屏)工程技术规范》(GB 50497—2011)的相关规定开展监控量测工作,管道变形允许值应不大于10 mm。

(19) 基坑与管道交叉段施工后应及时回填,确保管道底部的回填土密实。

7.2 建议保护方案

下面就某河道以大开挖方式穿越某管道为例,介绍大开挖穿越过程中可采取的保护方案。

7.2.1 保护方案一

管道底面以上采用自然放坡方式进行管沟边坡稳定性维护,底面以下采用排桩挂网喷面+内撑(对撑)方式进行管沟边坡稳定性维护。管道底面以上宽高比应为3.5(也可根据实际情况和施工便利酌情适量调整)。管道底面以下排桩挂网喷面+内撑支护段:桩长12 500 mm(包括800 mm冠梁高),净桩长11 700 mm,桩径800 mm,桩间距2 000 mm,沟渠两侧共计28根桩。为维护安全和保护施工,管道两侧围护桩在桩间距2 000 mm的基础上各向远离管道的方向平移0.5 m,并在冠梁后方斜向下设置3排×5列高压旋喷桩,以加固管道下方托管平台土体。桩长7.4 m,与竖向夹角为29°,影响半径为500 mm,桩间搭接150 mm。桩顶设置冠梁,冠梁尺寸为800 mm×800 mm×(8 800 mm+11 365 mm+8 800 mm)。从管道两侧第2根桩开始,两桩之间在冠梁后方插工字钢做桩间土支撑,工字钢入土6 000 mm。冠梁顶及围护桩面层挂网喷浆。钢管撑及连接件采用市面通用型,钢管撑规

格为 ϕ580 mm;钢管内撑中心间距为 3 000 mm,共设置 4 道支撑。冠梁施工时应预埋钢管撑连接件。

拟建工程施工完回填后应拆撑,并切除管道两侧围护桩之间的冠梁。为保证在役管道安全,围护桩施工前应先将待保护的管道及伴行设施全部开挖暴露方可进行下一步施工。伴行设施处,线缆尽量左右临时移动以保证围护桩施工到位,若无法移动,则适当偏移围护桩,但应保证总体围护桩平均桩间距一致。

开挖及维护设施施工工序:管道底面以上开挖至管道及伴行设施暴露→围护桩施工→高压旋喷桩施工→管道底面以下开挖 1 m 并进行冠梁及内撑施工→冠梁后方插桩间挡土工字钢→开挖至设计标高。

拆撑施工工序:拟建工程施工完毕→肥槽回填、夯实,至拟建沟渠顶部→拔工字钢→拆撑→切除管道第 1 根围护桩之间的冠梁→进一步回填,恢复至设计要求。

7.2.2　保护方案二

采用三榀桁架进行支护,穿越箱涵处桁架跨度为 15 m,桁架高 2 m,宽 3 m;箱涵两侧桁架跨度分别为 12 m,桁架高 2 m,宽 3 m;三榀桁架之间间距为 2 m。桁架下部设置吊架,吊架顶标高与管道底标高平齐,宽度为 3 m,吊架间距为 3.4 m,桁架纵向支撑为 ϕ600 mm 钢管桩,桩长约为 20 m,管道距钢管桩净距为 0.69 m。为减小施工振动,管桩贯入施工前预引孔,孔径为 550 mm,孔深为 17 500 mm,钢管桩采用静压方式施工,如图 7-1 所示。

施工工序:人工开挖探坑,确认管道具体埋深,设置警示标识→人工开挖管道上部土方,对在役管道进行保护→安装支撑结构→人工开挖管道下部土方→箱涵作业→基槽回填、地貌恢复。

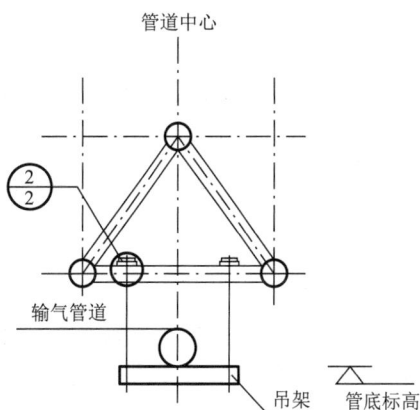

图 7-1　管道保护方案横断面图

施工步骤为:

(1)先探管,然后放线,在管中心线上方用白石灰进行标识,最后对管道附近井点进行降水。

(2)在管线施工作业带外设置围挡。围挡采用钢架加彩钢板制作而成,围挡区域严禁施工设备车辆通行和堆土,施工结束后应尽快恢复地貌。

(3)管道两侧 5 m 范围内采用人工开挖,使保护范围内的管道管顶及光缆顶局部裸露,且使钢管桩附近的管线及光缆全部裸露。

(4)压入钢管桩:场地平整→桩位放线→护筒埋设→钻机就位、孔位校正→成孔、循环钻井液、清除废浆和泥渣→清孔换浆→置换水泥浆→置入钢管。

(5)在吊架及管架位置处,以掏空的方式继续开挖土层至管底下 500 mm,仅满足安装吊架的空间要求即可。

（6）采用分段掏空方式开挖桁架下方土层，进行倒虹吸工程的施工。施工机械与管道间距不小于 0.5 m，严禁机械触碰管道。

（7）回填作业。倒虹吸工程施工完成后，应对裸露管道采取 100% 外防腐层电火花检测，检测合格后方可回填。

当土层回填至管底标高下 500 mm 时，在管道各吊架附近采用袋装土进行回填以支撑管道。

7.3　施工过程风险辨识

1）钢管桩打桩风险

施工过程中，打桩位置附近的局部地方开挖管道，打桩振动对开挖管段的影响甚微，但对打桩附近未开挖管段的影响较大，会导致管道出现变形或产生应力。

2）深基坑开挖风险

施工过程中，基坑采用自然放坡的方式开挖。在无支护放坡开挖时，深基坑易发生基坑边坡滑移，由于边坡土体承载力量不足，致使边坡失去稳定性，一旦滑坡，则管道裸露、悬空长度增长，危及管道运行安全。

桁架下面土层采用分段掏空方式开挖，进行倒虹吸工程的施工。施工机械与管道间距不小于 0.5 m。该机械施工距离要求过于宽泛，易因机械施工精度不够或误操作而造成管道损伤甚至破裂。

3）吊装作业风险

用来保护开挖悬空管道的桁架长度为 24.5 m，采用提前预制桁架再进行现场整体安装的方式安装桁架。安装桁架过程中，由于桁架较长，且管道一直处于开挖露管状态，桁架吊装位置位于管道正上方，且距离管道较近，所以在吊机吊运桁架的过程中存在桁架脱钩砸伤管道或桁架碰伤管道的风险。

4）动火作业风险

如图 7-2 所示，为满足支撑桁架的力学要求，每 2 条支撑桁架的钢管桩上设置 3 条横撑。该横撑只能进行现场焊接安装，焊接位置在管道底部，距离管道较近，焊接火花可能飞溅到管道表面上而破坏防腐层，存在动火作业的风险。

5）桁架安装不到位风险

如图 7-3 所示，桁架采用预制安装，安装精度要求较高。按照施工步骤，先压入钢管桩，再将桁架吊装套入钢管桩。若钢管桩安装定位不准确，则会导致桁架套筒无法套入钢管桩，桁架安装不到位，或者安装后桁架位置水平度不能满足悬吊管道的要求。

6）管架及吊架安装风险

如图 7-4 所示，支撑管道的管架及吊架与管道之间是直接刚性接触，且管道在管架和吊架上未做固定，因此管道存在径向滑移的风险，管道防腐层存在磨损风险。

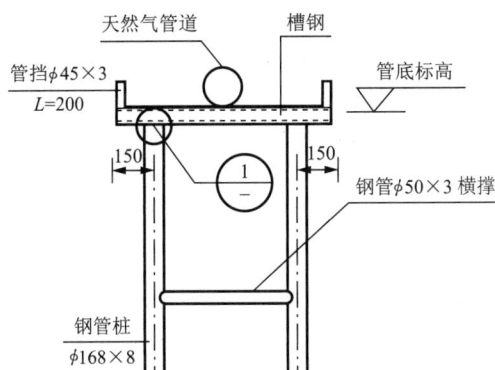

图 7-2　横撑位置图(单位:mm)

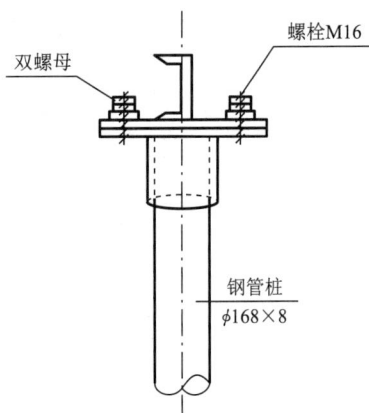

图 7-3　桁架安装图(单位:mm)

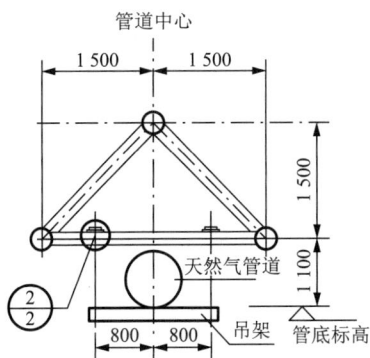

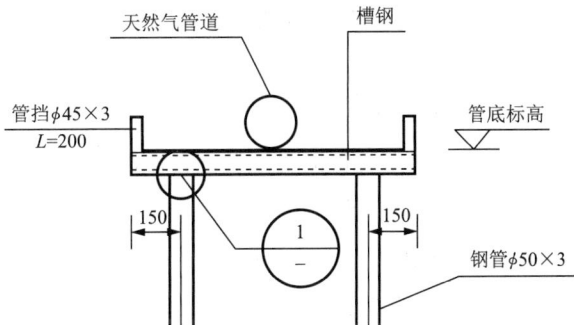

图 7-4　吊架及管架图(单位:mm)

7.4　基坑开挖施工对管道的影响分析

基坑采用自然放坡方式开挖,在施工周期长,边坡受到气候季节变化和降雨、渗水、冲刷等作用下,边坡土质变松,土内含水量增加,土的自重加大,导致边坡土体抗剪强度降低而土体内的剪应力增加,边坡局部滑坍或产生不利于边坡稳定的影响,致使管道裸露、悬空长度增长,危及管道运行安全。下面针对管道附近基坑开挖进行详细计算。

某基坑设计总深度为 9.4 m,按一级基坑,根据《建筑基坑支护技术规程》(JGJ 120—2012)进行设计计算。

1) 土层参数

地下水位埋深为 1.7 m,其他土层参数见表 7-1。

表 7-1 土层参数

序 号	土层名称	厚度 /m	重度 γ /(kN·m⁻³)	黏聚力 c /kPa	内摩擦角 φ /(°)	黏聚力 c' /kPa	内摩擦角 φ' /(°)	厚度 /m	分算 /合算
1	粉质黏土	3.5	19.0	23.6	11.0	23.6	11.0	3.5	合 算
2	粉质黏土	6.0	18.6	17.6	8.8	17.6	8.8	6.0	合 算
3	粉质黏土	4.7	18.6	16.3	9.4	16.3	9.4	4.7	合 算
4	粉质黏土	2.9	20.1	24.6	10.6	24.6	10.6	2.9	合 算
5	粉质黏土	4.6	19.8	26.6	12.2	26.6	12.2	4.6	合 算

注:c' 和 φ' 为不饱和土层的参数。

2)基坑周边荷载

地面超载 10.0 kPa。

7.4.1 开挖与支护设计

1)第 1 级放坡设计

坡面尺寸:坡高 3.23 m,坡宽 4.85 m,台宽 2.00 m。

2)第 2 级放坡设计

坡面尺寸:坡高 3.17 m,坡宽 4.76 m,台宽 2.00 m。

3)第 3 级放坡设计

坡面尺寸:坡高 3.00 m,坡宽 6.00 m,台宽 0.00 m。

7.4.2 整体稳定计算

1)计算参数

整体稳定计算方法:瑞典条分法。

应力状态计算方法:总应力法。

土钉法向力折减系数:$\xi = 0.5$。

土钉切向力折减系数:$\xi = 1.0$。

锚杆法向力折减系数:$\xi = 0.5$。

锚杆切向力折减系数:$\xi = 1.0$。

浸润线不考虑止水帷幕,滑弧搜索不考虑局部失稳,考虑开挖工况。

搜索范围:坡顶,全范围;坡底,全范围。

搜索方法:遗传算法。

2)计算结果

(1)开挖至 −3.23 m(深 3.23 m),如图 7-5 所示。

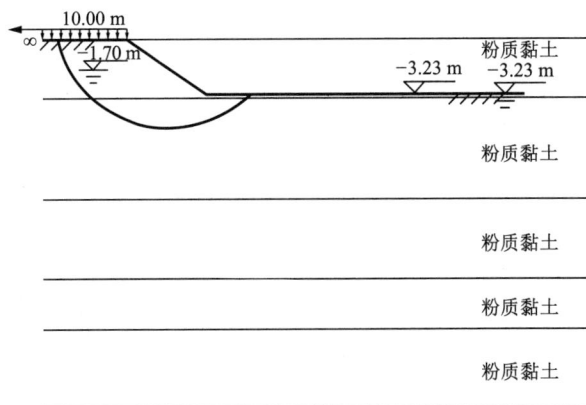

图 7-5　开挖深度为 3.23 m 时土质变化图

滑弧:圆心为(2.65 m,−1.70 m),半径为 6.90 m,起点为(−4.04 m,0.00 m),终点为(7.49 m,3.23 m),拱高比为 0.579。

下滑力:177.62 kN/m。

土体(若有则包括搅拌桩和坑底加固土)抗滑力:371.38 kN/m。

土钉/锚杆抗滑力:0.00 kN/m。

桩墙抗滑力:0.00 kN/m。

安全系数:2.09。

(2) 开挖至−6.40 m(深 6.40 m),如图 7-6 所示。

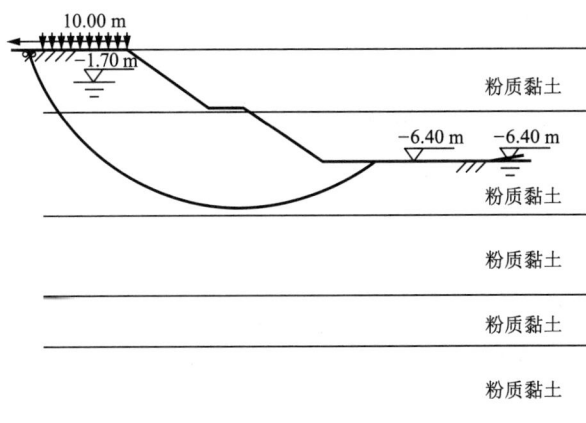

图 7-6　开挖深度为 6.40 m 时土质变化图

滑弧:圆心为(6.73 m,−4.27 m),半径为 13.31 m,起点为(−5.88 m,0.00 m),终点为(14.68 m,6.40 m),拱高比为 0.509。

下滑力:511.92 kN/m。

土体(若有则包括搅拌桩和坑底加固土)抗滑力:708.97 kN/m。

土钉/锚杆抗滑力:0.00 kN/m。

桩墙抗滑力:0.00 kN/m。

安全系数：1.38。

（3）开挖至−9.40 m（深 9.40 m），如图 7-7 所示。

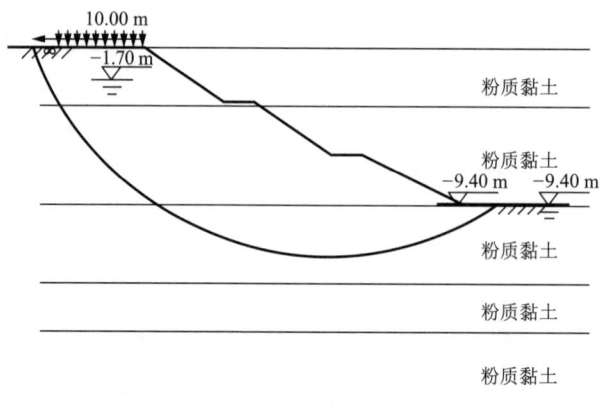

图 7-7　开挖深度为 9.40 m 时土质变化图

滑弧：圆心为（11.34 m，−7.06 m），半径为 19.63 m，起点为（−6.98 m，0.00 m），终点为（22.03 m，9.40 m），拱高比为 0.477。

下滑力：950.25 kN/m。

土体（若有则包括搅拌桩和坑底加固土）抗滑力：1 080.84 kN/m。

土钉/锚杆抗滑力：0.00 kN/m。

桩墙抗滑力：0.00 kN/m。

安全系数：1.14。

7.5　施工过程管道保护要点

（1）对于开挖过程中近距离管道机械施工，建议在管道中心线两侧 5 m 范围内采用人工开挖的方式进行基坑开挖。

（2）基坑放坡开挖后，应立即进行人工修整，做好边坡防护层，如采取塑料薄膜覆盖、水泥砂浆抹面、砂（土）包叠置、挂网（钢丝网或铁丝网）抹面或喷浆等措施。

（3）基坑周围设置临时防护围栏，防护围栏内禁止堆放重物和堆土，以免增加地面荷载而导致边坡失稳。

（4）开挖管道伴行光缆应进行固定处理，如距离管道较近（小于 1.5 m）的光缆可绑定在管道上，距离管道较远的光缆可固定在槽钢中，以保证光缆在施工过程中完好无损。

（5）在吊运过程中，吊机要尽量远离天然气管道，且应位于管道中心线 5 m 以外的位置。

（6）做好管道及光缆的保护。采用黏弹体进行保护，并采用隔离网隔离，以防止吊运过程中碰撞天然气管道。

（7）合理设置吊点，利用牵引绳等控制桁架的移动，保证桁架移动到管道上方指定位置处,并安排 2 名安全员现场指导作业。

(8) 应采用防火阻燃材料对天然气管道进行保护,以防止焊接火花飞溅而损伤管道。

(9) 管道附近处的连接方式应尽可能为螺栓连接,如现场不具备螺栓连接条件或无法施工,则必须采用焊接连接方式时,上方横撑应尽量远离天然气管道,并做好防火隔离保护。

(10) 桁架预制应严格按照设计图纸进行,桁架吊装前要进行桁架验收,保证桁架实际尺寸符合设计图纸的要求。

(11) 钢管桩压桩前要严格按照施工图的要求施工。压桩前用 GPS 等进行桩位测定,成桩过程要确保桩的垂直度及水平、垂向位置,保证安装精度符合施工图的要求。

(12) 成桩后应进行桩位复测,以保证钢管桩位置、尺寸符合桁架安装的要求。

(13) 支撑管道的吊架和管架上应增加弹性橡胶垫板等保护材料,以避免管道防腐层出现磨损。

(14) 回填土夯实前,建议在施工现场有代表性的场地选取一个或几个试验区,进行试夯或试验性施工,以确定夯击次数、有效加固深度等。当夯击施工引起振动和侧向挤压时,应设置监测点,并采取挖隔振沟等隔振或防振措施。

(15) 回填土层均应分层回填夯实,每层厚度不得大于 300 mm,回填土压实系数应大于 0.94。委托第三方机构进行压实系数检测,分层检查密实度,并做好回填记录。回填夯实作业时要有专人指挥。

(16) 回填土应高出地面 0.3 m 以上,覆土应与管沟中心线一致,其宽度为管沟上口宽度,并应做成有规则的外形,管道最小覆土厚度应满足设计要求。

(17) 管底标高以下 500 mm 范围内应用袋装土进行全段回填,并保证袋装土的压实度大于 0.94。

(18) 施工及使用期间应进行管道变形及沉降观测,管道沉降量不应大于 4 cm。

第8章
隧道爆破施工与管道交叉、并行

8.1　隧道施工工艺与方法

8.1.1　主要施工工艺

1) 全断面法

(1) 垂直断面使用三臂凿岩台车开挖,其余工作面使用多功能凿岩台架对掌子面Ⅱ级围岩开挖;

(2) 初喷混凝土,钻设系统锚杆,铺设钢筋网片,复喷混凝土至设计厚度;

(3) 防排水施工;

(4) 根据监控量测结果分析,确定二次模筑衬砌施作时机,利用衬砌模板台车一次性灌注衬砌。

2) 台阶法

(1) 在上一循环的超前支护防护下,爆破开挖①部→施作①部台阶周边的初期支护[即初喷混凝土,架立钢架(设锁脚锚杆),钻设径向锚杆,铺设钢筋网,复喷混凝土至设计厚度];

(2) 爆破开挖②部→施作②部台阶周边的初期支护[即初喷混凝土,架立钢架(设锁脚锚杆),钻设径向锚杆,铺设钢筋网,复喷混凝土至设计厚度];

(3) 爆破开挖③部→施作隧底喷射混凝土(当该段衬砌仰拱底设计有喷射混凝土时);

(4) 在滞后于③部一段距离后,灌注Ⅳ部仰拱与边墙基础;

(5) 待仰拱混凝土初凝后,灌注仰拱填充Ⅴ部至设计高度;

(6) 根据监控量测结果分析,确定二次模筑衬砌施作时机,利用衬砌模板台车一次性灌注Ⅵ部(拱墙)衬砌。

台阶法施工工序横断面如图 8-1 所示。

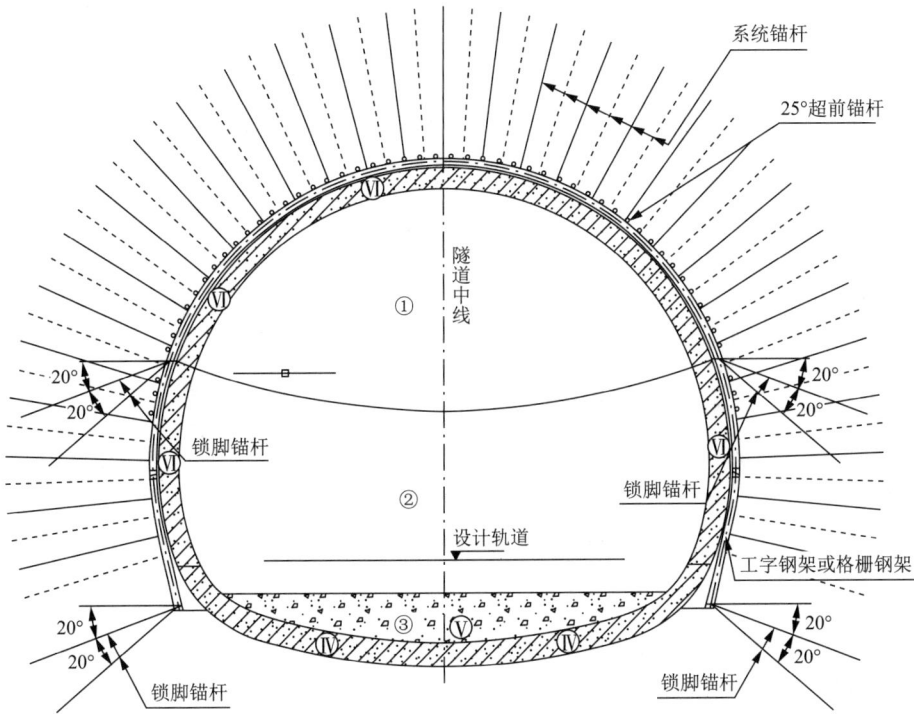

图 8-1　台阶法施工工序横断面

3）三台阶法

（1）在上一循环的超前支护防护下，爆破开挖①部→施作①部台阶周边的初期支护［即初喷混凝土，架立钢架（设锁脚锚管），钻设径向锚杆，铺设钢筋网，复喷混凝土至设计厚度］。

（2）爆破开挖②部→施作②部台阶周边的初期支护［即初喷混凝土，架立钢架（设锁脚锚管），钻设径向锚杆，铺设钢筋网，复喷混凝土至设计厚度］。

（3）弱爆破开挖③部→施作③部边墙初期支护［即初喷混凝土，架立钢架（设锁脚锚管），钻设径向锚杆，铺设钢筋网，复喷混凝土至设计厚度］。

（4）灌注Ⅳ部仰拱与边墙基础；待仰拱混凝土初凝后，灌注仰拱填充Ⅴ部至设计厚度。

（5）根据监控量测结果分析，确定二次模筑衬砌施作时机：拆除临时仰拱→折成环向透水盲沟和纵向透水盲沟→利用衬砌模板台车一次性灌注Ⅳ部（拱墙）衬砌。

三台阶法施工工序横断面如图 8-2 所示。

4）三台阶法加临时横撑法

（1）在上一循环的超前支护防护下，爆破开挖①部→施作①部台阶周边的初期支护［即初喷混凝土，架立钢架（设锁脚锚管），钻设径向锚杆，铺设钢筋网，复喷混凝土至设计厚度］。

（2）爆破开挖②-1 部→施作②-1 部初期支护［即初喷混凝土，架立钢架（设锁脚锚管），钻设径向锚杆，铺设钢筋网，复喷混凝土至设计厚度］→架设②-1 底部的 I18 型钢临时

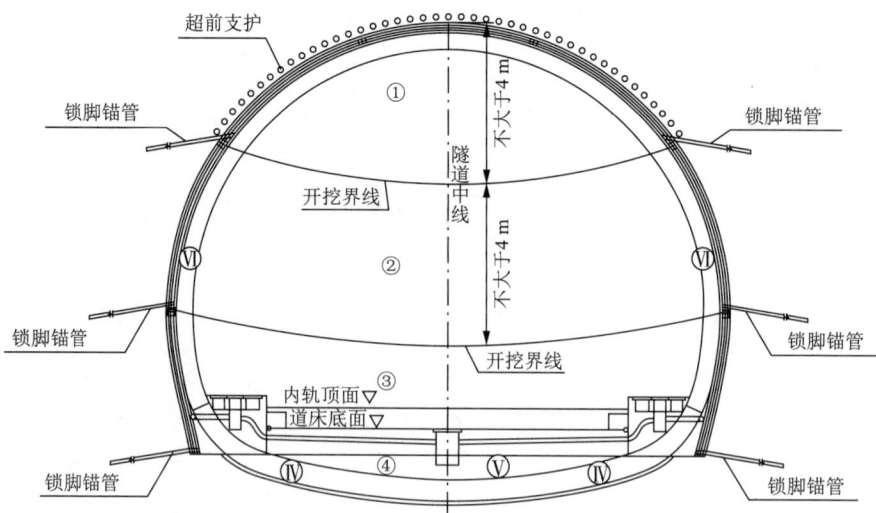

图 8-2　三台阶法施工工序横断面

横撑。

（3）同②-1 部施工工序,开挖及支护②-2。

（4）弱爆破开挖③-1 部→施作③-1 部边墙初期支护[即初喷混凝土,架立钢架(设锁脚锚管),钻设径向锚杆,铺设钢筋网,复喷混凝土至设计厚度]→架设②-1 底部的 I18 型钢临时横撑。

（5）同③-1 部施工工序,开挖及支护③-2。

（6）爆破开挖④部→施作④部仰拱初期支护(即初喷混凝土,架设钢架,铺设钢筋网,复喷混凝土至设计厚度)。

（7）灌注Ⅴ部仰拱与边墙基础;待仰拱混凝土初凝后,灌注仰拱填充Ⅵ部至设计厚度。

（8）根据监控量测结果分析,确定二次模筑衬砌施作时机:拆除临时仰拱→折成环向透水盲沟和纵向透水盲沟→利用衬砌模板台车一次性灌注Ⅶ部(拱墙)衬砌。

三台阶加临时横撑施工工序横断面如图 8-3 所示。

5) 钻爆作业

钻爆作业掘进采用三臂凿岩台车、气腿式凿岩风钻钻孔,人工装药爆破。为了保证开挖轮廓圆顺、准确,维护围岩自身的承载能力,减少对围岩的扰动,爆破采用分段微差起爆,周边眼采用光面爆破技术。隧道爆破采用塑料导爆管和毫秒雷管起爆系统,梅花型中空孔垂直掏槽。钻爆作业按照爆破设计进行钻眼、装药、接线和引爆。

钻孔前由测量技术人员放样开挖断面中线、水平线和断面轮廓线,并根据爆破设计标出炮眼位置,经检查符合设计要求后才可钻孔。

钻孔应符合以下要求:

（1）按照炮眼布置图正确钻孔;

（2）掏槽眼眼口间距误差和眼底间距误差不大于 5 cm;

（3）辅助眼深度、角度按设计施工,眼口排距、行距误差均不得大于 10 cm;

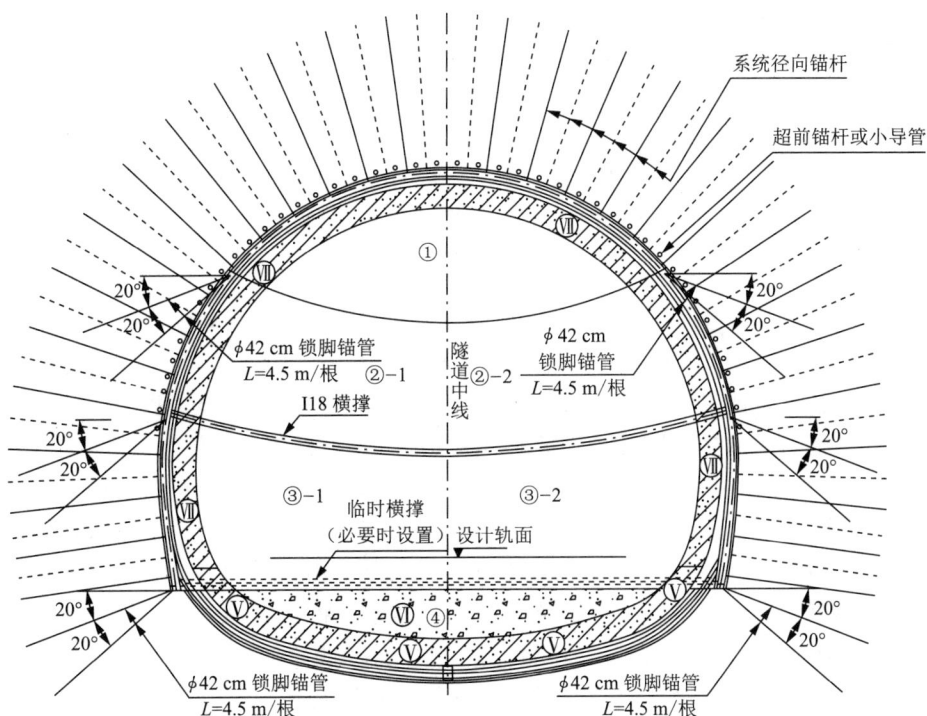

图 8-3　三台阶加临时横撑施工工序横断面

（4）周边眼布置在设计断面轮廓线上，允许沿轮廓线调整，其误差不大于 5 cm，底板眼不得超出开挖面轮廓线 10 cm；

（5）钻孔完毕，按炮眼布置图进行检查，并做好记录，有不符合要求的炮眼应重钻，经检查合格后才可装药起爆；

（6）装药分片分组，严格按爆破参数表及炮孔布置图规定的单孔装药量、雷管段"对号入座"；

（7）装药前将炮眼内钻井液、石粉吹洗干净；

（8）所有装药的炮眼均堵塞炮泥，周边眼的堵塞长度不宜小于 30 cm；

（9）连线要仔细，连完线后要检查有无漏连现象。

8.1.2　主要施工方法

1）隧道开挖

根据工程地质、水文地质条件和机械设备等因素确定：石质隧道上部采用风钻打孔开挖；正洞Ⅱ级围岩采用全断面法施工；Ⅲ级围岩采用台阶法施工；Ⅳ级围岩采用台阶法或三台阶法施工；Ⅴ级围岩采用三台阶法施工；Ⅵ级围岩浅埋、偏压地段及穿越断层地段采用三台阶预留核心土法施工，必要时设置临时横撑；斜井工作面大里程方向正洞Ⅱ和Ⅲ级围岩采用三臂凿岩台车施工，以提高钻孔定位精度，提高钻爆质量，减少超欠挖。

2）初期支护

初期支护内容主要包括钢筋网片、格栅（型钢）钢架、中空锚杆、砂浆（锁脚）锚杆、锁脚锚管、喷射混凝土。初期支护应紧跟开挖出渣工序及时施作，以减少围岩暴露时间，抑制围岩变形，防止围岩在短期内松弛剥落。

钢架、钢筋网片和锚杆由洞外构件厂加工，人工配合机械安装钢架、挂设钢筋网片，采用气腿式凿岩机施作锚杆，采用湿喷机械手和湿喷机喷混凝土。

3）二次衬砌

衬砌采用成套施工技术的工装工艺，即衬砌台车加装料斗与滑槽实现混凝土分层逐窗入模浇筑，径向预埋（RPC）注浆管与拱顶带模注浆技术一体化工作，二次衬砌定型组合端模。该技术具有工装加工简单、工艺操作简便、工序简明合理、工效显著提升的特点。

隧道衬砌施工遵循"仰拱超前、拱墙整体衬砌"的原则。初期支护完成后，为有效地控制其变形，仰拱紧跟掌子面施工，仰拱施工采用自行式移动栈桥平台解决洞内运输问题，并进行全幅一次性施工。仰拱及填充施工完成后，利用多功能作业平台人工铺设防水板；绑扎钢筋后，采用双铰接可翻转式隧道衬砌台车钢端模加装滑槽及料斗进行二次衬砌。双铰接可翻转式隧道衬砌台车根据隧道设计半径及衬砌厚度将工字钢弯曲至设计弧度并焊接5 mm钢板作为内、外弧形钢模板，止水带设置在内、外模板之间，实现止水带平铺。模板与初支基面间隙采用软木封堵，将钢管穿入内、外层模板固定环中，辅以木楔子加固，实现衬砌堵头模板密封。采用二次翻转法实现台车移位时须避免碰撞下一模已安装的衬砌钢筋，并采用斜撑丝杠实现钢端模加固。采用拱墙一次性整体灌注施工，最后完成整体道床施工，如图8-4所示。

图8-4　二次拱墙衬砌自动逐窗浇筑台车

二次衬砌是隧道的永久性支护结构，在围岩和初期支护变形基本稳定后施作，在仰拱超前情况下，采用模板台车进行拱墙二次衬砌。在隧道洞口段、浅埋段、围岩破碎带需要尽早施作二次衬砌。隧道洞口段第一段衬砌施工时正洞掘进不得大于70 m，竣工后的隧道内轮廓线不得侵入设计轮廓线。二次衬砌施工主要流程如图8-5所示。

4）监控量测

现场监控量测是隧道"新奥法"施工的三大要素之一，是复合式衬砌设计、施工的核心技术。通过监测数据的反馈分析，可验证施工设计的科学性和合理性，以及施工方法、支护方案的可行性，以便及时、准确地调整支护参数，修正施工方法，确保施工安全。

```
┌──────────┐
│ 施工准备  │
└────┬─────┘
     │
┌────┴─────┐
│ 防水板铺设 │
└────┬─────┘
     │
┌────┴─────┐
│ 钢筋绑扎  │
└────┬─────┘
     │
┌────┴──────┐
│ 埋设回填注浆管 │
└────┬──────┘
     │
┌────────┐   ┌────┴─────┐   ┌────────┐
│ 台车调试 │──▶│ 台车就位  │◀──│ 涂刷脱模剂 │
└────────┘   └────┬─────┘   └────────┘
                  │
            ┌─────┴─────┐
            │ 止水带、条安装 │
            └─────┬─────┘
                  │          不满足
            ┌─────┴─────┐  要求   ┌────────┐
            │ 隐检项目   │──────▶│ 调　整  │
            └─────┬─────┘        └────────┘
                  │
┌────────┐   ┌────┴─────┐
│ 试件制作 │──▶│ 混凝土浇筑 │
└────────┘   └────┬─────┘
                  │
            ┌─────┴─────┐
            │ 脱　模     │
            └─────┬─────┘
                  │
            ┌─────┴─────┐
            │ 混凝土养护 │
            └─────┬─────┘
                  │
            ┌─────┴─────┐
            │ 拱部回填注浆 │
            └─────┬─────┘
                  │
            ┌─────┴─────┐
            │ 结　束     │
            └───────────┘
```

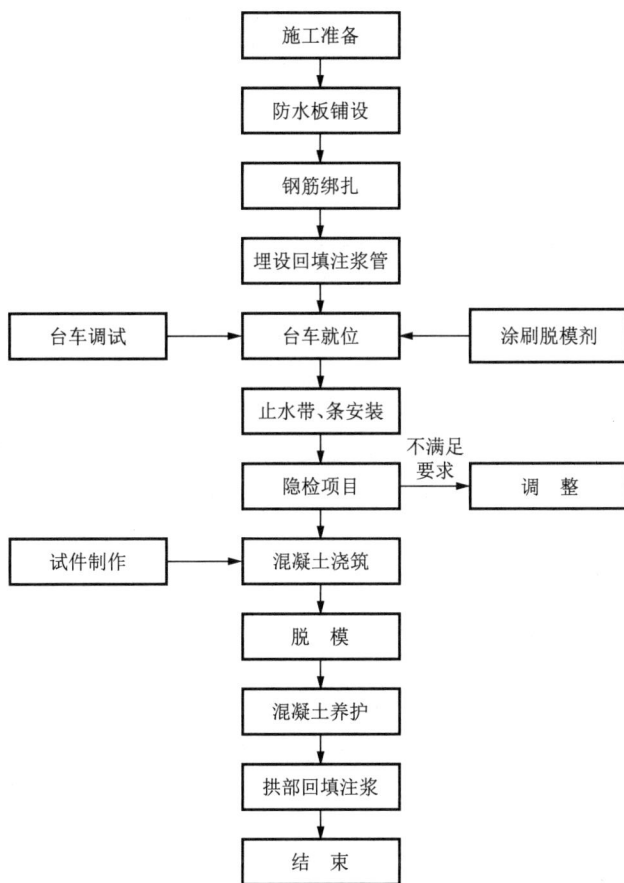

图 8-5　二次衬砌施工工序流程

监控量测的主要目的为:确保施工安全及结构的长期稳定性;验证支护结构效果,确认支护参数和施工方法的准确性;确定二次衬砌施作时间;监控工程施工对周边环境的影响;积累量测数据,为信息化设计与施工提供依据。

日常监控量测项目详见表 8-1。

表 8-1　日常监控量测项目

序　号	监控量测	常用量测仪器	实用情况	备　注
1	洞内、外观察	现场观察	初支裂隙、渗水、变形	
2	拱顶下沉	全站仪		
3	净空变化	全站仪		
4	地表沉降	水准仪、钢挂尺、全站仪	隧道浅埋段	
5	基础沉降观测	水准仪、全站仪	仰拱沉降	

监控量测频率主要由变形速率及量测断面与开挖掌子面的距离确定,主要参照表 8-2 确定。

表 8-2　拱顶下沉及净空变化量测频率表

序　号	变形速度/(mm·d^{-1})	量测断面距开挖掌子面距离/m	量测频率	备　注
1	1～5	(1～2)B	1次/d	
2	0.5～1.0	(1～2)B	1次/2 d	
3	0.2～0.5	(2～5)B	1次/2～3 d	
4	＜0.2	＞5B	1次/1 周	

注：B 为断面隧道开挖宽度。

二次衬砌施作时间主要根据量测收敛以及拱顶沉降观测确定，二次衬砌施作必须满足：

(1) 隧道水平净空变化速率及拱顶或底板沉降位移速率明显下降。

(2) 隧道相对位移已达到总相对位移量的 90%；对于浅埋段、软弱地质围岩等特殊地段，应及时施作二衬。净空变化、拱顶下沉和地表下沉(浅埋地段)等必测项目应设置在同一断面。

8.2　爆破施工

爆破施工需根据不同的围岩等级选择合适的施工方法和开挖方式，常见的施工方法包括两台阶法、三台阶法、三台阶预留核心土法，开挖方式包括机械开挖、控制爆破和静态爆破。

8.2.1　爆破参数设计

每个台阶单次循环炮眼深度控制在 3.1 m 及以下，预计进尺为 2.7 m，炮孔利用率为 0.85。

1) 上台阶法炮眼布置

周边眼(光面爆破)：沿边缘轮廓线布设的炮眼。周边眼间距 $a=50$ cm，抵抗线 $w=60$ cm，炮眼深度为 3.2 m，孔底向轮廓线外倾斜 5 cm，线装药密度取 0.2 kg/m，单孔装药量为 0.5 kg。

一级掏槽眼：以对称的斜眼集中炸出一个楔形空间，因此又称楔形掏槽眼。楔形掏槽眼炮孔深度取 3.8 m，孔底距为 0.4 m，钻孔斜度为 65°，孔口距为 4 m，掏槽眼从隧洞底线上方 0.7 m 处向上布置，一级掏槽炮眼数量为 6 个，装药集中度取 0.7～0.8，单孔装药量为 3.5 kg。

二级掏槽眼：炮孔深度取 3.6 m，孔底距为 0.9 m，钻孔斜度为 70°，孔口距为 0.3 m，炮眼数量为 6 个，装药集中度取 0.7～0.75，单孔装药量为 3.3 kg。

三级掏槽眼：炮孔深度取 3.4 m，孔底距为 1.2 m，钻孔斜度为 80°，孔口距为 0.7 m，炮眼数量为 6 个，装药集中度取 0.6～0.8，单孔装药量为 3.0 kg。

辅助眼：交错均匀地布置在周边眼与掏槽眼之间，并垂直于开挖面。辅助眼间距取 0.8～1.0 m，抵抗线 $w=75～100$ cm，炮眼深度为 3.2 m，装药集中度取 0.4～0.6，单孔装药量为 2.6～2.2 kg。

底眼:部分底部炮眼可起到抛渣作用,将其布置在底板开挖边线上。底眼插入底板 10 cm,间距为 0.9 m,炮眼深度为 3.2 m,装药集中度取 0.7～0.8,单孔装药量为 2.6 kg。

2) 下台阶法炮眼布置

周边眼(光面爆破):沿边缘轮廓线布设的炮眼。周边眼间距 $a=50$ cm,抵抗线 $w=60$ cm,炮眼深度为 3.2 m,孔底向轮廓线外倾斜 5 cm,线装药密度取 0.2 kg/m,单孔装药量为 0.5 kg。

辅助眼:交错均匀地布置,并垂直于开挖面。辅助眼间距取 1.0～1.5 m,抵抗线 $w=1.2～1.8$ m,炮眼深度为 3.2 m,装药集中度取 0.4～0.8,单孔装药量为 2.6 kg。

仰拱炮眼:交错均匀地布置,并垂直于开挖面。仰拱炮眼间距取 1.0～1.5 m,抵抗线 w 取 1.2～1.8 m,炮眼深度为 3.2 m,装药集中度取 0.4～0.8,单孔装药量为 2.6 kg。

3) 中台阶法炮眼布置

周边眼(光面爆破):沿边缘轮廓线布设的炮眼。周边眼间距 $a=50$ cm,抵抗线 $w=60$ cm,炮眼深度为 2.0 m,孔底向轮廓线外倾斜 5 cm,线装药密度取 0.2 kg/m,单孔装药量 0.4 kg。

辅助眼:交错均匀地布置,并垂直于开挖面。辅助眼间距取 1.0～1.5 m,抵抗线 w 取 1.2～1.8 m,炮眼深度为 2.0 m,单孔装药量为 1.2 kg。

4) 核心土炮眼布置

辅助眼:交错均匀地布置,并垂直于开挖面。辅助眼间距取 1.0～1.5 m,抵抗线 w 取 1.2～1.8 m,炮眼深度为 1.4 m,装药集中度取 0.4～0.8,单孔装药量为 0.9 kg。

炮眼布置如图 8-6 所示。

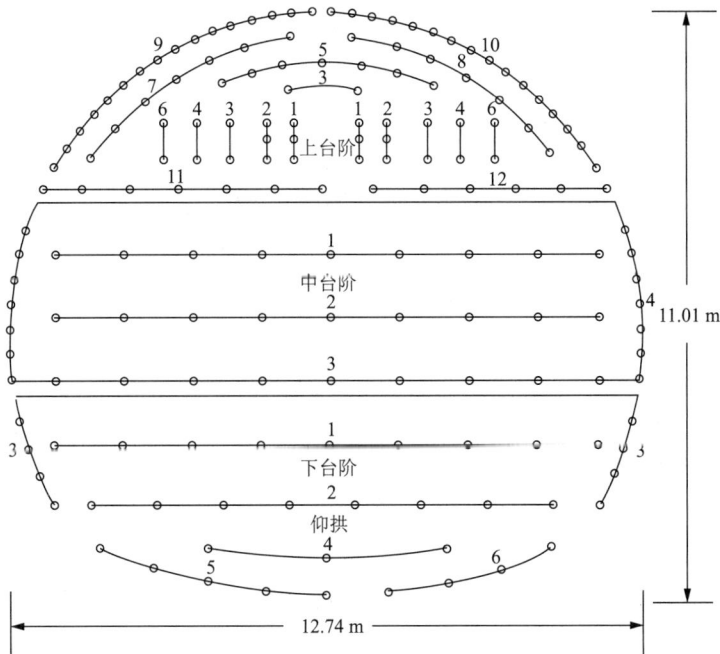

图 8-6　炮眼布置图

8.2.2　爆破网络

采用安全可靠、延期时间精度高的数码电子雷管并联起爆网路,如图 8-7 所示。

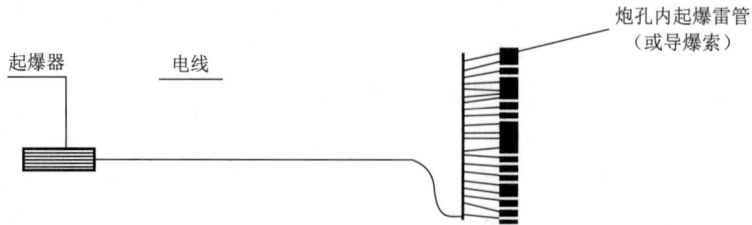

图 8-7　数码电子雷管并联起爆网路示意图

电子设计与敷设时要注意:

(1) 网路设计时,炮孔的起爆顺序不得颠倒;

(2) 连接网路时一定要保证掏槽眼先响,再响辅助眼,然后响周边眼(周边眼起爆顺序为帮眼—顶眼),最后响底眼;

(3) 炮眼要按规定填塞,防止冲击波超压过大、爆破飞石过远。

使用数码电子雷管时需严格按照产品说明书的规定进行扫描注册、网路连接、网路检测、授时起爆。若隧道内作业面滴漏水严重,应对接线卡与母线连接点做防水处理。

8.2.3　爆破施工作业要求

1) 钻爆作业要求

(1) 钻爆作业必须按照钻爆设计进行钻眼、装药、接线和起爆;

(2) 定出开挖面中线、水平线和断面轮廓,标出炮眼位置,经检查符合设计要求后方可钻眼;

(3) 炮眼的深度、角度、间距应按设计要求确定,并符合精度要求。

2) 装药作业要求

(1) 每个孔口应由专人负责,记录装入各孔的炸药品种和数量,与设计数量核对无误后签字确认,交给爆破负责人;

(2) 装药工作应在爆破工作技术人员指导下进行;

(3) 在装药过程中,使用木质或竹质炮棍进行装药,以保证顺利装药且有一定的填塞长度;

(4) 起爆雷管必须按设计要求放入基本药包内,同时将雷管的脚线引至孔口并保护好。

3) 填塞作业要求

(1) 孔填塞材料采用黏土或不燃性材料,如砂子、黏土和砂子的混合物。不应有煤粉、块状材料或其他可燃性材料。

(2) 填塞开始前,应根据设计要求备足填塞材料,并堆放在孔口附近。

（3）先靠近药卷填上 30～40 mm 的炮泥,然后按作业规程规定的数量装填炮泥。

（4）装填时,要一手轻拉脚线,一手填炮泥,用木棒轻轻地将炮泥捣实。

（5）填塞时,应有专人负责检查督促填塞质量;填塞完毕,应进行检查。

4）爆后检查要求

（1）有无盲炮;

（2）有无冒顶、危岩,支撑是否破坏,炮烟是否排除;

（3）等待时间超过 15 min,检查确认没有险情后方准许作业人员进入爆破作业地点。

5）盲炮处理要求

起爆后,爆破员应根据自己和起爆站以及各警戒点对爆破的初步判断确认爆破的效果,如果起爆成功,隧道爆破通风排烟超过 15 min 后,进入现场进一步检查爆破结果(携带必要的仪表和工具),根据炮眼周围的隆起情况,判断是否存在个别炮眼拒爆;如果掌子面未抛出或雷管未起爆,可在盲炮相邻的安全位置(一般距盲炮孔平行距离不小于 30 cm)钻孔装药并重新爆破;若盲炮抛撒在渣堆中,应谨慎回收抛撒的原盲炮中的起爆体。

8.3　爆破施工过程风险辨识

1）爆破振动风险

钻爆法是通过钻孔、装药、爆破开挖岩石的方法。该方法具有对岩层地质条件适应性强、开挖成本低的特点,其主要任务包括:① 确定开挖断面的炮孔布置,包括各类炮孔的位置、深度及方向;② 确定各类炮孔的装药量、装药结构及堵孔方式;③确定各类炮孔的起爆方法和起爆顺序。具体的爆破施工流程如图 8-8 所示。

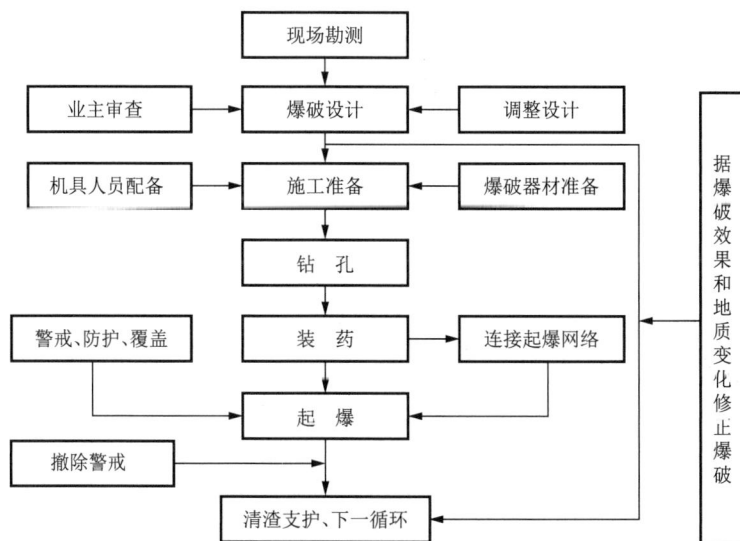

图 8-8　爆破施工流程图

133

当管道距离爆破区域较近时,如果爆破振动达到一定的强度,则冲击加载很大,固体应力波很强。由于岩土强度比钢管低,因此在接触面上岩土先发生破碎,同时在钢管和岩土分离端造成应力集中,使得钢管可能发生弯曲变形,甚至断裂失效,管道的地面设施也会受到影响。

爆破振动破坏管道的形式主要有:

(1)爆破振动作用在管道上,在直管道部分产生很大的拉力或压力,导致管道变形,严重时造成管道破坏失效;

(2)相邻管段受到不同程度的拉力或压力而发生不同程度的形变,二者作用而发生弯曲形变;

(3)管道屈曲、断裂、剪切变形或管道连接处的轴向形变。

2)沉降风险

当隧道开挖完成后,由于围岩在开挖面解除了应力约束,破坏了原岩应力场的平衡,致使洞周各点的位移、应力重新分布。由于隧道距离地表较近,难免会引起围岩位移和地表沉降,当地表沉降过大时,将会造成地表裂缝、塌陷,同时还会危及地下管线的安全使用。

3)误操作风险

隧道爆破多在夜间进行。爆破公司将炸药运到爆破位置后,由现场外包施工人员进行炸药填充。虽然每次爆破前均会设定爆破方案,方案中会明确规定每个炮眼的药量,但在实际装填过程中,由于夜间作业缺少人员监督,外包施工人员自行进行装填,装填过程并非严格按照施工方案进行,而是每次均将炮眼装满,单孔最大装药量往往超出设计药量。一旦爆破,产生的振动波的传播速度会远远超出设计预估量,使管道产生较大变形,威胁管道安全。

8.4 爆破振动阈值分析

8.4.1 速度阈值分析

隧道爆破时产生的振动波通过地表直接传递给埋地长输管道,使管道产生往复振动,引起管道位移变化、内应力增加,导致管道结构破坏。因此,爆破过程中地震波传递到管道处的速度是影响管道安全的主要参数。

同时《爆破安全规程》(GB 6722—2014)第13.2.2条规定了地面建筑物、电厂中心控制设备、隧道与巷道、岩石高边坡和新浇大体积混凝土的爆破振动依据,采用保护对象所在地基点峰值速度和主振频率。爆破振动安全允许标准见表8-3。

表 8-3 爆破振动允许标准值 单位:cm/s

序　号	保护对象类别		安全允许振动速度		
			$f \leqslant 10$ Hz	10 Hz$< f \leqslant 50$ Hz	$f > 50$ Hz
1	土窑洞、土毛坯、毛石房屋		0.15~0.45	0.45~0.9	0.9~1.5
2	一般民用建筑物		1.5~2.0	2.0~2.5	2.5~3.0
3	工业和商业建筑物		2.5~3.5	3.5~4.5	4.2~5.0
4	一般古建筑物与古迹		0.1~0.2	0.2~0.3	0.3~0.5
5	运行中的水电站及发电厂中心控制室设备		0.5~0.6	0.6~0.7	0.7~0.9
6	水工隧道		7~8	8~10	10~15
7	交通隧道		10~12	12~15	15~20
8	矿山巷道		15~18	18~25	20~30
9	永久性岩石高边坡		5~9	8~12	10~15
10	新浇大体积混凝土 （C20）	龄期:初凝~3 d	1.5~2.0	2.0~2.5	2.5~3.0
		龄期:3~7 d	3.0~4.0	4.0~5.0	5.0~7.0
		龄期:7~28 d	7.0~8.0	8.0~10.0	10.0~12.0
爆破振动监测应同时测定质点振动互相垂直的 3 个分量					

根据《输气管道工程设计规范》(GB 50251—2015)第 4.4.5 条规定,对于在石方地段不同期建设的并行管道,后建管道如采用爆破开挖管沟,则会影响已建管道的安全,为消除安全隐患,需控制间距和爆破在已建管道上产生的质点峰值振动速度。爆破在已建管道上产生的质点峰值振动速度控制在不大于 14 cm/s 为宜。

根据《油气管道地质灾害风险管理技术规范》(SY/T 6828—2017)第 7.1.5.4 条规定,在管道 50~500 m 范围内爆破时,应采用控制爆破,并对管道采取保护措施。在采用控制爆破或机械振动施工时宜沿管道敷设方向开挖一条减震沟(槽),沟(槽)深度不小于管底埋置深度的 1.5 倍,形成的振动波到达管道处的最大爆破振动速度不大于 7 cm/s。

根据《油气输送管道并行敷设技术规范》(SY/T 7365—2017)第 6.5.2 条和第 5.2.4条规定,当采用爆破方式开沟时,爆破管沟形成的振动波到达已建管道上方的质点峰值速度应根据已建管道参数、场地参数、爆破方案等因素综合确定,否则其值应小于或等于 14 cm/s。

根据《油气管道并行敷设技术规范》(QSY 1358—2010)第 5.2.4 条规定,间距 20 m 以上的地段可以采用爆破方式开沟,爆破管沟形成的振动波到达在役管道处的最大垂直振动速度不应大于 10 cm/s。

根据《铁路工程爆破振动安全技术规程》(TB 10313—2019)第 3.0.7 条规定,当爆破点至铁路或其他保护物的距离小于 100 m 时,每次爆破应实时监测,要求以允许值的 85%作为预警值。

根据王振洪等发表的《爆破对天然气长输管道振动影响的安全判据》,在川气东送安全影响爆炸评估中,经过管道设计、安全评估、地质、爆破、运营管理等方面专家评审后,综合考虑推荐峰值速度为 3.0 cm/s。经过前期试验和现场振动测试后,最终确定 2.0 cm/s 作为天然气管道安全判定标准。

在梁向前等发表的《地下管线的爆破振动安全试验与监测》中,工程所在地区抗震设防烈度设为 7 度,基本地震动加速度设计为 0.1g,同时根据以往设计爆破经验、安全爆破规程以及工程规定文件要求,制定了按照Ⅴ度地震烈度的参考标准,地震动速度为 3.0 cm/s 的控制标准。

李强等发表的《爆破对输气管道本体的影响监测》中提出以 2.5 cm/s 为管道安全指标值。

根据《爆破安全规程》等技术规范和上述相关文献,建议管道安全标准允许值取 2.0 cm/s,结合《铁路工程爆破振动安全技术规程》,以允许值的 85% 作为预警值。

8.4.2 加速度阈值分析

《油气输送管道线路工程抗震设计规范》(GB/T 50470—2017)第 4.1.2 条规定,当管道地震动峰值加速度大于 0.4g(3.92 m/s²)时,应进行专题设计;第 6.1.1 条规定,对基本地震动峰值加速度大于或等于 0.2g(1.96 m/s²)地区的管道,应进行抗拉伸和压缩验算;第 6.6.1 条规定,跨越工程结构应进行抗震设计,当场地基本地震动峰值加速度大于或等于 0.1g(0.98 m/s²)时,跨越工程结构应进行地震作用计算。在《油气输送管道线路工程抗震设计规范》的基础上保守考虑,确定本次最终管道加速度安全预警值为 1.96 m/s²,当加速度超过 1.96 m/s² 时,按照 8.4.3 节进行强度阈值分析,根据强度校核结果,确定加速度阈值。

8.4.3 强度阈值分析

隧道工程爆破过程中会产生爆破振动波,当爆破振动波传递到管道时,将使管道发生应变,形成轴向应力。《输气管道工程设计规范》(GB 50251—2015)规定,由环向应力和轴向应力引起的最大剪应力强度理论需满足下式:

$$\sigma_e = \sigma_h - \sigma_l < 0.9\sigma_s \tag{8-1}$$

式中 σ_e ——当量应力,MPa;

σ_h ——由内压产生的管道环向应力,MPa;

σ_l ——管道轴向应力,MPa;

σ_s ——最小屈服强度,MPa。

因此,由管道内压产生的环向应力和温度以及地震波作用产生的轴向应力共同作用的最大剪应力不应超过 0.9 倍的管道最小屈服强度,即 499.5 MPa。

8.5 爆破振动风险分析

为明确爆破过程中产生的振动波对管道的影响,以某项目为例,采用振动模拟测试的形式,模拟管道爆破时所收到的振动冲击波的加速度与速度。

8.5.1　监测设备介绍

1）DH5902N 无线动态应变测试分析系统

DH5902N 无线动态应变测试分析系统专为采集车载、机载、舰载等各种恶劣环境下的数据而设计,内置工业级控制计算机和固态硬盘,可在强振、高低温、高湿等极限环境下完成测试和长时间监测工作,如图 8-9 所示。该系统采用有线网络(LAN)或无线网络(WiFi)连接计算机,实时采集、传输、存储、显示、分析数据;可脱离计算机控制独立工作,将数据实时存储在大容量固态硬盘中,连接计算机后再将数据回收进行分析处理。该系统广泛应用于基础设

图 8-9　DH5902N 无线动态应变测试分析系统

施、土木工程、机械工程、轨道交通、科学研究等领域,其主要特点为:

(1) 机箱材质采用高强度铝合金,兼顾轻便与高强度的特性,材料表面采用阳极处理,增强防水防尘和防腐蚀性能,最大限度地确保产品的可靠性。

(2) 结构设计合理。机身结构经反复验证实验和多次设计修改,采用密封设计,既具备防水防尘的优点,又保证在受到 $100g/(4\pm1)\mathrm{ms}$ 的高冲击振动下可正常工作。

(3) 数据采集系统完整。该系统由内置的工业级计算机、大容量抗振电子硬盘、1 000 Mbps 以太网接口、大容量智能锂电池组供电单元以及多种类型的信号测试单元组合而成,形成了完整且独立的数据采集系统。

(4) 可在强振、高低温、高湿等极限环境下进行测试和监测工作,能满足无人监守并长时间不间断记录数据等苛刻要求。

(5) 可用于车载、机载、舰载等特殊试验场合的振动及性能测试。

(6) 测试人员在不需要协助的情况下即可完成车辆的性能测试。

(7) 采用进口雷莫接插件。输入接插件采用进口接插件,大大提高了信号输入的可靠性,操作也十分方便。

(8) 信号测试单元硬件性能优越。每个信号测试单元由 4 条通道组成,每条通道均采用独立的 A/D 转换器和独立的 DSP 实时信号处理系统。

(9) 体积小巧,便于携带。仪器外形尺寸规整,选配便携包,便于测试。

(10) 工作模式可无缝切换。联机工作模式下,可由计算机程控设置 DH5902N,实时显示和存储完整的数据;操作者可随时知晓被测物的振动情况,以便及时解决出现的问题。脱机工作模式下,DH5902N 可以完全摆脱计算机的控制,独立进行数据采集任务,通过线控装置或面板按键即可开始与停止数据记录。一人通过简单操作即可测得准确可靠的数据。

两种工作模式的无缝切换:仪器处于联机工作模式下时,可随时脱离计算机控制,转变为脱机工作模式;同样,处于脱机工作下的仪器也可在连接计算机后,变为联机工作模式。

（11）通道具有很强的通用性，几乎满足任何类型信号的输入。配合使用各种调理器，可完成应变、应力、振动、压力、流量、扭矩、电压、电荷、温度等信号的测量。

（12）具有语音同步记录和回放功能。DH5902N 处于数据采集过程中时，操作者无法快速记录相关测试工况信息，此时通过语音记录的方式可以快速完成该项工作。在进行数据回放时，其语音信息会随数据进行同步回放，避免了测试数据与测试工况无法吻合而出错的情况。

（13）具有智能导线识别功能，可利用预定义模版自动设置测点参数。

（14）支持 TEDS 传感器接入，符合 IEEE P1451.1 国际标准，可自动获取传感器的参数信息。

（15）软件运行于 Windows XP/7/8/8.1/10 操作系统，用户界面友好，操作简便灵活，具有高度的实时性，数据可实时采集、实时储存、实时显示和实时分析。

（16）数据管理包括打开文件、数据备份、文件删除、数据格式转换（TXT）等，保证数据处理方便可靠。

（17）可进行快速简便的一键式可视化参数设置，参数设置过程中实时显示通道工作状态。

（18）具备智能化的多工程数据存储管理机制，方便大型实验、多批次实验数据处理和报告生成，可对多次测量的数据一次性完成所需处理。

2）传感器

传感器型号为 2D001，其特点是体积小、超低频、使用方便、分辨率高、动态范围大、多档位选择、不需要调零位，其技术指标见表 8-4。2D001 传感器主要用于地面或结构物的脉动测量、一般结构物的工业振动测量、高柔结构物的超低频大幅度测量及微弱振动测量等。

表 8-4　2D001 传感器技术指标

技术指标		档　位			
		0	1	2	3
		加速度	小速度	中速度	大速度
灵敏度		0.3	20	5	0.3
最大量程	加速度/(m·s⁻²)	20			
	速度/(m·s⁻¹)		0.125	0.3	0.6
频响范围/Hz		0.25～100	1～100	0.5～100	0.17～80
工作温度/℃		−10～50	−10～50	−10～50	−10～50
输出阻抗/kΩ		50	50	50	50
尺寸/(mm×mm×mm)，质量/kg		63×63×63，0.8			

拾振器的测量方向分为铅垂向和水平向，可由拾振器方座上的符号 H 和 V 辨别，其中 H 代表水平向，V 代表铅垂向。

3）L20-N 爆破测振仪

L20-N 爆破测振仪是一款操作简单的传统测振仪器，其性能参数见表 8-5，它能够胜任

各种常规的爆破振动测试任务,适用领域如下:

(1) 地下、露天、拆除等条件下的爆破振动监测;

(2) 观测点固定,监测周期长、频次高或不易到达的区域;

(3) 观测点分布广、点数多的检测项目;

(4) 其他活动诱发的连续性振动监测。

表 8-5　L20-N 爆破测振仪性能参数

序　号	名　　称	参　　数
1	量程/(cm · s^{-1})	0.001~35
2	分辨率/(cm · s^{-1})	0.000 1
3	频响范围/Hz	2~450(理想平滑反应在 1~500 之间)
4	A/D 精度/μm	0.21(24 bit)
5	时间精度/ms	0.01(100 sps)
6	存储能力	10 240 个时长为 4 s 的文件
7	显示屏	3.5 in LCD 屏,特征值、波形图显示
8	电池续航	7.4 V(10.4 Ah)锂电池,连续工作 3 d
9	使用环境	−30~75 ℃,90% 相对湿度(RH)

8.5.2　监测结果分析

1) 测振仪器分析对比

将 DH5902N 无线动态应变测试分析系统和 L20-N 爆破测振仪同时放置于距某爆破位置 50 m、开挖深度 30 cm 的探坑内,并将其回填压实。两组仪器同时测得爆破时的振动速度,具体速度数值如表 8-6 和表 8-7 及图 8-10~图 8-15 所示。

表 8-6　Ⅴ级围岩工况下速度统计表

序　号	仪器名称	X 方向速度/(cm · s^{-1})	Y 方向速度/(cm · s^{-1})	Z 方向速度/(cm · s^{-1})
1	DH5902N 无线动态应变测试分析系统	0.82	0.73	0.51
2	L20-N 爆破测振仪	0.67	0.60	0.46
	对比分析	0.15	0.13	0.05
		18.3%	17.8%	9.8%

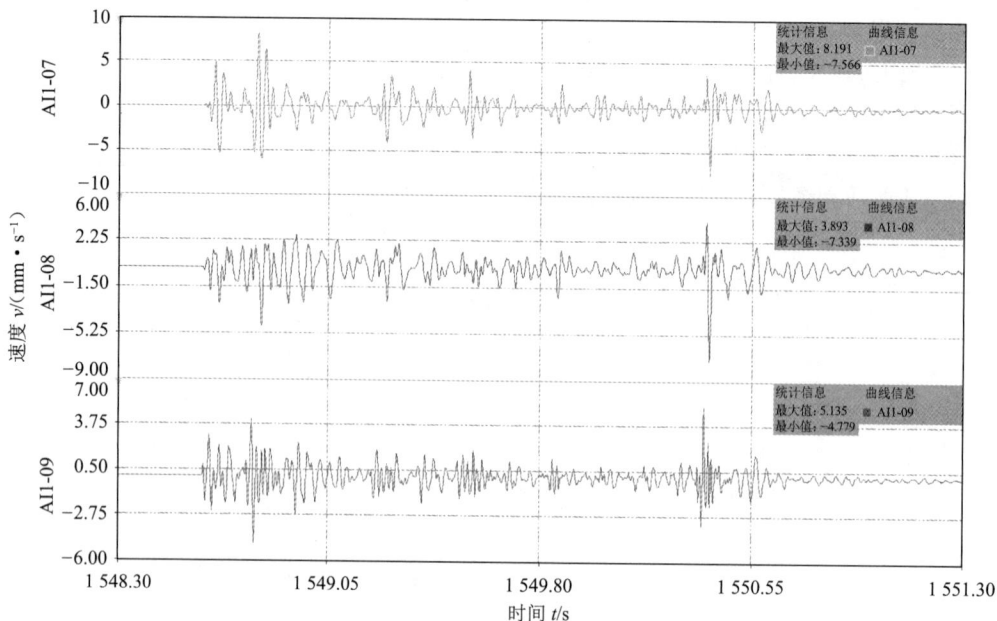

图 8-10　V 级围岩工况下 DH5902N 50 m 处速度统计图

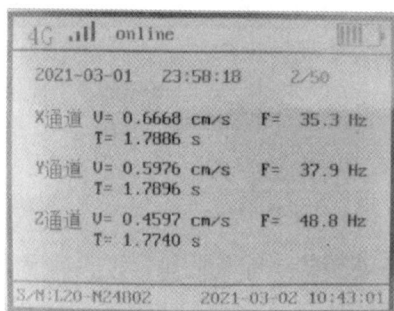

8-11　V 级围岩工况下 L20-N 爆破测振仪 50 m 处速度测试结果

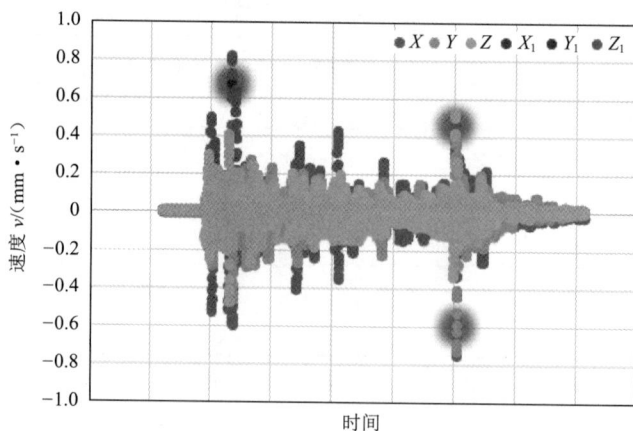

图 8-12　V 级围岩工况下 L20-N 和 DH5902N 速度对比分析图

表 8-7　Ⅲ级围岩工况下速度统计表

序　号	仪器名称	X 方向速度 /(cm·s⁻¹)	Y 方向速度 /(cm·s⁻¹)	Z 方向速度 /(cm·s⁻¹)
1	DH5902N 无线动态 应变测试分析系统	0.13	0.14	0.14
2	L20-N 爆破测振仪	0.13	0.11	0.13
对比分析		0	0.03	0.01
		0%	21.4%	7.1%

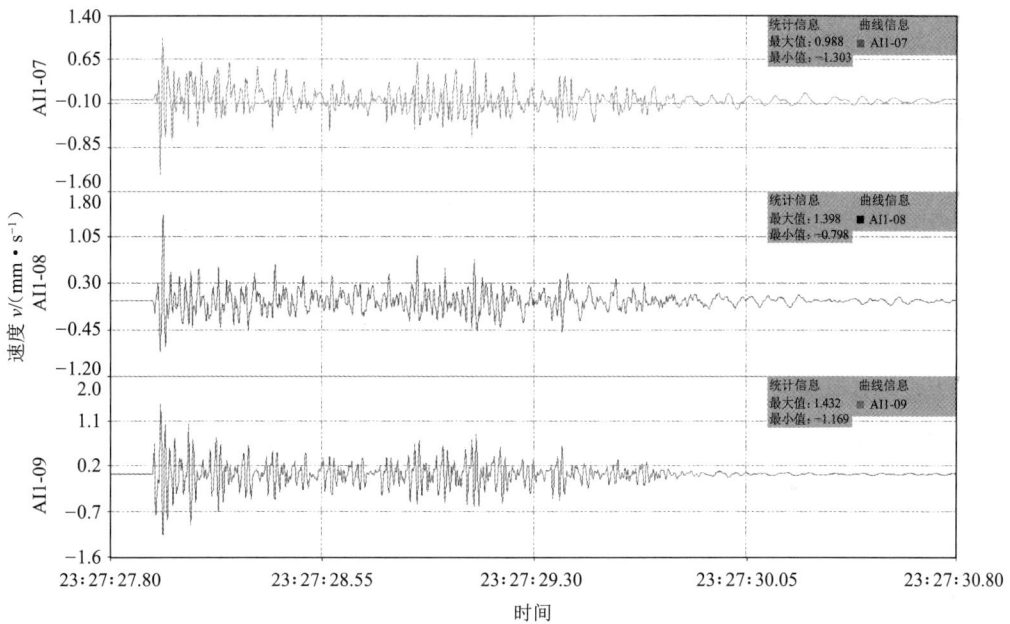

图 8-13　Ⅲ级围岩工况下 DH5902N 50 m 处速度统计图

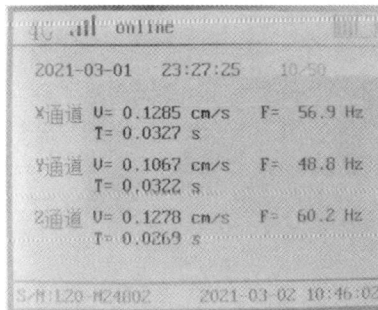

图 8-14　Ⅲ级围岩工况下 L20-N 爆破测振仪 50 m 处速度测试结果

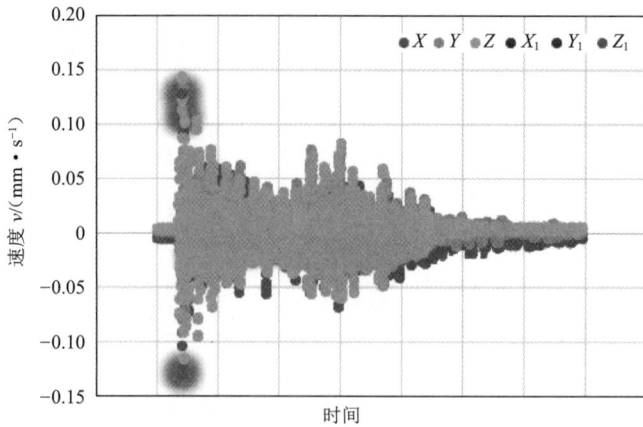

图 8-15　Ⅲ级围岩工况下 L20-N 和 DH5902N 速度对比分析图

通过Ⅴ级围岩工况和Ⅲ级围岩工况振动测试结果可知，两台仪器在同一位置所测得的数据相近，两台仪器的测试速度误差基本不超过 20％，并且 DH5902N 无线动态应变测试分析系统测得的速度最大值均大于 L20-N 爆破测振仪，同时 DH5902N 无线动态应变测试分析系统在爆破时能够以毫秒为单位测得多组数据，且数据连续，而 L20-N 爆破测振仪只能测得一组数据，DH5902N 无线动态应变测试分析系统测得的数据更加精确。

2）爆破方式分析对比

目前隧道起爆方式分为两种：一种为导爆管爆破，另一种为电子雷管爆破。

导爆管爆破是指导爆管被激发后传播爆轰波引爆雷管，再引爆炸药的方法，如图 8-16 所示。该方式具有操作简便、安全性高、不受任何外电影响、成本低的特点。

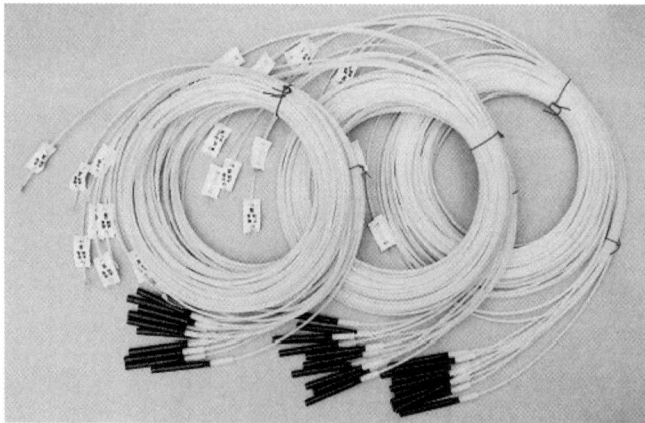

图 8-16　导爆雷管

电子雷管，又称数码电子雷管、数码雷管或工业数码电子雷管，即采用电子控制模块对起爆过程进行控制的电雷管，如图 8-17 所示。

图 8-17　电子雷管

导爆管无法控制各段爆破的间隔时间,各段基本无间隔,为瞬间爆破,爆炸时容易形成波速叠加,造成振动波速传播增加;而电子雷管可以人为设置爆破过程中各段爆破的间隔时间。由爆破现场监测速度统计图(图 8-18、图 8-19)可知,导爆管速度峰值无间隔,造成波速叠加;电子雷管各段设置 100 ms 起爆间隔,各段爆破波形分离,各段波形峰值间存在明显的时间间隔,不会造成波速叠加。

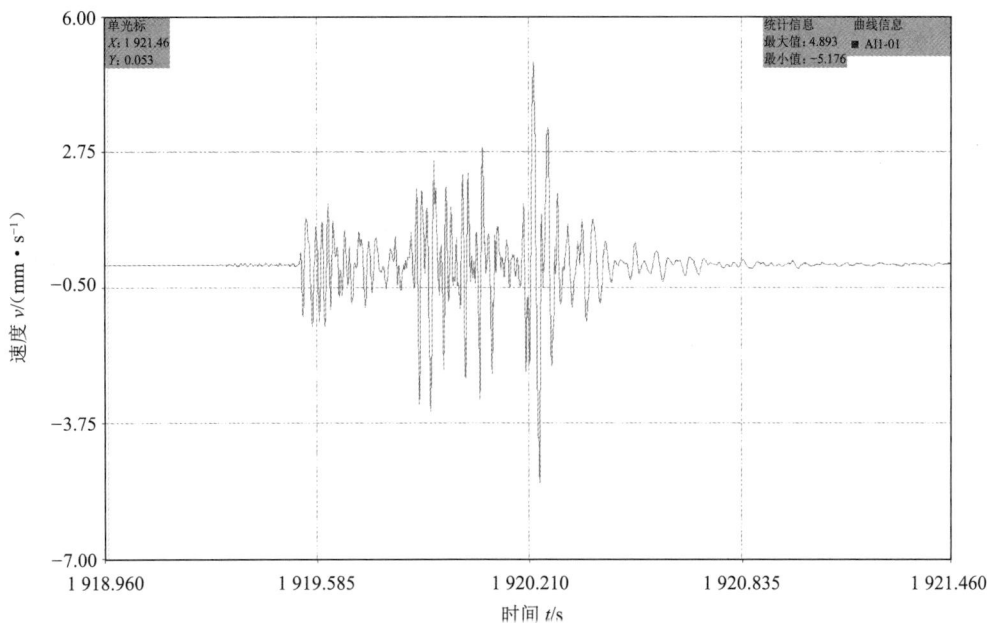

图 8-18　导爆管爆破速度统计图

143

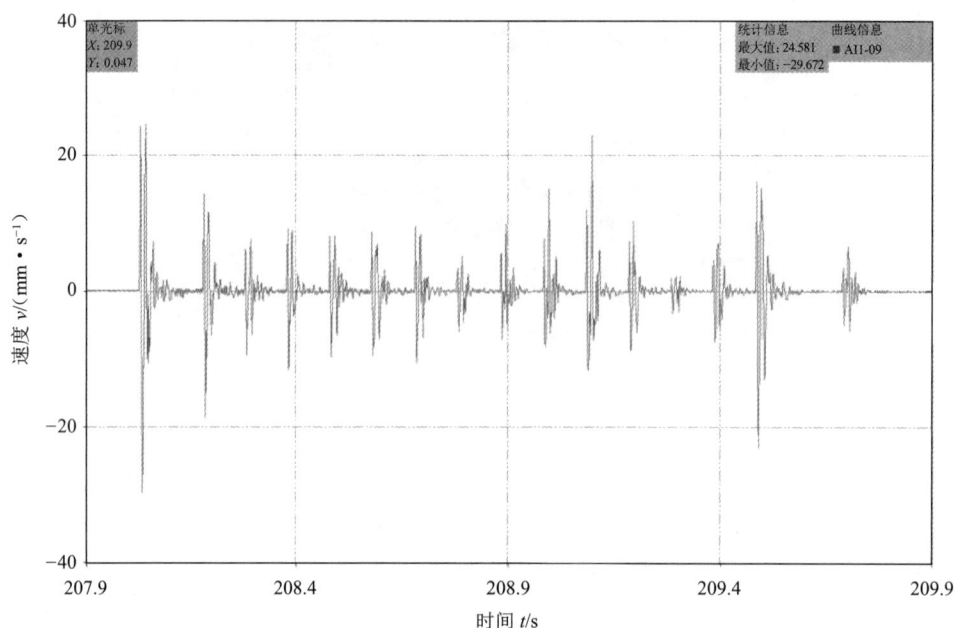

图 8-19　电子雷管爆破速度统计图

综上所示,电子雷管起爆时可以设定各段爆破间隔时间,不存在速度峰值叠加,因此该爆破方式更为安全。

3）Ⅴ级围岩分析对比

根据某隧道施工方案,Ⅴ级围岩爆破采用三台阶预留核心土法。Ⅴ级围岩有 5 种工况,其中工况一与工况二的检测位置均位于某隧道进口处,监测位置不变,上台阶装药量相同(均为 24 kg),单段最大装药量为 7.2 kg,工况一总药量为 54 kg,工况二总药量为 84 kg;工况三与工况五的检测位置均位于某隧道斜井处,监测位置不变,工况三总药量为 42 kg,单段最大装药量为 7.2 kg,工况五总药量为 61.5 kg,单段最大装药量为 4.8 kg。Ⅴ级围岩 5 种工况监测数据见表 8-8。

表 8-8　Ⅴ级围岩振动监测数据表

序　号	距爆破点/m	X方向加速度/(m·s⁻²)	Y方向加速度/(m·s⁻²)	Z方向加速度/(m·s⁻²)	合加速度/(m·s⁻²)	X方向速度/(cm·s⁻¹)	Y方向速度/(cm·s⁻¹)	Z方向速度/(cm·s⁻¹)	合速度/(cm·s⁻¹)	备　注
Ⅴ级围岩工况一监测数据										
1	44	2.08	3.37	2.67	3.75	1.06	1.11	1.28	1.91	导爆管,总药量 54 kg,单段 7.2 kg
2	45	1.43	2.31	1.78	2.60	0.22	1.35	0.55	1.35	
3	61	2.17	1.75	1.32	2.32	1.23	0.74	0.58	1.43	

序号	距爆破点/m	X方向加速度/(m·s⁻²)	Y方向加速度/(m·s⁻²)	Z方向加速度/(m·s⁻²)	合加速度/(m·s⁻²)	X方向速度/(cm·s⁻¹)	Y方向速度/(cm·s⁻¹)	Z方向速度/(cm·s⁻¹)	合速度/(cm·s⁻¹)	备注
V级围岩工况二监测数据										
4	45	2.54	3.17	2.28	3.97	1.47	1.53	1.30	2.13	导爆管，总药量 84 kg，单段 7.2 kg
5	46	2.67	2.97	1.72	3.06	0.20	1.59	0.50	1.60	
6	62	1.93	1.54	1.06	2.00	0.87	0.78	0.52	0.99	
V级围岩工况三监测数据										
7	43	2.56	1.86	1.42	3.08	1.31	0.78	0.56	1.43	电子雷管，总药量 42 kg，单段 7.2 kg
8	50	1.43	2.01	1.43	2.21	0.82	0.73	0.51	1.06	
9	60	0.82	0.94	0.80	1.31	0.32	0.42	0.29	0.45	
V级围岩工况四监测数据										
10	23	4.27	2.62	3.78	5.52	1.43	1.80	1.18	2.19	电子雷管，总药量 24 kg，下台阶
11	26	2.16	2.40	2.45	3.38	1.23	1.03	0.87	1.55	
12	45	2.79	1.83	2.30	3.06	0.97	0.89	0.86	1.05	
V级围岩工况五监测数据										
13	43	2.07	1.61	0.84	2.18	1.26	0.90	0.48	1.28	电子雷管，总药量 61.5 kg，单段 4.8 kg
14	50	1.91	1.45	1.41	2.17	0.72	0.62	0.59	0.95	
15	63	0.93	0.91	0.91	1.10	0.38	0.38	0.30	0.41	

（1）速度分析。

根据 V 级围岩 5 次模拟工况监测得到的速度数据得出如下模拟测试结论：

① 工况一、工况二、工况四测得的速度超过阈值，不满足要求，工况三、工况五测得的速度满足阈值要求。

② 钻爆法采用一次起爆、多段爆破的方法，因此爆破装药量分为单次最大装药量（总药量）和单段最大装药量。工况一和工况二对比分析表明，两次爆破单段最大装药量相同，均为 7.2 kg，工况二总药量大于工况一总药量。工况一的峰值速度为 1.91 cm/s，峰值加速度为 3.75 m/s²；工况二的峰值速度为 2.13 cm/s，峰值加速度为 3.97 m/s²，当工况二的装药量增加时，速度和加速度峰值均增加，因此交叉处爆破施工应控制总药量。

③ 工况三和工况五对比分析表明，工况三总药量为 42 kg，单段最大装药量为 7.2 kg；工况五总药量为 61.5 kg，单段最大装药量为 4.8 kg。工况三的峰值速度为 1.43 cm/s，峰值加速度为 3.08 m/s²；工况五的峰值速度为 1.28 cm/s，峰值加速度为 2.18 m/s²，当工况五的装药量增加，单段最大装药量减少时，速度和加速度峰值均降低，因此交叉处爆破施工应首先控制单段最大装药量。

（2）加速度分析。

根据工况一、工况二、工况三、工况五测试数据结果可知：

① 加速度均超过预警值（1.96 m/s²），因此需要进行应力强度校核；

② 加速度不仅与单段最大装药量相关，还与总药量相关，因此爆破时既要控制单段最大装药量，又要控制总药量。

（3）强度分析。

根据《油气输送管道线路工程抗震设计规范》（GB/T 50470—2017），埋地直管道在地震动作用下的最大轴向应变 ε_{max} 可按下列公式计算，并取较大值。

$$\varepsilon_{max} = \pm \frac{aT_g}{4\pi v_{se}} \tag{8-2}$$

$$\varepsilon_{max} = \pm \frac{v}{2v_{se}} \tag{8-3}$$

式中　　a——地震动峰值加速度，m/s²；

T_g——地震动反应谱特征周期，根据《中国地震动参数区划图》（GB 18306—2001）和《建筑抗震设计规范》（GB 50011—2010），取 0.4 s；

v_{se}——场地土层等效剪切波速，m/s；

v——地震动峰值速度，m/s。

根据工况一、工况二、工况三和工况五监测数据，计算得到爆破时振动作用引起的最大应变及应力值，见表 8-9。

表 8-9　振动作用引起的最大应变及应力值

序　号	工　况	加速度引起的最大应变值	速度引起的最大应变值	应力/MPa
1	工况一	5.69×10^{-4}	4.55×10^{-5}	116.58
2	工况二	6.02×10^{-4}	5.07×10^{-5}	123.42
3	工况三	4.67×10^{-4}	3.40×10^{-5}	95.75
4	工况五	3.31×10^{-4}	3.05×10^{-5}	67.77

根据《输气管道工程设计规范》（GB 50251—2015）附录 B，由内压和温度引起的轴向应力按照下式计算：

$$\sigma_L = \nu_s \sigma_h + E_s a(t_1 - t_2) \tag{8-4}$$

$$\sigma_h = \frac{pd}{2\delta_n} \tag{8-5}$$

式中　　σ_L——管道轴向应力（拉应力为正，压应力为负），MPa；

ν_s——泊松比，取 0.3；

σ_h——由内压产生的管道环向应力，MPa；

E_s——钢材的弹性模量，MPa；

a——钢材的线膨胀系数，℃⁻¹；

t_1——管道下沟回填时的温度,℃;

t_2——管道的工作温度,℃;

p——管道的设计内压力,MPa;

d——管道内径,mm;

δ_n——管道公称壁厚,mm。

因此,根据爆破振动引起的轴向应力、温度引起的轴向应力和内压造成的环向应力,进行应力校核,结果见表 8-10。

表 8-10　Ⅴ级围岩应力校核结果统计表

序　号	工　况	环向应力/MPa	温度、内压引起的应力/MPa	振动引起的轴向应力/MPa	最大当量应力/MPa	地区等级系数	校核屈服强度/MPa	结　果
1	工况一	321.25	47.25	116.58	390.58	0.72	359.64	不合格
2	工况二	321.25	47.25	123.42	397.42	0.72	359.64	不合格
3	工况三	321.25	47.25	96.75	369.75	0.72	359.64	不合格
4	工况五	321.25	47.25	67.77	341.84	0.72	359.64	合　格

由表 8-10 可知,工况一、工况二、工况三模拟检测结果不满足强度规范要求,工况五模拟结果满足规范要求。

4)Ⅳ级围岩分析对比

Ⅳ级围岩工况一、工况二、工况三和工况四的检测位置均位于某隧道。其中,工况一的总药量为 198 kg,工况二、工况三为 204 kg,单段最大装药量均为 36 kg,工况四的总药量为 144 kg,单段最大装药量为 21.6 kg;工况五、工况六位于某出口隧道,工况五的总药量为 60 kg,单段最大装药量为 30 kg,工况六的总药量为 66 kg,单段最大装药量为 18 kg;工况七、工况八位于某斜井隧道,工况七的总药量为 30 kg,单段最大装药量为 24.9 kg,工况八第一次爆破为下台阶,总药量为 15 kg,单段最大装药量为 15 kg,第二次爆破为上台阶,总药量为 129 kg,单段最大装药量为 24 kg;工况九、工况十位于某斜井小里程,工况九的总药量为 48 kg,单段最大装药量为 3.6 kg,工况十的总药量为 46.2 kg,单段最大装药量为 3.6 kg,其中掏槽眼单段装药量为 2.7 kg,起爆延时 120 ms。Ⅳ级围岩 10 种工况的振动监测数据见表 8-11。

表 8-11 Ⅳ级围岩振动监测数据表

序　号	距爆破点 /m	X方向加速度 /(m·s⁻²)	Y方向加速度 /(m·s⁻²)	Z方向加速度 /(m·s⁻²)	合加速度 /(m·s⁻²)	X方向速度 /(cm·s⁻¹)	Y方向速度 /(cm·s⁻¹)	Z方向速度 /(cm·s⁻¹)	合速度 /(cm·s⁻¹)	备　注
Ⅳ级围岩工况一监测数据										
1	36	3.87	4.04	3.59	4.63	1.55	1.80	1.46	1.95	电子雷管，
2	43	2.47	2.22	2.12	2.95	1.29	1.23	0.79	1.31	总药量 198 kg，
3	50	2.97	2.45	2.07	3.21	1.24	1.04	0.65	1.35	单段最大 36 kg
Ⅳ级围岩工况二监测数据（隧侧）										
4	38	3.34	3.81	3.68	4.52	1.12	1.49	1.49	1.77	电子雷管，
5	46	2.14	2.50	2.12	3.05	1.02	1.20	0.69	1.25	总药量 204 kg，
6	53	3.48	3.08	2.24	3.65	1.32	1.22	0.62	1.40	单段最大 36 kg
Ⅳ级围岩工况三监测数据（隧顶）										
7	36	5.94	4.81	10.23	11.71	4.65	3.25	3.59	6.11	电子雷管，
8	43	7.01	4.28	8.52	9.49	4.33	2.30	3.06	4.87	总药量 204 kg，
9	50	5.74	8.36	5.38	8.83	4.03	4.38	4.28	4.58	单段最大 36 kg
Ⅳ级围岩工况四监测数据										
10	36	5.50	8.07	16.35	16.42	3.26	5.47	3.32	6.36	电子雷管，
11	38	3.40	4.74	3.84	5.99	4.17	7.03	5.94	9.36	总药量 144 kg，
12	43	3.63	5.21	4.45	5.43	4.44	5.67	7.22	7.23	单段最大 21.6 kg
Ⅳ级围岩工况五监测数据										
13	36	5.75	4.73	5.76	6.37	1.42	3.41	1.74	3.47	电子雷管，
14	38	3.18	3.37	5.49	5.83	2.55	2.24	1.91	2.97	总药量 60 kg，
15	43	2.55	4.71	3.28	4.75	1.63	2.37	1.82	2.70	单段最大 30 kg
Ⅳ级围岩工况六监测数据										
16	38	2.71	1.99	2.24	2.90	1.94	1.28	0.60	2.19	导爆管，
17	43	2.59	2.42	1.29	2.80	1.56	1.70	0.82	2.02	总药量 66 kg，
18	50	2.44	1.53	1.92	2.46	1.22	1.32	0.99	1.66	单段最大 18 kg
Ⅳ级围岩工况七监测数据										
19	37	3.79	1.52	2.27	3.89	1.28	1.66	1.16	1.97	导爆管，
20	43	2.42	2.29	1.84	3.13	1.71	0.90	0.87	1.84	总药量 30 kg，
21	50	0.52	1.54	2.72	2.72	1.04	1.27	1.03	1.31	单段最大 24.9 kg

序号	距爆破点/m	X方向加速度/(m·s⁻²)	Y方向加速度/(m·s⁻²)	Z方向加速度/(m·s⁻²)	合加速度/(m·s⁻²)	X方向速度/(cm·s⁻¹)	Y方向速度/(cm·s⁻¹)	Z方向速度/(cm·s⁻¹)	合速度/(cm·s⁻¹)	备　注
				Ⅳ级围岩工况八第一次爆破监测数据						
22	36	1.30	0.76	0.57	1.30	0.43	0.55	0.43	0.58	电子雷管，总药量15 kg，单段最大15 kg，下台阶
23	43	1.18	0.95	0.56	1.26	0.45	0.35	0.16	0.47	
24	50	0.87	0.96	1.03	1.06	0.41	0.38	0.31	0.43	
				Ⅳ级围岩工况八第二次爆破监测数据						
25	36	3.12	3.87	4.54	4.94	1.90	2.89	1.43	3.26	电子雷管，总药量129 kg，单段最大24 kg，上台阶
26	43	3.49	2.26	4.50	4.51	2.38	1.82	1.16	2.43	
27	50	2.54	3.68	1.26	3.82	1.29	1.54	1.46	1.61	
				Ⅳ级围岩工况九爆破监测数据						
28	36	0.74	1.59	2.07	2.18	0.17	0.30	0.73	0.74	电子雷管，总药量48 kg，单段最大3.6 kg
29	38	0.41	0.70	2.62	2.63	0.31	0.52	0.63	0.63	
30	43	0.91	0.83	2.64	2.67	0.24	0.32	0.37	0.41	
				Ⅳ级围岩工况十爆破监测数据						
31	36	1.35	0.97	1.92	1.96	0.24	0.54	0.68	0.68	电子雷管，总药量46.2 kg，单段最大3.6 kg，掏槽2.7 kg，延时120 ms
32	38	0.41	1.09	0.91	1.09	0.20	0.33	0.65	0.66	
33	43	0.99	0.83	1.92	1.94	0.27	0.28	0.41	0.42	

（1）速度分析。

根据Ⅳ级围岩测试结果，工况一的最大速度为 1.95 cm/s，工况二的最大速度为 1.77 cm/s，工况二的最大速度为 6.11 cm/s，工况四的最大速度为 9.36 cm/s，工况五的最大速度为 3.47 cm/s，工况六的最大速度为 2.19 cm/s，工况七的最大速度为 1.97 cm/s，工况八第一次爆破的最大速度为 0.58 cm/s，工况八第二次爆破的最大速度为 3.26 cm/s，工况九的最大速度为 0.74 cm/s，工况十的最大速度为 0.68 cm/s，其中前8次模拟工况测得的速度均超过预警值，不满足要求，第九次和第十次测得的速度满足阈值和预警值要求。

对比分析工况七与工况八第一次爆破得到，对于同一爆破位置，工况八第一次爆破（下台阶爆破）的速度及加速度远小于工况七（上台阶爆破），因此管道周边隧道爆破最危险的位置位于隧道上台阶爆破处。

（2）加速度分析。

根据Ⅳ级围岩测试结果可知，工况一～工况七、工况八第二次爆破及工况九的爆破加速度均超过预警值($1.96\ \text{m/s}^2$),因此需对工况一~工况七、工况八第二次爆破及工况九进行强度校核;工况十的加速度最大值为$1.96\ \text{m/s}^2$,与预警值相同,同样需进行强度校核。

(3)强度分析。

根据式(8-2)和式(8-3)以及各工况的爆破监测数据,计算得到爆破时振动作用引起的最大应变及应力值,见表8-12。

表8-12 振动作用引起的最大应变及应力值

序 号	工 况	加速度引起的最大应变值	速度引起的最大应变值	应力/MPa
1	工况一	0.000 702	$4.642\ 86\times10^{-5}$	143.94
2	工况二	0.000 685	$4.214\ 29\times10^{-5}$	140.52
3	工况三	0.001 776	$1.454\ 76\times10^{-4}$	364.05
4	工况四	0.002 490	$2.228\ 57\times10^{-4}$	510.48
5	工况五	0.000 966	$8.261\ 9\times10^{-5}$	198.04
6	工况六	0.000 440	$5.214\ 29\times10^{-5}$	90.16
7	工况七	0.000 590	$4.690\ 48\times10^{-5}$	120.94
8	工况八	0.000 749	$7.761\ 9\times10^{-5}$	153.58
9	工况九	0.000 402 995	$1.753\ 55\times10^{-5}$	82.61
10	工况十	0.000 294 436	$1.603\ 77\times10^{-5}$	60.36

《输气管道设计规范》(GB 50251—2015)规定,由环向应力和轴向应力引起的最大剪应力应满足要求。因此,根据爆破振动引起的轴向应力、温度引起的轴向应力和内压造成的环向应力进行应力校核,结果见表8-13。

表8-13 IV级围岩应力校核结果统计表

序 号	工 况	环向应力/MPa	温度和内压引起的应力/MPa	振动引起的轴向应力/MPa	最大当量应力/MPa	地区等级系数	校核屈服强度/MPa	结 果
1	工况一	321.25	47.25	143.94	417.94	0.72	359.64	不合格
2	工况二	321.25	47.25	140.52	414.52	0.72	359.64	不合格
3	工况三	321.25	47.25	364.05	638.05	0.72	359.64	不合格
4	工况四	321.25	47.25	510.48	784.48	0.72	359.64	不合格
5	工况五	321.25	47.25	198.04	472.04	0.72	359.64	不合格
6	工况六	321.25	47.25	90.16	364.16	0.72	359.64	不合格
7	工况七	321.25	47.25	120.94	394.94	0.72	359.64	不合格
8	工况八	321.25	47.25	153.58	427.58	0.72	359.64	不合格

序 号	名 称	环向应力 /MPa	温度和内压引起的应力 /MPa	振动引起的轴向应力 /MPa	最大当量应力 /MPa	地区等级系数	校核屈服强度/MPa	结 果
9	工况九	321.25	47.25	82.61	356.61	0.72	359.64	合 格
10	工况十	321.25	47.25	60.36	334.36	0.72	359.64	合 格

由应力校核结果可知,工况一～工况七、工况八第二次爆破模拟检测结果不满足强度规范要求,工况九和工况十满足强度规范要求,而工况九接近极限值,因此采用工况十的总药量。由于满足规范要求时的炸药量较小,建议采取控制爆破。

5) Ⅲ级围岩分析对比

Ⅲ级围岩工况一、工况二、工况三的检测位置均位于某隧道进口处,工况一的总药量为 120 kg,单段最大装药量为 10.8 kg,工况二、工况三的总药量均为 120 kg,单段最大装药量均为 8.4 kg;工况四、工况五、工况六位于某隧道出口处,工况四的总药量为 42 kg,单段最大装药量为 9 kg,工况五的总药量为 30 kg,单段最大装药量为 18 kg,工况六的总药量为 24 kg,单段最大装药量为 3 kg。Ⅲ级围岩 6 种工况的振动监测数据见表 8-14。

表 8-14 Ⅲ级围岩工振动监测数据表

序 号	距爆破点 /m	X 方向加速度 /(m·s⁻²)	Y 方向加速度 /(m·s⁻²)	Z 方向加速度 /(m·s⁻²)	合加速度 /(m·s⁻²)	X 方向速度 /(cm·s⁻¹)	Y 方向速度 /(cm·s⁻¹)	Z 方向速度 /(cm·s⁻¹)	合速度 /(cm·s⁻¹)	备 注
				Ⅲ级围岩工况一监测数据						
1	36	4.71	6.18	17.16	17.60	1.41	1.29	3.07	3.08	电子雷管,总药量 120 kg,单段最大 10.8 kg
2	43	3.77	6.28	11.56	11.59	1.19	1.42	2.97	3.06	
3	50	4.80	5.02	7.50	7.74	2.26	1.93	2.38	3.04	
				Ⅲ级围岩工况二监测数据						
4	171	0.32	0.45	0.29	0.47	0.13	0.15	0.11	0.16	电子雷管,总药量 120 kg,单段最大 8.4 kg
5	172	0.39	0.34	0.25	0.52	0.13	0.14	0.14	0.20	
6	164	0.54	0.31	0.47	0.62	0.16	0.08	0.12	0.18	
				Ⅲ级围岩工况二监测数据						
7	172	0.26	0.26	0.18	0.32	0.09	0.09	0.06	0.11	电子雷管,总药量 120 kg,单段最大 8.4 kg
8	173	0.17	0.19	0.28	0.35	0.07	0.08	0.10	0.13	
9	165	0.37	0.45	0.33	0.48	0.12	0.13	0.08	0.14	

序 号	距爆破点/m	X方向加速度/(m·s⁻²)	Y方向加速度/(m·s⁻²)	Z方向加速度/(m·s⁻²)	合加速度/(m·s⁻²)	X方向速度/(cm·s⁻¹)	Y方向速度/(cm·s⁻¹)	Z方向速度/(cm·s⁻¹)	合速度/(cm·s⁻¹)	备 注
Ⅲ级围岩工况四监测数据										
10	36	3.04	4.56	2.12	4.83	2.84	2.91	0.88	3.30	电子雷管总药量
11	43	2.12	2.73	3.05	4.10	2.11	1.87	0.87	3.05	42 kg,单段最大
12	47	2.85	1.77	1.88	3.20	2.09	1.36	0.76	2.40	9 kg,延时 100 ms
Ⅲ级围岩工况五监测数据										
13	36	2.79	1.53	1.46	3.19	2.14	0.95	0.58	2.17	电子雷管总药量
14	43	2.60	2.72	1.71	3.39	1.80	1.00	0.46	1.89	30 kg,单段最大
15	47	1.87	1.73	1.78	2.46	1.11	0.84	0.59	1.29	18 kg,延时 100 ms
Ⅲ级围岩工况六监测数据										
16	36	0.73	0.92	0.47	1.17	0.33	0.48	0.24	0.49	电子雷管总药量
17	43	0.59	0.80	0.71	1.01	0.26	0.32	0.18	0.38	24 kg,单段最大
18	47	0.63	0.78	0.66	0.90	0.22	0.26	0.22	0.29	3 kg,延时 100 ms

（1）速度分析。

根据Ⅲ级围岩 6 次模拟工况监测得到的速度数据,得出如下结论:

① 工况一、工况四和工况五测得的速度超过阈值,不满足规范要求;工况六测得的速度满足规范要求。

② 根据Ⅲ级围岩工况二和工况三测试结果可知,当管道距爆破点位置在《石油天然气管道保护法》规定的 200 m 范围外时,隧道正常爆破,此时总药量 120 kg、单段最大装药量 8.4 kg 能够满足要求;在管道中线 200 m 外时,正常爆破不会影响管道安全。

（2）加速度分析。

工况一、工况四、工况五加速度均超过预警值 1.96 m/s²,因此,需要进行强度校核;工况六的加速度满足要求。

（3）强度分析。

根据式(8-2)、式(8-3)及工况一、工况四、工况五、工况六监测数据,计算得到爆破时振动作用引起的最大应变及应力值,见表 8-15。

表 8-15 振动作用引起的最大应变及应力值

序 号	名 称	加速度引起的最大应变值	速度引起的最大应变值	应力/MPa
1	工况一	0.002 643 913	$7.264\ 15\times10^{-5}$	542.00
2	工况四	0.000 725 574	$7.783\ 02\times10^{-5}$	148.74

序　号	名　　称	加速度引起的最大应变值	速度引起的最大应变值	应力/MPa
3	工况五	0.000 509 254	$5.117\,92 \times 10^{-5}$	104.40
4	工况六	0.000 175 760	$1.155\,66 \times 10^{-5}$	36.03

因此,根据爆破振动引起的轴向应力、温度引起的轴向应力和内压造成的环向应力,进行应力校核,结果见表 8-16。

表 8-16　应力校核结果统计表

序　号	名　　称	环向应力/MPa	温度和内压引起的应力/MPa	振动引起的轴向应力/MPa	最大当量应力/MPa	地区等级系数	校核屈服强度/MPa	结　果
1	工况一	321.25	47.25	542.00	816.00	0.72	359.64	不合格
2	工况四	321.25	47.25	148.74	422.74	0.72	359.64	不合格
3	工况五	321.25	47.25	104.40	378.40	0.72	359.64	不合格
4	工况六	321.25	47.25	36.03	310.03	0.72	359.64	合　格

由应力校核结果可知,工况一、工况四、工况五模拟检测结果不满足强度规范要求,工况六模拟结果满足强度规范要求。由于满足强度规范要求时的炸药量较小,建议上台阶直接进行静态爆破,其余台阶采取控制爆破。

8.6　爆破振动速度预测模型

8.6.1　爆破振动速度经验公式

目前,我国爆破工程界对于质点振动速度的计算大多采用萨道夫斯基公式:

$$v = K \left(\frac{Q^{1/3}}{R} \right)^{\alpha} \tag{8-6}$$

式中　v——质点振动速度,cm/s;

　　　K——场地系数,依场地条件选取;

　　　Q——单响药量(齐发爆破时为总药量,延时爆破时为最人一段装药量),kg;

　　　R——质点到爆源中心的距离,m;

　　　α——衰减指数,与场地系数相关。

K 和 α 的值与爆破方法、地形条件有关,见表 8-17。

表 8-17 不同岩性的 K, α 值

岩　性	K	α
坚硬岩石	50～150	1.3～1.5
中硬岩石	150～250	1.5～1.8
软岩石	250～350	1.8～2.0

为了增加爆破振动速度预测值的可信性，下面利用现场实测数据对 K 和 α 值进行回归分析。

8.6.2 爆破振动速度经验公式的适用性

由爆破理论可知，爆破地震波从离爆源近区向远区传播时经历了非弹性介质状态、非线性弹性形变和弹性形变，各阶段衰减指数 α 是不同的。一般来说，爆源近区的 α 接近 3，在后续传播过程中逐渐衰减为 1。另外，α 的取值还与药包大小、结构、传播区域地质条件等多种因素有关。

同时，在采用毫秒延时爆破时，相邻段爆破产生的地震波可能会产生叠加，其合成振动的最大振幅可能比独立一段爆破时的最大振幅大，也可能更小。若相邻段间隔时间 Δt 大于 30 ms，则相邻段爆破振动产生的地震波叠加的概率很小，采用萨道夫斯基公式是可行的。

8.6.3 K 和 α 值回归分析

为简化计算，对式(8-6)两端取对数，使其线性化：

$$\ln v = \ln K + \alpha \ln \frac{Q^{1/3}}{R} \tag{8-7}$$

令 $y = \ln v$, $x = \ln \dfrac{Q^{1/3}}{R}$, $a = \alpha$, $b = \ln K$，则式(8-7)可转化为一元一次方程形式：

$$y = ax + b \tag{8-8}$$

对于一次爆破的某个爆破振动速度测点而言，其一组样本的单响药量 Q、测点到爆源中心的距离 R 和该点的振动速度 v 是已知的，进行回归分析的样本见表 8-18。

表 8-18 用于回归分析的爆破振动速度及其相关参数

测点编号	单响药量 Q /kg	测点到爆源中心的距离 R/m	测点的振动速度 /(cm·s⁻¹)	y	x
1	36	36	1.95	0.67	−2.39
2	36	43	1.41	0.34	−2.57
3	36	50	1.15	0.14	−2.72
4	36	38	1.77	0.57	−2.44

测点编号	单响药量 Q /kg	测点到爆源中心的距离 R/m	测点的振动速度 /(cm·s⁻¹)	y	x
5	36	46	1.25	0.22	−2.63
6	36	53	1.04	0.04	−2.78
7	36	36	1.97	0.68	−2.39
8	36	43	1.55	0.44	−2.57
9	36	50	1.20	0.18	−2.72
10	21.6	36	1.36	0.31	−2.56
11	21.6	38	1.36	0.31	−2.61
12	21.6	43	1.13	0.12	−2.74
13	30	36	1.87	0.62	−2.45
14	30	38	1.67	0.51	−2.50
15	30	43	1.40	0.33	−2.63
16	18	38	1.19	0.17	−2.67
17	18	43	1.02	0.02	−2.80
18	18	50	0.66	−0.42	−2.95
19	24.9	37	1.67	0.51	−2.54
20	24.9	43	1.14	0.13	−2.69
21	24.9	50	1.01	0.01	−2.84
22	15	36	1.06	0.06	−2.68
23	15	43	0.94	−0.06	−2.86
24	15	50	0.63	−0.46	−3.01
25	24	36	1.63	0.49	−2.52
26	24	43	1.21	0.19	−2.70
27	24	50	0.80	0.22	2.85
28	3.6	36	0.54	−0.62	−3.16
29	3.6	38	0.43	−0.84	−3.21
30	3.6	43	0.36	−1.02	−3.33

爆破振动现场试验采用毫秒延时爆破的起爆方式,相邻段间隔时间 Δt 为 100 ms,可保证相邻段爆破振动产生的地震波不相互叠加。同时,为保证爆破振动速度监测的准确性,爆破振动速度的采集分为 X,Y 和 Z 3 个方向,以其合振动速度作为该测点的振动速度,测点到爆源中心的距离采用厘米级测绘仪进行定位。经过一个多月的现场试验,得到表 8-18 中 30 组振动监测数据,经回归分析求得萨道夫斯基公式的场地系数 $K=121.83$,衰减指数

$\alpha=1.72$，将其代入式（8-6）得：

$$v=121.83\times\left(\frac{Q^{1/3}}{R}\right)^{1.72} \tag{8-9}$$

8.6.4 萨道夫斯基公式的验证

8.6.3 中得出的回归方程系数 $R^2=0.977$，属于强正相关，但为验证所得公式的准确性，进行了第二次爆破试验，样本数据见表 8-19。

表 8-19 用于验证的爆破振动速度及其预测值、误差

测点编号	单响药量 Q /kg	测点到爆源中心的距离 R/m	测点的振动速度 /(cm·s^{-1})	预测的振动速度 /(cm·s^{-1})	相对误差 /%
1	3	36	0.49	0.48	2.08
2	3	43	0.34	0.35	2.86
3	3	47	0.29	0.30	3.33
4	36	38	1.77	1.82	2.75
5	36	46	1.25	1.31	4.58
6	36	43	0.41	0.39	5.13

表 8-19 中列出了爆破振动速度的实测值、预测值以及预测值与实测值之间的相对误差，可以看出式（8-9）预测的爆破振动速度相对误差小于 5%，该公式符合本次应用要求。

8.7 隧道开挖对管道的影响分析

在地下暗挖隧道施工时，地下岩土体将不可避免地受到施工扰动，打破地层内部原来的平衡状态，并使岩土体内部由原有平衡状态向新的平衡状态转变，这一过程在宏观上表现为地层的移动与变形。

隧道施工中产生的地层损失和施工过程中隧道围岩扰动是引起地表沉降的主要原因，因此地下开挖必然会引起地表沉降和变形，当地表沉降达到一定范围和程度时，将会对上部构筑物的正常使用和安全造成影响。

下面采用数值模拟方法对隧道开挖支护方案进行评估，分析隧道开挖对管道的影响，同时研究断层带对隧道围岩和管道变形受力的影响。

8.7.1 隧道与管道交叉处开挖支护方案

1）隧道开挖方式

隧道与管道交叉处采用三台阶法开挖，如图 8-20 所示，具体施工工序为：

（1）在上一循环的超前支护防护下，开挖①部台阶，然后施作①部台阶周边的初期支护。初期支护包括：初喷混凝土，架立钢架（设锁脚锚管），钻设径向锚杆，铺设钢筋网，复喷混凝土至设计厚度。

（2）上台阶施工至适当距离后，开挖②部台阶，然后施作②部初期支护。初期支护同上。

（3）开挖③部台阶，然后施作③部边墙初期支护。初期支护同上。

（4）开挖④部台阶，及时封闭初期支护（喷混凝土至设计厚度）。

（5）灌注Ⅳ部仰拱，待仰拱混凝土初凝后，灌注仰拱填充Ⅴ部至设计厚度。

（6）根据监控量测结果分析，确定二次模注衬砌施作时机：拆除临时仰拱→铺设环＋纵向透水盲沟、防水板＋土工布→利用衬砌模板台车一次性灌注Ⅵ部（拱墙）衬砌。

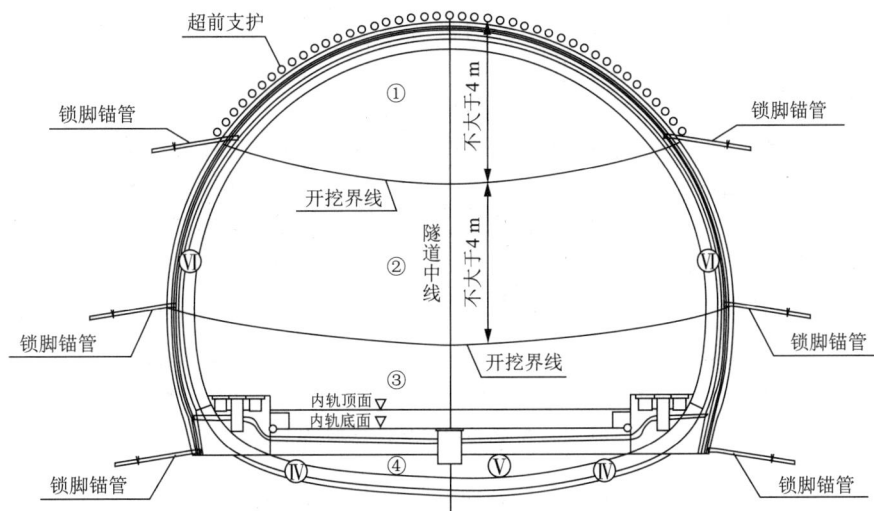

图 8-20 三台阶法工序横断面示意图

2）隧道支护方案

某隧道和管道交叉处设计为Ⅳ级围岩段，设计采用Ⅳb型复合式衬砌＋超前小导管注浆的支护形式，如图 8-21 所示。

Ⅳb型复合式衬砌中初期支护采用 C25 喷射混凝土，拱墙位置厚 25 cm，仰拱位置厚15 cm，拱墙位置设置锚杆［长 3.5 m，间距 1.2 m×1.2 m（环×纵）］，拱部采用 ϕ22 cm 中空组合锚杆，边墙采用 ϕ22 cm 砂浆锚杆，拱墙位置设置 I18a 型钢架（间距 0.8 m）。二次衬砌采用 C35 钢筋混凝土，拱墙厚 45 cm，仰拱厚 55 cm，见表 8-20。

超前小导管注浆是在隧道开挖前，沿隧道开挖轮廓线按一定角度打入直径为 42 mm、长度 3.5～4.5 m 的带孔钢管，利用钢管注浆，并与钢架连成一体进行围岩加固的超前支护方式。本次超前小导管选用直径为 42 mm、壁厚为 3.5 mm 的无缝钢管，钢管长度为 4.5 m，钻孔外插角为 10°～15°，环向间距为 0.5 m，纵向三榀钢架设置一环，打设范围为拱顶 140°。小导管采用水泥浆注浆，水泥浆液水灰比为 1:1，注浆压力为 0.5～1.5 MPa。

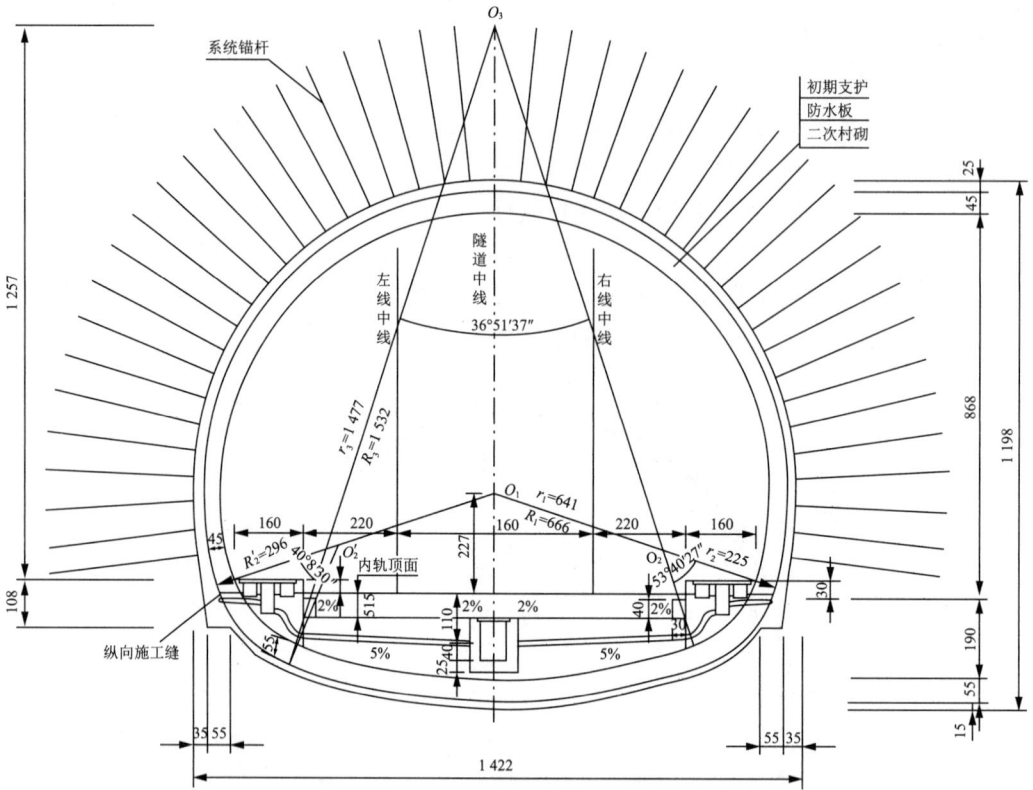

图 8-21 Ⅳb 型复合式衬砌断面图(单位:cm)

表 8-20 Ⅳb 型复合式衬砌及支护参数

衬砌类型	喷混凝土厚度/cm	钢筋网			系统锚杆			格栅、钢架			二次衬砌			
											拱墙厚度/cm	仰拱/底板厚度/cm	钢筋直径/mm	
		部位	直径/mm	网眼尺寸/(cm×cm)	部位	长度/m	环、纵间距/(m×m)	规格	部位	间距/m			主筋	纵筋
Ⅳb	拱墙 25 仰拱 15	拱墙	φ6	20×20	拱墙	3.5	1.2×1.2	I18a	拱墙	0.8	45	55	20	10

8.7.2 隧道与管道交叉数值模拟

1）计算模型与计算参数

绘制隧道与管道交叉地质模型(图 8-22),选取隧道和管道交叉处典型断面为隧道样本,采用 FLAC3D 6.0 数值模拟软件建立隧道与管道交叉数值计算模型。隧道断面呈马蹄形,净宽 14.22 m,高 11.98 m。根据圣维南原理,地下工程数值计算模型的范围一般取开挖断面(跨度)的 3~5 倍。因此,计算模型尺寸取 $100 \text{ m} \times 56 \text{ m} \times 100 \text{ m}$(长×宽×高),隧道顶板埋深为 42.3 m,管道埋深为 2.67 m,直径为 $1\,219 \text{ mm}$,壁厚为 18.4 mm,隧道轴线和管道呈 $90°$ 相交。

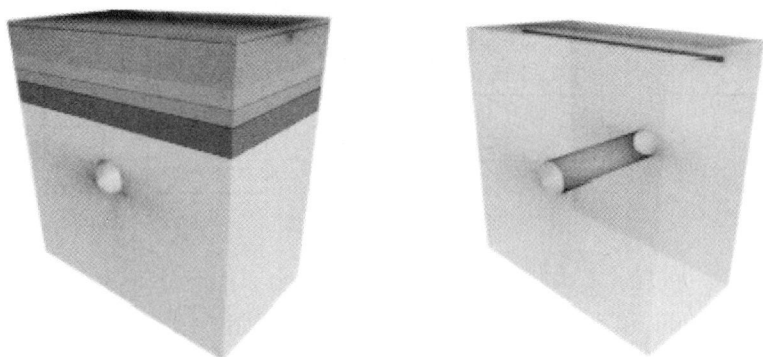

图 8-22　隧道与管道交叉数值计算模型

　　假设管道为等直径、等壁厚的材料,且不考虑管道接头的影响。由于围岩变形主要发生在初期支护阶段,本次模拟不考虑二次衬砌。岩土体材料采用摩尔-库仑弹塑性本构模型;管道使用实体单元进行模拟,采用弹性本构模型,管道与土体之间的滑动使用 Interface 单元进行模拟,摩擦角取 $15°$;超前小导管注浆加固模拟分成超前小导管和注浆加固圈两部分,其中超前小导管采用 beam 结构单元进行模拟,外插角取 $15°$,注浆加固圈使用实体单元进行模拟,采用摩尔-库仑弹塑性本构模型;系统锚杆采用 cable 结构单元进行模拟;采用等效刚度方法将钢拱架的重力折算给喷射混凝土,喷射混凝土使用实体单元进行模拟,采用弹性本构模型,如图 8-23 所示。

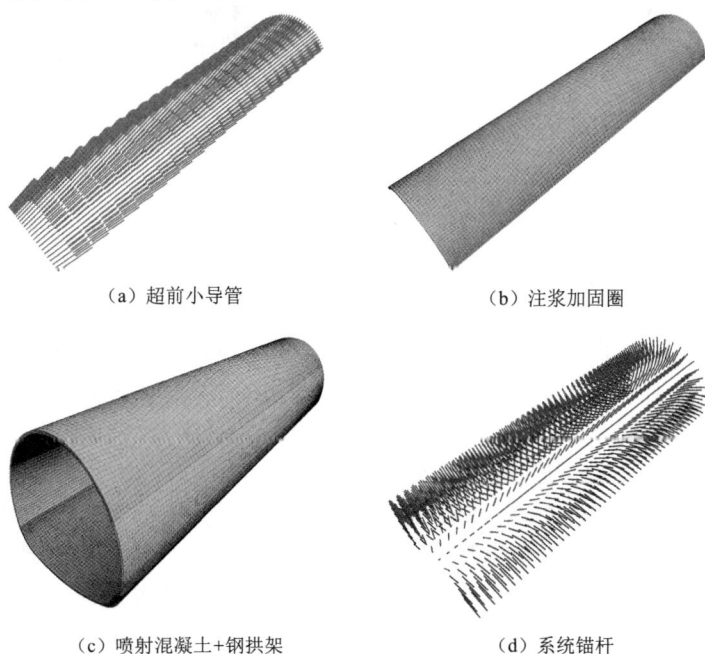

（a）超前小导管　　　　　　　　　　　（b）注浆加固圈

（c）喷射混凝土+钢拱架　　　　　　　　（d）系统锚杆

图 8-23　支护结构模拟

2）分析步与边界条件

隧道和管道交叉处设计为Ⅳ级围岩段，采用三台阶法进行开挖，结合现场实际施工情况，建立开挖分析步如图8-24所示。

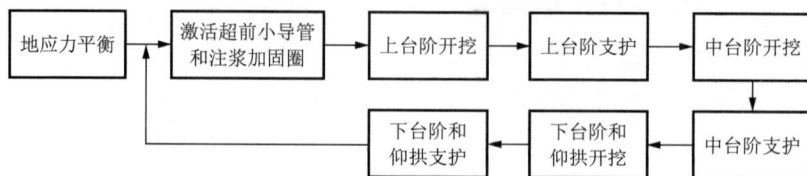

图8-24　开挖分析步

模拟开挖每步进尺为0.8 m，上台阶、中台阶和下台阶间距分别为5.6 m，如图8-25所示。隧道开挖通过null单元模拟实现，注浆加固圈和喷射混凝土通过控制不同分析步的材料属性实现，其余支护结构通过建立结构单元进行模拟。计算模型位移边界条件为：模型上表面为自由面，底部为全约束，四周施加法向约束。

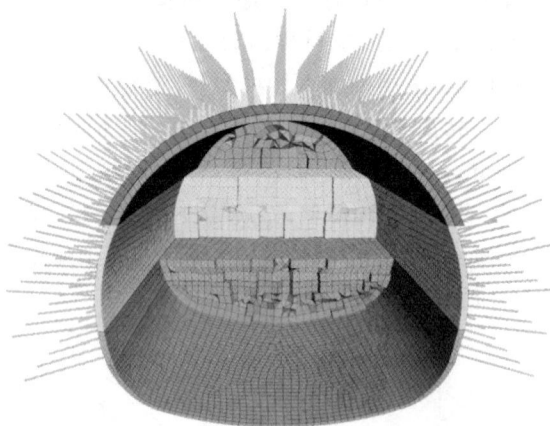

图8-25　上台阶开挖22.4 m时的数值模型

3）计算结果分析

（1）隧道开挖完成分析。

① 位移特征如图8-26所示。

隧道全部开挖完成时，隧道拱顶最大沉降值为10.69 mm，隧道底部最大隆起值为12.83 mm，最大水平位移为6.08 mm，左、右两侧水平位移基本对称。管道最大沉降值为4.3 mm，最小沉降值为1.11 mm，管道整体发生沉降，最大沉降发生的位置位于隧道正上方。管道最大水平位移为0.62 mm，管道水平位移较小。

选取隧道正上方管道为0点，在管道左、右两侧每隔5 m布置一个监测点（左侧为负值，右侧为正值），绘制管道不同位置最大竖向位移曲线（图8-26e）。可以看出，隧道正上方管道竖向位移值最大，左、右两侧位移值随与隧道距离增大而不断减小，且两侧位移值基本对称。当监测点距离隧道45 m时，最大竖向位移为1.23 mm，此处管道仍在隧道变形影响范围之内。

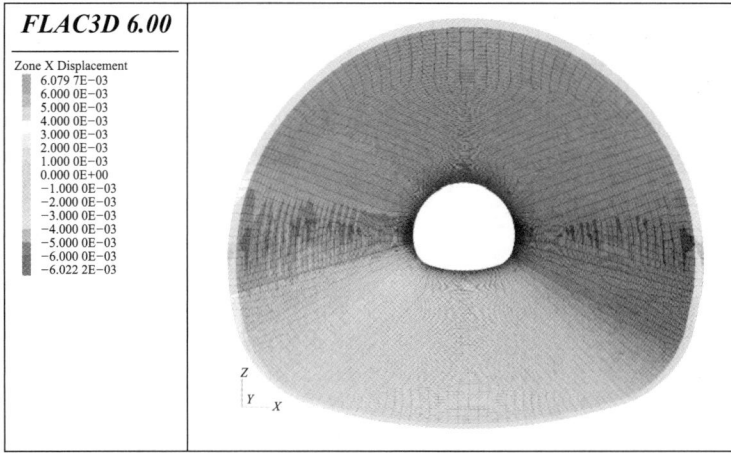

（a）隧道水平位移云图

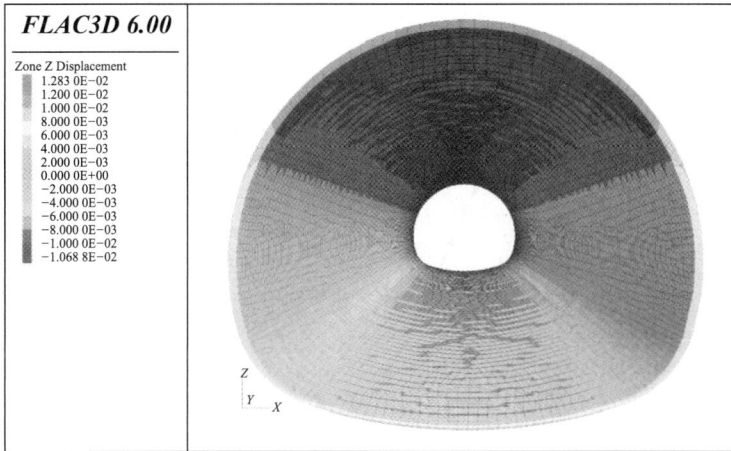

（b）隧道竖向位移云图

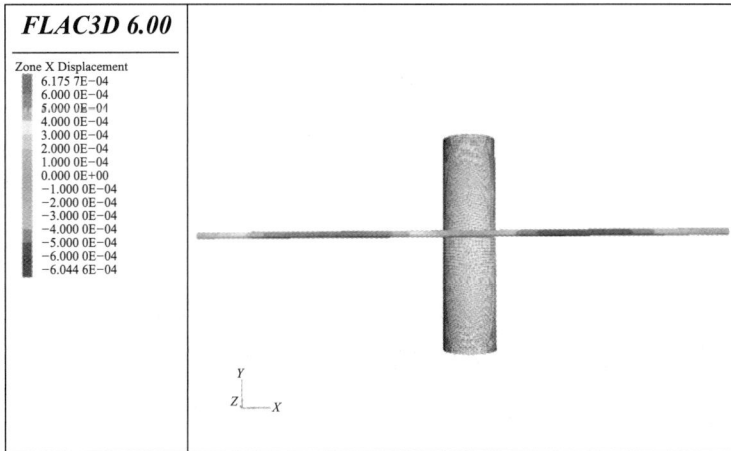

（c）管道水平位移云图

图 8-26　隧道开挖完成时位移云图

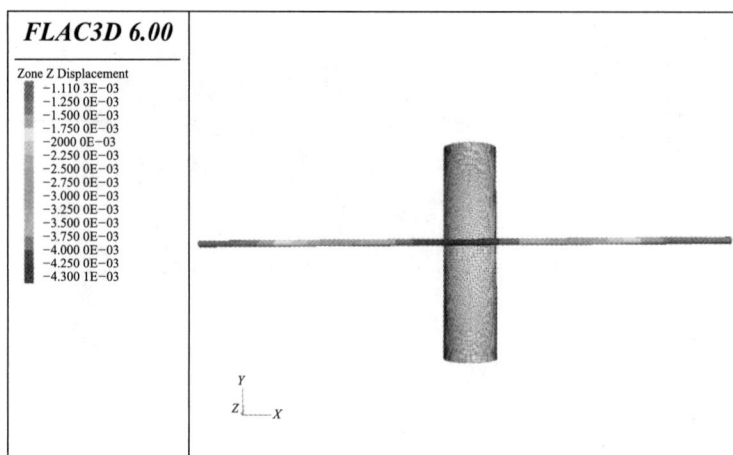

（d）管道竖向位移云图

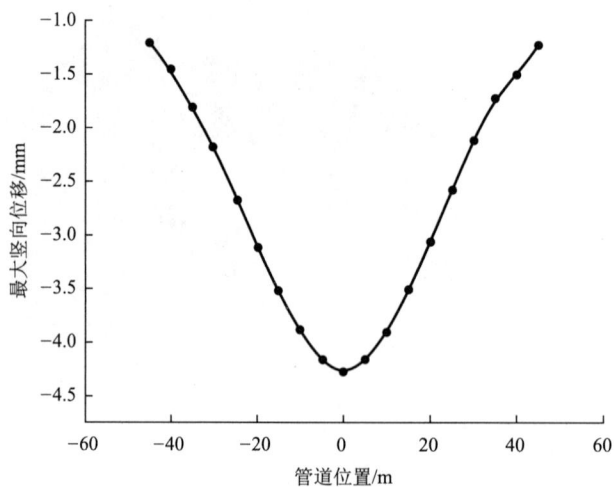

（e）管道每隔5 m管底最大竖向位移曲线

图 8-26(续)　隧道开挖完成时位移云图

② 管道应力特征如图 8-27 所示。

隧道全部开挖完成时，管道承受的最大 Mises 应力为 299.5 MPa，小于管道许用应力（399.6 MPa）。

（2）隧道分步开挖过程分析。

隧道采用三台阶法开挖，模拟开挖每步进尺为 0.8 m，上台阶、中台阶和下台阶间距均为 5.6 m。选取管道中间段管底为监测对象，绘制上台阶开挖与管道最大竖向位移曲线，如图 8-28 所示。

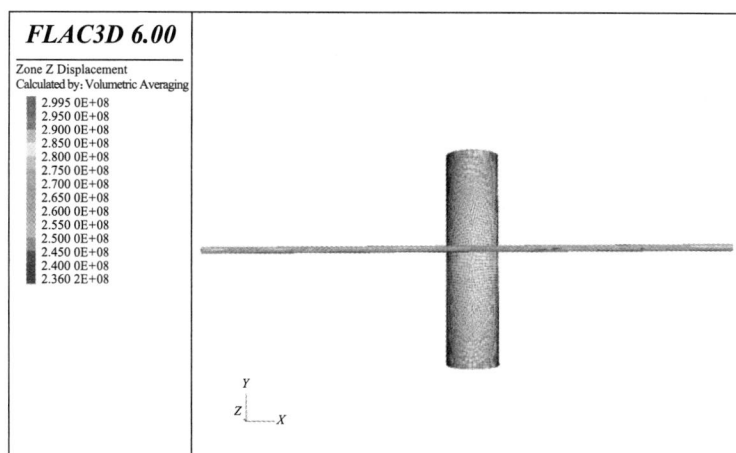

图 8-27　隧道开挖完成时管道 Mises 应力云图

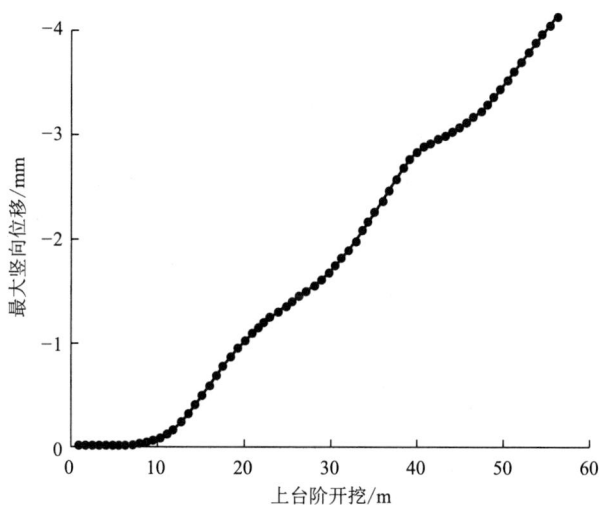

图 8-28　上台阶开挖与管道最大竖向位移曲线

从图中可以看出,随着隧道不断开挖,管道最大竖向位移不断增大。当上台阶开挖小于或等于 6.4 m 时,管道变形趋势较为平缓,此时中台阶和下台阶尚未开挖,上台阶开挖 6.4 m 时,管道距离上台阶掌子面 21.6 m,约为隧道净宽(14.22 m)的 1.52 倍。当上台阶开挖小于或等于 12 m 时,管道变形有增大的趋势,此时中台阶开挖 5.6 m,下台阶尚未开挖;当上台阶开挖大于或等于 12.8 m 时,上、中、下台阶均已开挖,隧道形成大断面,管道位移随隧道开挖迅速增大,隧道开挖位移云图如图 8-29 所示。

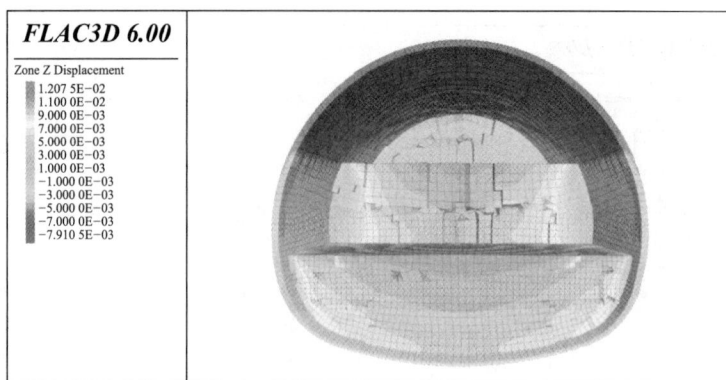

图 8-29　上台阶开挖 12.8 m 时隧道竖向位移云图

8.7.3　断层影响数值模拟

1）模拟方案

影响隧道与管道交叉处的断层主要为 F3′和 F4′，物探揭示断层，野外测绘地表迹象不明显，岩体较破碎，围岩稳定性较差。

假设隧道与管道交叉处位于断层带影响范围内，采用数值模拟方法研究断层带对隧道围岩和管道变形受力的影响。

通过改变围岩物理力学参数的方法模拟断层的影响，具体参数结合岩土工程勘察资料、相关学术论文和《工程地质手册》进行选取，见表 8-21。本次模拟仍然采用Ⅳb 型衬砌＋超前小导管注浆的支护形式，具体参数不再赘述。

表 8-21　断层影响下围岩物理力学参数

材　　料	厚度 /m	重度 /(kN・m⁻³)	黏聚力 c /kPa	内摩擦角 φ /(°)	弹性模量 /MPa	泊松比
粉质黏土	1.7	19.0	10	20.0	15.3	0.30
全风化花岗岩	10.3	19.6	26	19.5	65	0.32
强风化花岗岩	5.0	20.0	60	22.8	1 000	0.30
强风化变质砂岩	4.5	20.3	105	26.7	700	0.20
弱风化变质砂岩	8.2	23.3	924	39.4	1 100	0.18
弱风化花岗岩	70.3	20.0	50	20.0	130	0.30
注浆圈	0.33	22.0	80.0	23.0	460	0.30

2）断层影响分析

① 位移特征如图 8-30 所示。

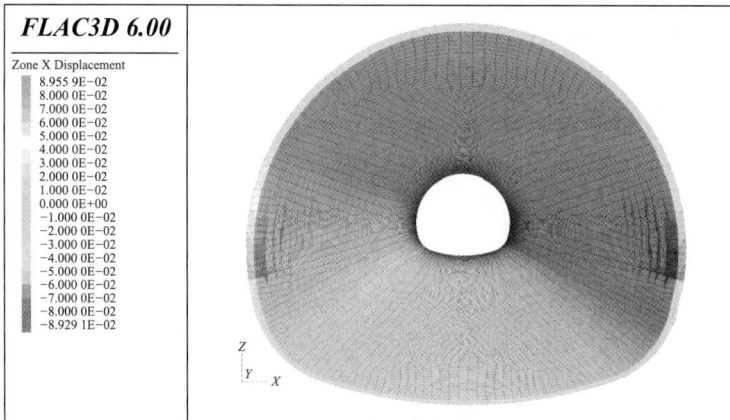

（a）隧道水平位移云图

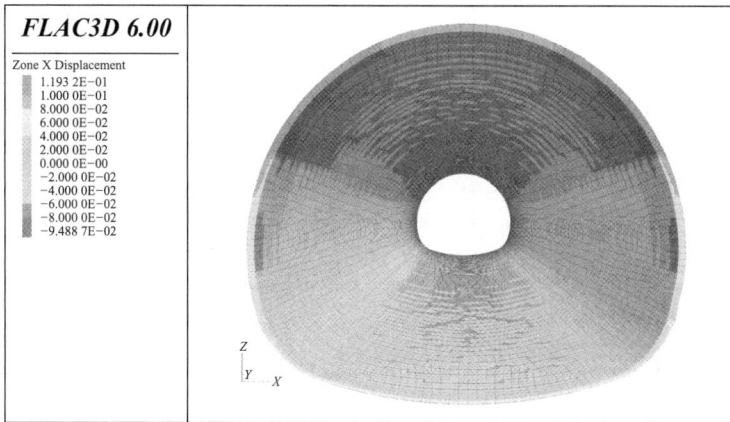

（b）隧道竖向位移云图

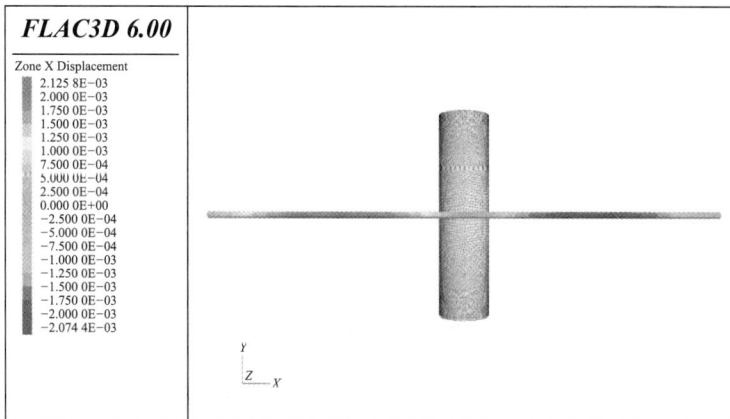

（c）管道水平位移云图

图 8-30 断层影响下隧道开挖完成时位移云图

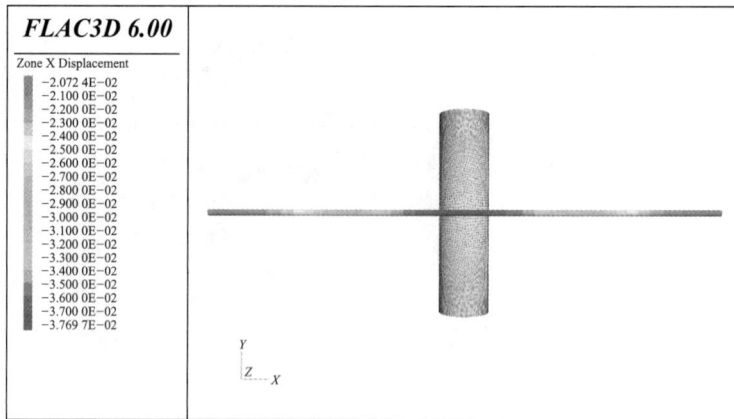

（d）管道竖向位移云图

图 8-30(续)　断层影响下隧道开挖完成时位移云图

断层影响下隧道全部开挖完成时，隧道拱顶最大沉降值为 94.89 mm，隧道底部最大隆起值为 119.32 mm，最大水平位移为 89.56 mm，左、右两侧水平位移基本对称。管道最大沉降值为 37.70 mm，最小沉降值为 20.72 mm，管道整体发生沉降，最大沉降发生的位置位于隧道正上方。管道最大水平位移为 2.13 mm，管道水平位移相对较小。

② 管道应力特征如图 8-31 所示。

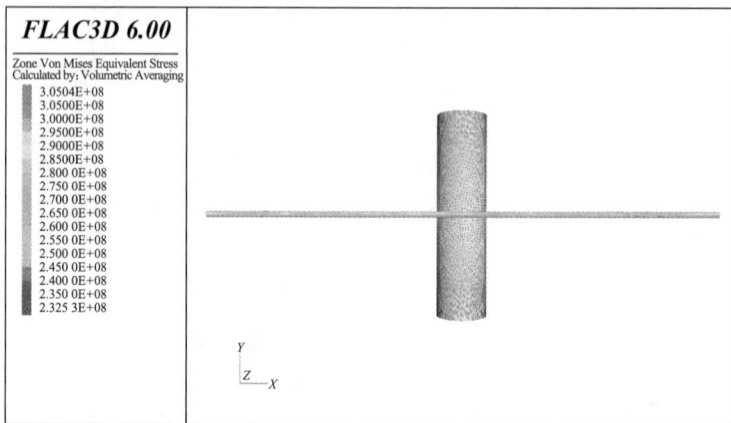

图 8-31　断层影响下隧道开挖完成时管道 Mises 应力云图

断层影响下隧道全部开挖完成时，管道所承受的最大 Mises 应力为 305.04 MPa，小于管道许用应力（399.6 MPa）。

3）管道位移评估

目前，国家和地方相关规范、规定对隧道工程下穿高压天然气管线变形控制没有统一标准。

根据《输气管道工程设计规范》（GB 50251—2015），对于管道径向稳定校核，管道径向最大变形量不应大于钢管外径的 3%；根据《建筑基坑工程监测技术标准》(GB 50497—2019)，对应管道位移监测预警值的要求为 10～20 mm，变化速率为 2 mm/d；根据《城市轨道交通工程监测技术规范》(GB 50911—2013)，当无地方工程经验时，风险等级较低且无特殊要求的地下燃气管道的沉降累计控制值为 10～30 mm，变化速率为 2 mm/d。本次交叉段，选取管道位移控制标准为 10 mm，变化速率为 2 mm/d。

设计Ⅳ级围岩情况下，隧道全部开挖完成时，管道最大沉降值为 4.3 mm，最小沉降值为 1.11 mm，最大水平位移为 0.62 mm，均小于 10 mm 控制值；在断层影响下，管道最大沉降值为 37.70 mm，最小沉降值为 20.72 mm，最大水平位移为 2.13 mm，管道竖向位移均已超过 10 mm 控制值。

8.8　管道变形预防控制措施

隧道在开挖过程中会对其周围环境产生一定的影响，应力重新调整，对于埋深较浅的隧道来说，其变形会波及地表，形成地表沉降槽，对地下构筑物产生影响甚至造成破坏，给人们的生命和财产带来威胁。因此在隧道开挖过程中，应采取合理措施以预防和控制围岩及管道变形，减少或避免隧道施工对管道的影响。

选取断层段和交叉段为变形重点控制对象，建议分开挖前、开挖中和开挖后 3 部分进行围岩及管道变形控制。

(1) 开挖前：为进一步探查断层和隧道与管道交叉处的工程地质与水文地质条件，降低隧道开挖对管道的影响，分别在距离断层和隧道与管道交叉处 100 m 范围内，采用超前地质预报方法提前探测、分析判断、预报围岩等级和地质条件，为优化工程设计提供依据，并提出相对应的管道保护措施。

(2) 开挖中：针对断层段和控制爆破段的隧道设计开挖支护方案，提前开展支护方案试验，根据围岩和地表变形情况验证该支护方案的可行性，并根据试验结果对支护方案进行优化，采取相对应的管道变形控制措施，及时进行隧道和管道监控量测。

(3) 开挖后：根据隧道和管道监控量测结果，建立管道变形应急预案，一旦围岩或管道变形接近或超过监测预警值，根据应急预案采取必要的控制措施。

8.8.1　隧道超前地质预报措施

大量隧道工程建设实践表明，受地质勘察深度、精度及经费等诸多条件的限制，根据地质勘察资料做出的设计与实际不符的情况屡有发生，由此引起的隧道洞内塌方、涌水、涌泥、涌砂等灾害时有发生，给隧道施工和周围环境造成了极大的危害。本次研究中隧道和管道交叉处设计为Ⅳ级围岩段，交叉处附近存在 F3′ 和 F4′ 断层，其中 F3′ 断层距离交叉处最近，为 43 m。断层的存在可能会对围岩岩性造成一定的影响，建议采用隧道超前地质预报方法提前探测、分析判断及预报其工程地质与水文地质条件，为优化工程设计提供依据。

8.8.2 隧道超前地质预报技术

隧道超前地质预报是一项复杂的系统性工作,是设计阶段地质勘察的补充和延伸,是保证隧道施工安全的重要环节和重要技术手段。目前,国内外基于钻爆法施工的隧道超前地质预报技术已经成熟,主要包括地质分析法、地震波法、电磁法、直流电法以及红外探测等其他方法,见表 8-22。

表 8-22　钻爆法施工超前地质预报技术

预报方法	预报手段
地质分析法	工程地质调查法、超前导洞法、超前水平钻孔法
地震波法	隧道超前地质预报系统(TSP)、隧道反射层析成像(TRT)、 隧道地震波成像(TST)、水平声波剖面法、陆地声呐法
电磁法	地质雷达法(GPR)、瞬变电磁法(TEM)
直流电法	激发极化法(BEAM)、电阻率法(ERM)
其他方法	温度探测法、红外探测法等

1）地质分析法

地质分析法是隧道超前地质预报最基本的方法,包括工程地质调查法、超前导洞法和超前水平钻孔法,其他预报方法的解释应用都是在地质资料分析判断基础上进行的。通过地质资料收集分析,地表详细调查,隧道内地质编录、素描、数码照相、超前炮孔、涌水量预测等,了解隧道所处地段的地质条件,运用地质学理论,对比、论证、推断和预报隧道施工前方的工程地质和水文地质情况。利用地质分析法可对工程区域地质情况进行判断,划分风险等级,辨识重点高风险区域,为超前地质预报方案的制定提供指导。

(1) 工程地质调查法是隧道超前预报中使用最早的方法,主要分为地表地质体投射法和掌子面编录预测法。该方法通过地表和隧道内的工程地质调查与分析,了解隧道所处地段的地质结构特征,推断前方的地质情况。其调查的内容包括地层的产出特征、断裂构造与节理的发育规律,岩溶带发育的部位、走向、形态等,并预测隧道掌子面前方不良地质现象可能的类型、部位、规模,以便在隧道施工中采取合理的工艺与措施,避免事故。在隧道埋深较浅、构造不太复杂的情况下,这种预报方法有很高的准确性,具有不干扰施工、设备简单、出结果快的特点,但是在构造比较复杂的地区和深埋隧道的情况下,该方法工作难度较大,难以保证准确性,容易漏报和误报。

(2) 超前导洞法在隧道施工预报中也经常使用,以超前导洞中揭示的地质情况为基础,通过地质理论和作图法预报正洞地质条件。该方法可分为平行超前导洞法和正洞超前导洞法,适用于各种地质情况,尤其对煤层、断层等面状结构面预报比较准确。

(3) 超前水平钻孔法与超前导洞法的原理基本相同,是用钻探设备向掌子面前方钻探,直接揭露隧道掌子面前方地层岩性、构造,地下水分布,岩溶、软弱夹层等地质体分布及其性质,岩石(体)可钻性、岩体完整性等资料,还可获得岩石强度等指标,是最直接有效的超前地质预报方法之一,在工程实践中应用广泛,取得了较好效果。但超前钻探往往会因为"一孔之见"而导致漏报漏探不良地质体,对施工干扰较大,成本较高。

2)地震波法

反射地震波法是隧道超前地质预报应用最广泛的地球物理方法,该方法对具有弹性差异的异常体有较敏感的响应,但难以辨识是否含水。

(1)隧道超前地质预报(tunnel seismic prediction,TSP)系统是由瑞士 Amberg 公司研制的一种超前地质预报产品,目前在我国应用十分广泛。TSP 隧道超前地质预报技术属于反射地震波法,即人工震源产生的一部分球面波沿隧道中轴线方向向掌子面前方传播,当掌子面前方遇到地层界面、溶洞、裂隙等不良地质体时产生反射波,以反射时间、传播速度、强度、波形和方向等不同的数据形式表现出来,并被高灵敏传感器接收,通过电脑处理来预测掌子面前方不良地质体的相关性质与产状,如图 8-32 所示。TSP 在我国隧道工程领域的应用非常广泛,这类方法对规模较大的不良地质体,特别是与隧道中轴线近似垂直的不连续体(断层、破碎岩体等)界面的探测效果较好,但对含水不良地质体的识别能力差,且检波器线性布设方式经常产生镜面伪影,容易造成误报。

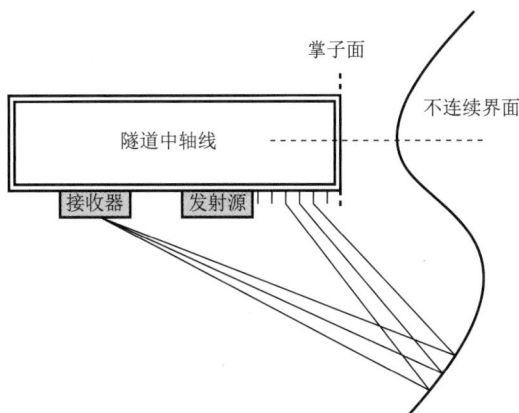

图 8-32　TSP 法原理示意图

(2)美国研发的隧道反射层析成像(true reflection tomography,TRT)技术和我国的隧道地震波成像(tunnel seismic tomography,TST)技术都是通过空间观测的方式对掌子面前方的不良地质条件进行预测预报。TRT 观测方式和原理如图 8-33、图 8-34 所示。TST 技术是通过设置炮孔产生地震波传播,而 TRT 技术是通过人工敲击产生弹性波传播,当波在传播过程中遇到掌子面前方岩性变化大的波阻抗界面时,部分波发生反射,返回的波由主机接收,其余波通过投射/散射的方式继续向前传播,多次遇到波阻抗界面,得到多组反射波,从而对隧道前方不良地质体进行空间预测,但这种探测方式需占用掌子面和两侧边墙,耗时较长。

(3)陆地声呐法是"陆上极小偏移距(震-检距)超宽带弹性波反射超短余震接收系统连续剖面法"的简称,是具有我国自主知识产权的弹性波反射法勘查技术,如图 8-35、图 8-36 所示。该方法采用锤击的方式激发弹性波,激震点旁所设检波器接收被测物体的反射波,实现自激自收,可以激发和接收 $10\sim4\,000$ Hz 的波。该方法无须打孔、放炮,安全方便,具有干扰波少、图像分辨率高、反射波能量大等特点。

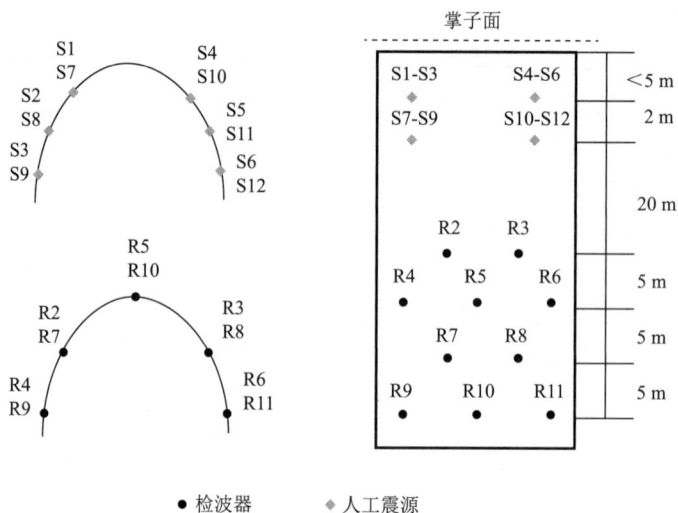

● 检波器　　◆ 人工震源

图 8-33　TRT 观测方式

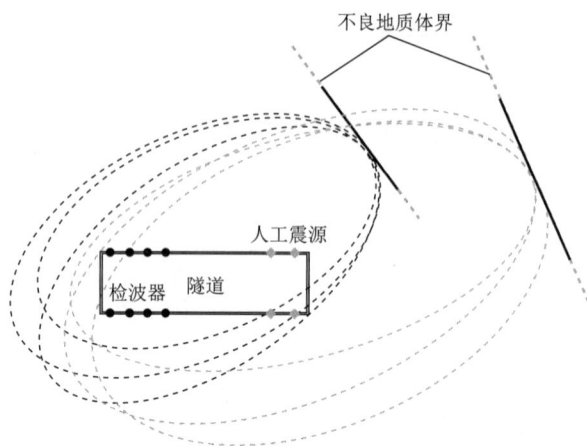

图 8-34　TRT 原理示意图

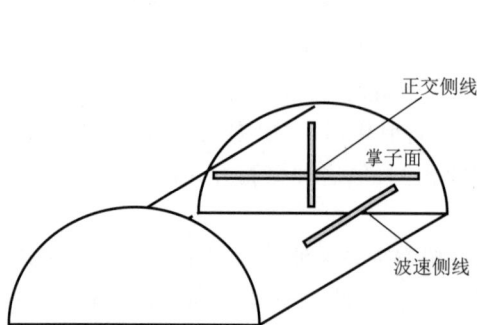

图 8-35　陆地声呐法观测示意图

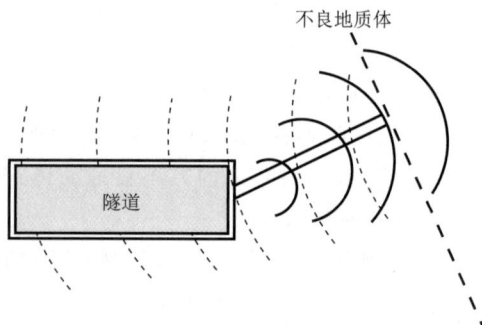

图 8-36　陆地声呐法原理示意图

3）电磁法

为了对含水体进行识别和定位,地质雷达法(ground penetrating radar,GPR)和瞬变电磁法(transient electromagnetic method,TEM)被引入隧道超前地质预报领域。

地质雷达技术(GPR)是一种短距离有效探测地下水的预报方法,它利用电磁波双程走时的长短差别来确定前方地质体的形态和属性,如图 8-37 所示。该方法的工作原理是设备向隧道前方发射连续的电磁波,由于前方地质体带电属性存在差异,当遇到不良地质体界面时就会发生反射,返回的电磁波被接收设备接收,返回波的频率、振幅和相位都会发生相应的变化,据此分析前方不良地质体的类型、规模。在实际应用中,地质雷达能较好地反馈前方围岩性质的变化,在对裂隙密集带、断裂破碎带等不良地质体的识别上有一定的优势,对岩溶、含水体作用明显,但地质雷达的探测距离过短,探测过程中易受其他杂波干扰,且在不良地质体垂直发育情况以及倾斜角度方面存在一定的局限性,影响预测结果,因此需配合其他方式进行综合探测。

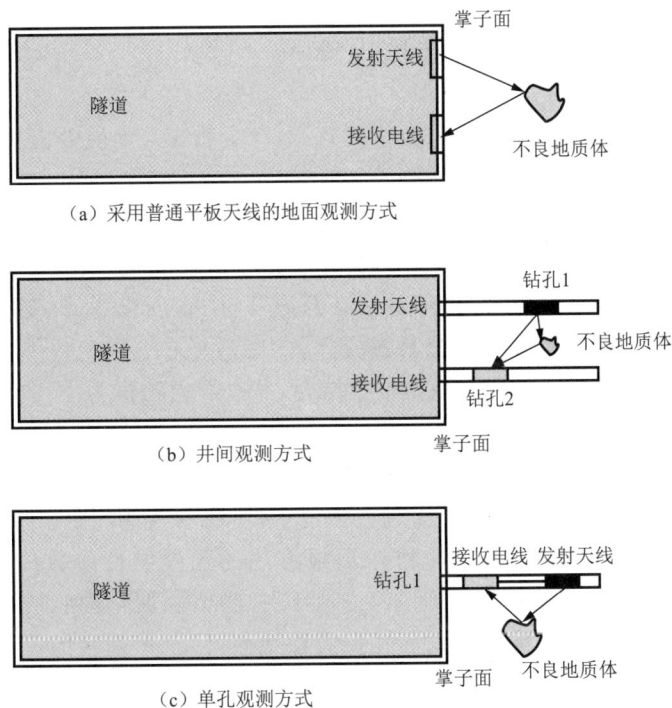

（a）采用普通平板天线的地面观测方式

（b）井间观测方式

（c）单孔观测方式

图 8-37　地质雷达法观测示意图

瞬变电磁法(TEM)是指不接地回线或接地线源向地下发射一次脉冲磁场,在一次脉冲磁场间歇期间利用线圈或接地电极观测地下介质中引起的二次感应涡流场,从而探测介质电阻率的一种方法,如图 8-38 所示。TEM 法利用"烟圈"效应,用较小的场地探测发射场地 10 倍以上的深度,适用于在狭小的掌子面上探测掌子面前方较远深度,但是该方法在探查掌子面前方地下含水构造时,其理论、技术方法和资料处理软件等方面还需进一步改进。

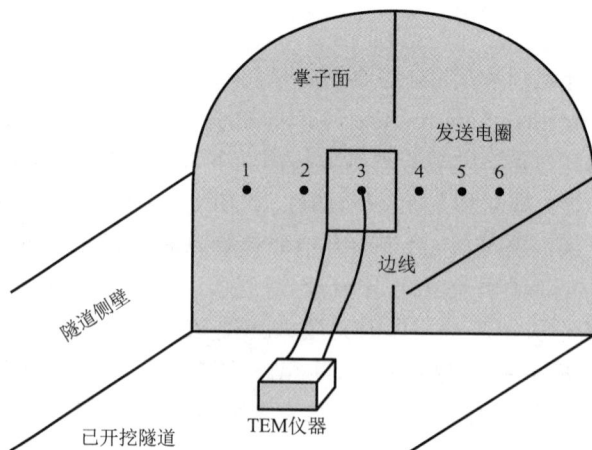

图 8-38　TEM 观测示意图

8.8.3　隧道综合超前地质预报体系

隧道综合超前地质预报应以"地质分析为核心,综合物探与地质分析相结合,洞内外结合,长短预测结合,物性参数互补"为原则。

（1）"以地质分析为核心"是指以地面和掌子面地质调查为主要手段（必要时开展超前钻孔）,并将地质分析作为超前预报的核心,贯穿于整个预报工作的始终。

（2）"综合物探与地质分析相结合"是指在开展 TSP、地质雷达、瞬变电磁法等综合物探工作的同时,将物探解译与地质分析紧密结合。

（3）"洞内外结合"是指洞内、洞外预报相结合,并以洞内预报为主、洞外预报为辅进行超前地质预报。

（4）"长短预测结合"是指在长距离预报的指导下,进行短距离精确预报,如地面地质调查和 TSP 为长距离预报,掌子面素描、地质雷达、超前钻探等为短距离预报。

（5）"物性参数互补"是指选取的物探预报方法的预报物性参数应相互补充配合。TSP、地质雷达、瞬变电磁法、BEAM 等物探方法不一定同时同等使用,应在地质分析的基础上,考虑"长短预测结合"等预报原则和物探方法适宜性,选取适宜的一种或几种物探方法进行预报。

8.8.4　隧道综合超前地质预报方案

1）预报方法

影响隧道和管道交叉处安全的地质问题主要为 F3′断层,根据《铁路隧道超前地质预报技术规程》（Q/CR 9217—2015）的相关规定,重点探测 DK13＋387—DK13＋407 断层区段以及 DK13＋407—DK13＋510 交叉段的工程地质和水文地质情况,建议该段断层预报按下列步骤进行:

（1）根据区域地质资料、工程地质平面图与纵断面图以及必要的地表补充地质调查，进一步核实断层的性质、产状、位置与规模等。

（2）随开挖进行掌子面地质素描、地质作图及断层趋势分析，调查的内容包括地层的产状特征、断裂构造、节理的发育规律、断层的分布位置等。

（3）分别在距离断层、隧道和管道交叉处 100 m 范围内，采用地震波法确定断层在隧道内的大致位置和宽度，确定断层的影响范围，判断隧道和管道交界处的不良地质体，预报频率为 80～100 m/次。

（4）距离断层、隧道和管道交叉处 80 m 范围内，采用瞬变电磁法辨识断层和隧道与管道交叉处是否含水并进行定位；若是含水地质构造，则利用激发极化法实现近距离（30 m）定位含水体并估算水量，预报频率为 20～25 m/次。

（5）距离断层、隧道和管道交叉处 30 m 范围内，采用地质雷达方法精细探测断层和隧道与管道交叉处的地质情况，确定断层的具体范围及异常地质体，预报频率为 20～25 m/次。

（6）必要时采用超前钻探预报断层的确切位置和规模、破碎带的物质组成及地下水的发育情况等。

（7）进行地质综合判析，提交地质综合分析成果报告，若隧道与管道交叉处附近存在地质异常情况，与设计不符的应按程序及时进行设计变更。

2）预报规定

铁路隧道超前地质预报应严格按照《铁路隧道超前地质预报技术规程》的相关规定实施：

（1）超前地质预报实施单位在开工前应结合风险评估结果编制超前地质预报实施细则，按程序审查和批准后负责组织实施；超前地质预报实施单位应及时将超前地质预报成果报施工、监理、勘察设计、建设单位，并对超前地质预报成果及数据的真实性负责。

（2）施工单位应积极组织或配合实施超前地质预报工作，并纳入实施性施工组织设计，利用超前地质预报成果及时指导施工。

（3）监理单位应对隧道超前地质预报实施过程进行监理，负责监督检查施工单位现场专业技术人员（地质、物探）数量及能力、设备类型及数量、超前地质预报的实施和数据采集以及相关协调工作等。

（4）承担地质条件复杂隧道的超前地质预报实施单位应具有实施超前地质预报的工作能力，或委托有相应资质的专业化队伍实施，并将超前地质预报纳入现场施工工序管理。超前地质预报实施单位应根据预报方案和合同规定配备专业人员和仪器设备，仪器设备的性能、精度及效率应能满足预报和工期的要求。

（5）在隧道与管道交叉处附近，如果采用 TSP 或 TST 技术进行地震波法测试，则应提前校核炸药量，避免对管道产生影响；地震波反射法超前地质预报现场采集数据所使用的炸药和雷管必须由持有爆破证的专人领用，爆破作业必须由专业爆破工操作。

3）管理流程及控制措施

（1）管理流程。

项目工程部设立施工超前地质预报工作管理小组，负责组织技术人员进行预报培训和学习工作、预报物探设备管理与协调使用、预报实施情况监督检查。各工区分别成立超前地质预测预报实施小组,负责现场超前地质预测预报工作的具体实施、资料收集整理以及超前地质预报系统的维护等。

(2)控制措施。

① 通身开挖前必须进行超前地质预报。

② 在每次开挖后对隧道进行及时观察,并描述开挖面地层的层理、节理、裂隙结构状况、岩体的软硬程度、出水量大小等,核对设计地质情况,判断围岩稳定性。地质素描的内容应真实可靠,且有文字和数码影像。

③ 超前地质预报采用的方法、预报的范围和频次等应符合设计要求规定。

④ 超前地质预报施作里程、位置、搭接长度应符合设计要求规定。

⑤ 超前地质预报施作后,应及时收集相关数据,归纳总结预报成果,核对设计地质情况,判断围岩稳定性。

8.8.5 管道变形控制措施

影响管道和地表沉降的因素包括地质条件、地下水情况、开挖方法(全断面法、台阶法、CRD 法、侧壁导坑法等)、开挖方式(掘进机开挖、人工开挖、爆破等)、断面形式(矢跨比、跨高比)、支护时间与强弱等,可以通过控制以上因素来控制管道和地表沉降变形。

1)改善岩土体性质

对隧道围岩及地表进行加固处理不但可以改善岩土体的性质,使其向有利于隧道稳定的方向转化,而且能在隧道开挖后加快形成自然拱。目前国内外常用的改善岩土体性质的方法有锚杆法、预注浆法、超前导管法等。实际施工中分为洞内注浆和地表注浆两大类。

对隧道开挖面及导洞进行注浆可达到加固地层的目的。在隧道开挖前对洞室轮廓外注浆,可以在开挖区域形成加固带,增大围岩的稳定性;在掌子面前方注浆,可起到稳定开挖面的作用。采用超前注浆与深层注浆可有效加固岩土体,注浆时应注意浆液的选择和注浆的方式。

地表管线周围土体注浆加固分为两大类:一是施工前对地下管线与施工区之间的土体进行注浆加固;二是施工后的补偿跟踪注浆。注浆加固的主要原理是增大地层的强度参数以减少地层的松动范围,控制地面沉降。

2)遵守施工原则

施工过程中严格按新奥法原则组织施工,遵循"早预报、管超前、预注浆、短进尺、弱爆破、强支护、快封闭、勤量测、早成环"的隧道施工原则。"早预报"是指提前开展隧道超前地质预报工作,探明隧道工程地质条件,避免施工突发地质灾害。"管超前"是指在施工前采用大管棚对围岩进行加固,在注浆后采用小导管对围岩进行加固,使大、小导管与围岩成为一个整体,形成可以承受围岩压力的超前管棚。"预注浆"是指在注浆过程中根据工程施工状况对注浆的时间、顺序、浆液配比和材料等进行严格掌握,只有严格控制注浆过程才能达到加固土体的目的。"短进尺"是指尽量使开挖的范围小,开挖范围越小,对地层的扰动也越小,同时要选择合理的循环进尺。"弱爆破"是指选用合适的爆破参数,最大限度地减轻围岩受到爆破影响而产生的扰动和破坏,使原岩保持稳定性与完整性。"强支护"是指初期支护应选择刚度大的支护材料如钢拱架等。"快封闭"是指不管是全断面开挖还是分步开挖,每个开挖面都应尽早封闭成环,封闭成环后可充分发挥围岩的自稳能力。"勤量测"是指对地表沉降的监测频率要大,以便在发生沉降时可以及时采取控制措施。"早成环"是指在施工时采取分部开挖的方式,且初期支护应及时成环。

3) 选择合适的施工方法

当采用台阶法施工时,预留成型的核心土可以有效减小地表沉降。同时台阶的长度也是影响地表沉降的重要因素,台阶的长度越长,地层越软,可能发生的地表沉降就越大。

双髻山隧道与管道交叉处和断层处分别设计采用三台阶法和三台阶预留核心土法开挖,建议必要时在隧道与管道交叉处采用三台阶预留核心土法开挖,同时减小台阶长度,采用短台阶法开挖,开挖后立即喷射混凝土,封闭围岩,并及时架设钢拱架。

4) 增强初期支护

隧道的初期支护对地表沉降的影响尤为关键,加强初期支护的方式有很多种。对超前支护来说,可采用长管棚并扩大注浆范围加强支护效果;对钢格栅、钢拱架来说,可减小格栅的间距或增大主筋的直径加强支护效果。

5) 控制地下水

在确保工作面正常稳定的开挖情况下,应该限制地下水的排放。当采取地表或洞内排水时,抽排水时间要尽可能短。当完成掌子面的开挖并采用喷射混凝土、注浆等方法稳定掌子面后,应停止抽排水。

6) 二次衬砌的施作

二次衬砌的施作可以保持开挖面的稳定,当地层刚度与初期支护刚度的作用越来越强时,二次衬砌的施作可有效确保地层以较快的速度恢复稳定。

7) 选择合适的开挖进尺

开挖进尺是影响工作面稳定的重要因素。一般而言,开挖进尺越大,引起的拱顶及地表沉降越大。国内外许多工程实践经验得出:每个循环进尺的长度应选为开挖断面宽度的1/10 左右。

8) 提高施工效率

提高施工效率可使地层应力的释放时间缩短,同时缩短开挖导致的应力、应变重分布过程,最终达到控制地表沉降的目的。

9) 建立应急预案

隧道开挖后,建议建立管道变形应急预案。根据隧道和管道沉降监测结果,一旦围岩或管道变形接近或超过监测预警值,就应根据应急预案采取必要的控制措施,如增设临时支撑、围岩径向注浆加固、地表注浆加固等。

8.9 管道安全监测方案

8.9.1 隧道和地表监测方案

1) 监测项目和监测频率

根据《铁路隧道监控量测技术规程》(PQ/CR 9218—2015),隧道监控量测必测项目见表 8-23。

表 8-23 隧道监控量测必测项目

序　号	监控量测	常用量测仪器	备　注
1	洞内、外观察	现场观察、数码相机、罗盘	
2	拱顶下沉	水准仪、刚挂尺或全站仪	
3	净空变化	收敛计、全站仪	
4	地表沉降	水准仪、钢尺或全站仪	隧道浅埋段
5	拱脚下沉	水准仪或全站仪	不良地质和特殊岩土隧道浅埋段
6	拱脚位移	水准仪或全站仪	不良地质和特殊岩土隧道深埋段

监控量测频率主要由变形速率和量测断面与开挖面的距离确定,可参照表 8-24 确定。对于由测点距开挖掌子面的距离决定的监控量测频率和由位移速度决定的监控量测频率,原则上采用较高的频率值。针对本工程实际情况,建议对断层段和交叉段围岩增大监控量测频率,见表 8-24。

表 8-24 必测项目监控量测频率

序　号	变形速度/(mm·d^{-1})	测点距开挖掌子面距离/m	量测频率
1	>5	(0~1)B	2 次/d
2	1~5	(1~2)B	1 次/d
3	0.5~1	(2~5)B	1 次/2~3 d
4	0.2~0.5	—	1 次/3 d
5	<0.2	>5B	1 次/7 d

注:B 为隧道开挖宽度。

2) 监测断面和测点布置

隧道浅埋、下穿构筑物地段应在隧道开挖前布设地表沉降测点。地表沉降测点和隧道内测点应布置在同一断面里程。测点纵向间距见表 8-25,H_0 为隧道埋深,H 为隧道开挖高度,B 为隧道开挖宽度。

表 8-25　地表沉降测点纵向间距

隧道埋深 H_0 与开挖宽度 B、高度 H 关系	纵向测点间距/m	隧道埋深 H_0 与开挖宽度 B、高度 H 关系	纵向测点间距/m
$2B<H_0\leqslant2(B+H)$	15～30	$B<H_0\leqslant2B$	10～15
$H_0\leqslant B$	5～10		

地表沉降测点横向间距宜为 2～5 m,在隧道中线附近测点应适当加密,隧道中线两侧量测范围应不小于 H_0+B。构筑物对地表沉降有特殊要求时,两侧间距应适当加密,范围应适当加宽。针对本工程实际情况,建议对管道附近的地表加密布置监测点并加宽监测范围,如图 8-39 所示。

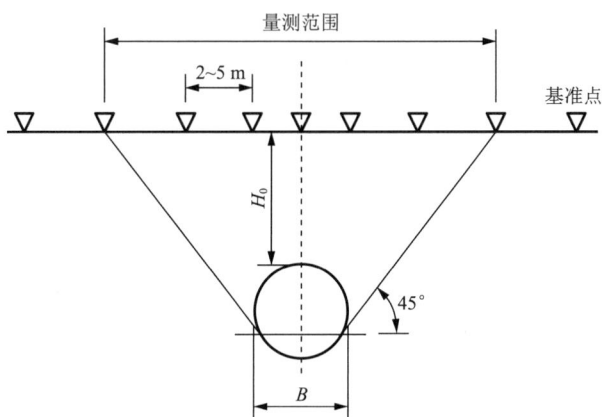

图 8-39　地表沉降横向测点布置示意图

净空变化、拱顶下沉等必测项目应设置在同一断面;拱顶下沉点原则上应设置在拱顶轴线附近;当隧道跨度较大时,应结合施工方法在拱部增设测点,监控量测断面间距在不良地质和特殊岩土地段应取小值,如表 8-26、图 8-40 所示。

表 8-26　必测项目监控量测断面间距

围岩级别	断面间距/m	围岩级别	断面间距/m
Ⅳ～Ⅴ	5～10	Ⅳ	10～30
Ⅲ	30～50		

3)监控量测控制标准

根据《铁路隧道监控量测技术规程》(Q/CR 9218—2015),对于跨度大于 12 m 的铁路隧道,目前没有统一的位移判断基准,选取《岩土锚杆与喷射混凝土支护工程技术规范》(GB 50086—2015)对隧道周边允许位移相对值的规定。周边位移相对值是指两测点间实测位移累计值与两侧点距离之比,两侧点间的位移也称为变化值,见表 8-27。

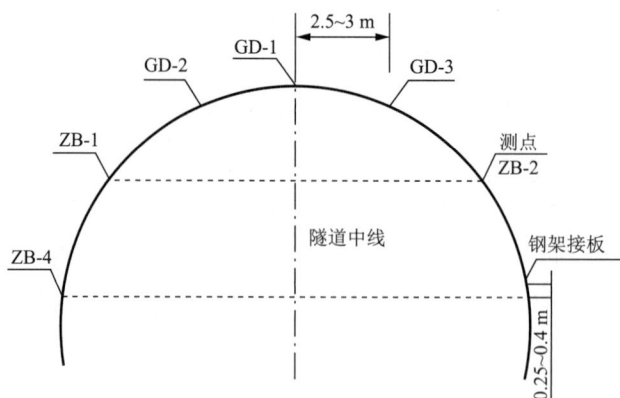

图 8-40　三台阶法量测断面布点示意图

表 8-27　隧道周边允许位移相对值

围岩级别	不同埋深 h 下允许位移相对值/%		
	$h<50$ m	50 m$\leqslant h\leqslant$300 m	>300 m
Ⅲ	0.1～0.3	0.2～0.5	0.4～1.2
Ⅳ	0.15～0.5	0.4～1.2	0.8～2.0
Ⅴ	0.2～0.8	0.6～1.6	1.0～3.0

位移控制基准应根据测点距开挖面的距离,由初期支护极限相对位移确定,见表 8-28。表中 B 为隧道开挖宽度,U_0 为监测位移允许值。

表 8-28　位移控制基准

类　别	距开挖面 1B(U_{1B})	距开挖面 2B(U_{2B})	距开挖面较远
允许值	65%U_0	90%U_0	100%U_0

根据位移控制基准,分 3 个管理等级,见表 8-29,表中 U 为实测位移值。

表 8-29　位移管理等级

管理等级	距开挖面 1B	距开挖面 2B
Ⅲ	$U<U_{1B}/3$	$U<U_{2B}/3$
Ⅱ	$U_{1B}/3\leqslant U\leqslant 2U_{1B}/3$	$U_{2B}/3\leqslant U\leqslant 2U_{2B}/3$
Ⅰ	$U>2U_{1B}/3$	$U>2U_{2B}/3$

4) 监控量测管理流程及控制措施

(1) 管理流程。

① 实施监控量测工作前,通知现场监理实施监理工作。

② 量测小组在规定的时间内完成数据采集和分析,并根据分析结果对工程安全性提

178

出评价意见。监控量测的所有原始资料和分析判断结论须随施工日志放置在隧道口备查。评价应根据位移管理等级分 3 级进行。

当监控量测位移管理达到Ⅲ级时，由现场监控量测组长将量测原始资料和分析结果通报给现场技术主管和现场监理工程师，正常施工。

当监控量测位移管理达到Ⅱ级时，由现场监控量测组长将量测原始资料和分析结果通报给现场技术主管和现场监理工程师，同时于 2 h 内上报总工程师、专业监控量测评估单位、指挥部，综合评价设计施工措施，加强监控量测，必要时采取相应的工程措施。

当监控量测位移管理达到Ⅰ级且拱顶下沉、水平收敛达 5 mm/d 时，由现场监控量测组长及时通知现场技术主管、现场监理工程师并暂停施工，并将量测原始资料和分析结果于 2 h 内上报项目部项目经理、总工程师、指挥部、工程部（可先传电子版，后报纸质文档）。项目经理组织研究提出具体意见，指挥部指挥长、工程部部长 8 h 内到达施工现场盯控，并组织参建各方研究相应工程措施，必要时由公司组织专家组研究工程措施。

③ 总工程师每天收集各隧道监控量测的成果分析资料，对分析意见进行确认，超过Ⅱ级管理值的由项目经理同时履行该检查确认程序，相关资料签认后建账管理备查。

④ 监控量测评估单位对高风险及以上段落每个量测断面的抽检应不少于 2 次，其他段落每个量测断面的抽检应不少于 1 次。若发现异常情况，应在 4 h 内通知指挥部，由指挥部主管工程师组织分析，遇重大、紧急情况同时报监理单位。每月形成检查复核工作报告，于 25 日前报指挥部，同时报监理单位工程部核备。

⑤ 施工单位、监理单位、指挥部建立管理台账和周报、月报分析制度，总结监控量测数据的变化规律，对施工安全进行评价，逐级上报阶段分析报告。按要求编制周报、月报，并报监理单位审核后报指挥部。周报、月报内容主要包括监控量测工作开展情况、监控量测工作小结和分析以及下一步工作计划。

（2）控制措施。

① 成立监测管理小组，制定实施性计划并有步骤地实施监测。

② 制定各点位的保护措施。定期对使用的基准点或工作基点进行稳定性检测，有怀疑时立即进行复核，如有问题应及时处理，监测时采用相同的观测路径及方法。

③ 必须保持有完整、清晰的监测记录、图表、曲线及监测文字报告。

④ 量测项目人员建立质量责任制以确保施工监测质量，并且质量责任制要相对固定，以保证数据资料的连续性。

⑤ 观测前，必须对所有仪器设备按有关规定进行检验和校核，确保仪器的稳定可靠性并保证观测的精度。

⑥ 观测前，采取增加测回数的措施以保证初始值的准确性。

⑦ 测试元件及监测仪器必须是正规厂家的合格产品，测试元件要有合格证，监测仪器要定期校核、标定。

⑧ 建立监测复核制度，以确保监测数据的真实可靠。

8.9.2 管道监测方案

1）管道监测断面和测点

目前，爆破作业对管道产生的影响主要是管线自身结构变形以及周围岩土体变形两方面，其研究包括获取管线自身拉伸、弯曲等变形规律，了解周围岩土体破坏形式以及岩土体对管线影响规律、影响范围、影响程度等。因此，针对此类爆破作业对管道的影响，主要监测指标为爆破产生的振动速度、加速度和管道位移。通过管道应变和位移监测技术监测爆破对管道的影响，对于保障管道的安全运行非常必要。

在管道本体设置监测单元，为掌握隧道与管道交叉处管道截面上的轴向应变和环向应变，需要在管道监测断面顶部、底部和左右两侧各安装应变计，如图 8-41 所示。应变监控量测宜采用振弦式传感器、光纤光栅传感器。振弦式传感器可通过频率接收仪获得频率读数，依据频率-量测参数率定曲线换算出相应量测参量值。光纤光栅传感器可通过光纤光栅解调仪获得读数，从而换算出相应量测参量值。振动速度和振动加速度监控量测可以采用电磁类传感器、光纤光栅传感器。

为监测管道实际位移情况，在隧道与管道交叉处管道监测断面埋设位移计，安装位置为管道监测断面顶部和左右两侧，如图 8-41 所示。

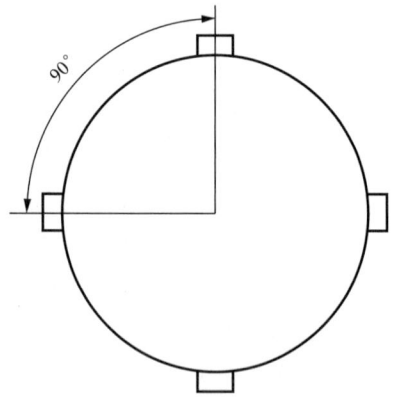

图 8-41　传感器安装位置示意图

2）管道监测工序

自探坑开挖至无线采集装置调试，总计有 11 道较大工序。

（1）人工开挖探坑，如图 8-42、图 8-43 所示。

① 根据之前选定的标记位置，使用探地雷达准确测定管顶位置及距离；

图 8-42　探坑开挖

② 采用人工挖掘的方式挖坑,距管顶处轻挖以免破坏管道;

③ 管道两侧至坑壁的距离应大于 100 cm,深度至管道底部向下 50 cm,探坑纵向长度 6 m 以上。

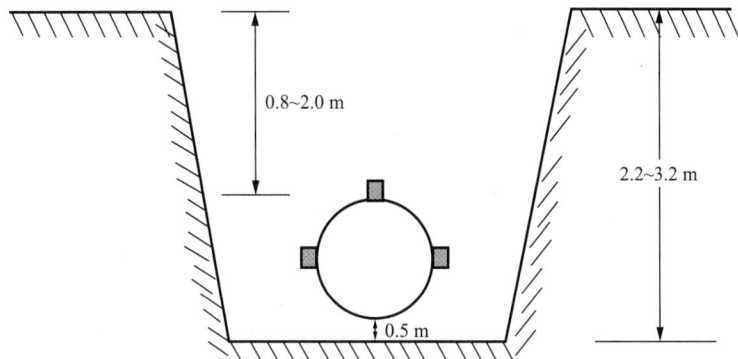

图 8-43　作业坑剖面图

(2) 清洗管道。

① 使用清水、刷子、毛巾等物品及工具清洗管道表面,直至管道表面无残留污垢;

② 清洗完毕后,在风沙天气长时间离开操作面情况下,应注意遮挡,以免重复操作。

(3) 定位。

① 使用水平尺找到两个管道顶点并连接起来,纵向画一条直线,然后在顶端画开口线;

② 取 1/4 的管道截面周长长度,由顶点顺管道截面两侧定位,并画开口线;

③ 开口线中心必须标有中轴线,中轴线长度必须大于开口长度。

(4) 防腐层剥离。

使用专用打磨机沿开口线抛去线内防腐层,清除防腐底漆,将管道表面抛光、改性。

(5) 测试传感器。

为保证可靠性,安装过程中每一步都要对传感器进行检测。

(6) 组装传感器。

① 将调节好的传感器顺着中轴线位置放正,确定安装位置,将管体金属表面和传感器底座擦拭干净;

② 在传感器底座上均匀涂抹耦合剂,将传感器放至事先确定的位置上,适当按压传感器,以增强粘贴强度;

③ 传感器模数调试。

(7) 防腐。

① 将黏弹性防腐膏加热,均匀涂抹、按压在开口部分并包裹传感器;

② 粘贴黏弹性防腐带,表面加热至牢固粘结管道表面;

③ 测试传感器,并采集数据。

(8) 敷设屏蔽线缆。

① 将每根屏蔽线缆做好标记。将一个监测截面的所有传感器的数据线连接至同一条

屏蔽线缆上；

② 每根屏蔽线缆分别穿放于 PE 保护管内给予保护，并就近导出地面；

③ 做回填前最后一次应变计监测。

（9）探坑回填。

① 回填过程中注意保护线缆和监测设备，不可将重物直接砸落；

② 测试传感器，并采集数据。

（10）安装地表线缆井，如图 8-44 所示。

① 探坑回填完毕后，将前述已穿 PE 管的屏蔽线缆沿线槽引至线缆井安装位置；

② 对线缆井地下部分浇筑混凝土，并对分线缆做位置标记。

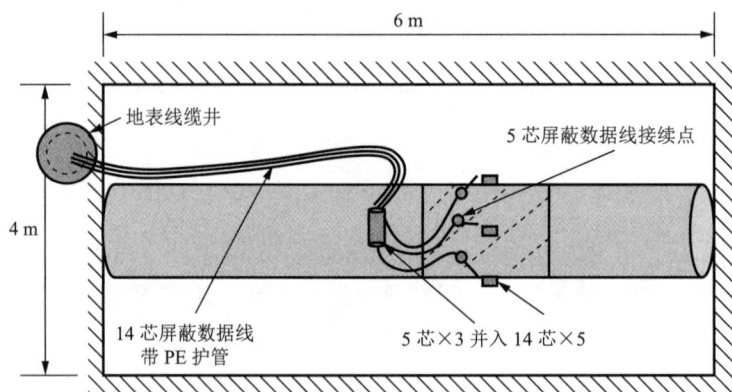

图 8-44　数据线连接布局

（11）安装调试井内无线遥测装置。

① 使用笔记本电脑对自动采集仪、GPRS 模块、电池、SIM 卡逐一进行功能测试和离线测试；

② 接通上述所有设备，进行后台呼叫，进行在线测试及设备标定；

③ 监控量测控制标准。

根据《爆破安全规程》（GB 6722—2021）等技术规范，管道振动安全标准值为 2 cm/s，结合《铁路工程爆破振动安全技术规程》（TB 10313—2019），以允许值的 85% 作为预警值。

根据《输气管道工程设计规范》（GB 50251—2015）和《油气输送管道线路工程抗震规程技术规范》（GB/T 50470—2017），管道最大质点加速度为 2.75 m/s²，安全预警速度为 1.96 m/s²，管道位移控制标准为 10 mm，变化速率为 2 mm/d，设定安全预警值为 7 mm。

第 9 章
重车碾压管道保护方案

穿跨越管道施工过程中可能涉及的车辆包括挖掘机、吊管机、焊接车和防腐作业车等。重型车辆在管道上方行驶时,管道会受到上部循环荷载作用而产生变形,对管道安全造成威胁。

9.1 推荐的管道保护措施

根据当前行业实践,跨越长输管道地段时采取铺设路基板桥的方式对管道进行保护。路基板桥尺寸为 6 m×1.5 m×0.15 m,在役管道上方路基板桥架空长度不小于 1.5 m,设备通过在役管道时必须在路基板桥上通行,如图 9-1、图 9-2 所示。

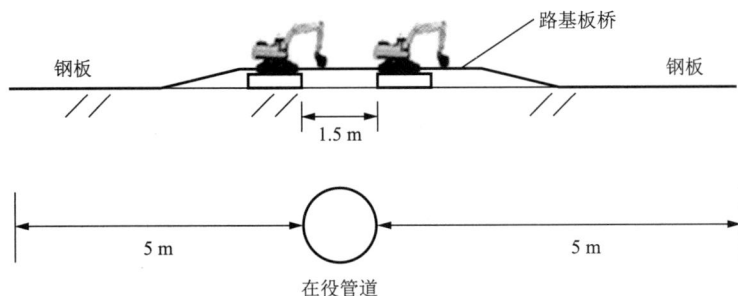

图 9-1 施工机械地面跨越中俄、锦郑在役管道拉近路基板桥示意图

9.2 基于有限元模拟的重车碾压工况分析

9.2.1 计算工况

结合多体动力学方法和有限元分析技术,使用 ABAQUS 软件建立管道-土体相互作用

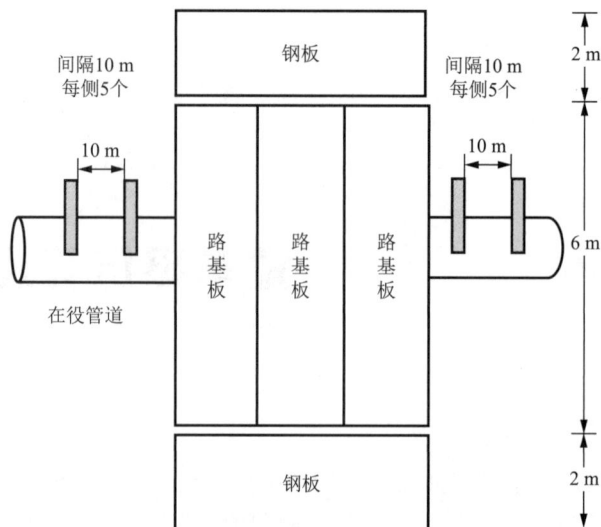

图 9-2　跨越在役管道路基板桥保护示意图(标志桩间隔 10 m,每侧 5 个)

的有限元模型,并使用 VLOAD 子程序实现移动载荷的加载,模拟不同工况下车辆碾压载荷对埋地管道的动力响应过程,分析车辆碾压载荷下埋地管道的动力响应规律,完成车辆碾压载荷埋地管道的动力响应模拟。

主要计算分析工况如下:

(1) 车辆载荷。

分别选取车辆牵引总质量 20 t,40 t,60 t 和 80 t,按照 10 轮(前 2 后 8)进行有限元模拟计算。

(2) 管道埋深。

管道埋深选取地面距管道中心线 0.8 m 和 1.2 m。

(3) 管道尺寸及内压。

管道尺寸为 323.9 mm×7 mm,考虑管道无内压、6.27 MPa、7.9 MPa 3 种情况。

(4) 敷设钢板尺寸。

路面钢板厚度取 8 mm 和 12 mm,分别计算钢板长宽无限长和指定钢板长宽为 5 m×3 m 两种工况。

(5) 回填土强度。

选取 3 种不同强度条件下的管道上方回填土进行计算,土的弹性模量分别为 5 MPa,14.4 MPa 和 40 MPa。

(6) 车辆行驶速度。

考虑车辆行驶速度对埋地管道的影响,车辆行驶速度分别取 10 km/h,30 km/h 和 60 km/h。

9.2.2　埋地管道动力响应分析技术路线

根据研究内容确定车辆碾压载荷作用下埋地管道动力响应分析的技术路线,如图 9-3 所示。

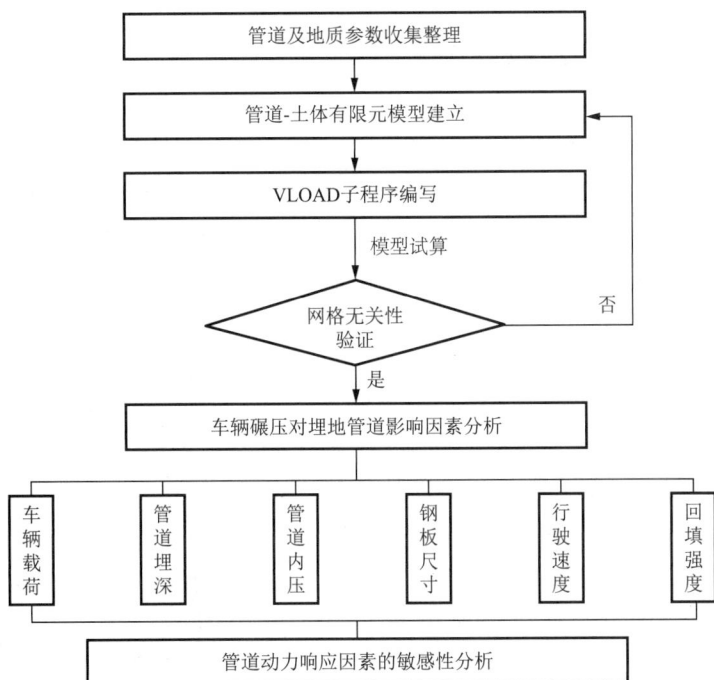

图 9-3　车辆碾压载荷作用下埋地管道动力响应分析的技术路线

9.2.3　有限元模型的结构

为了真实地模拟重车碾压对埋地管道的影响,运用 ABAQUS 2019 有限元软件建立车辆移动载荷-路面钢板-回填土-管道-黏土的三维接触有限元模型,如图 9-4 所示。

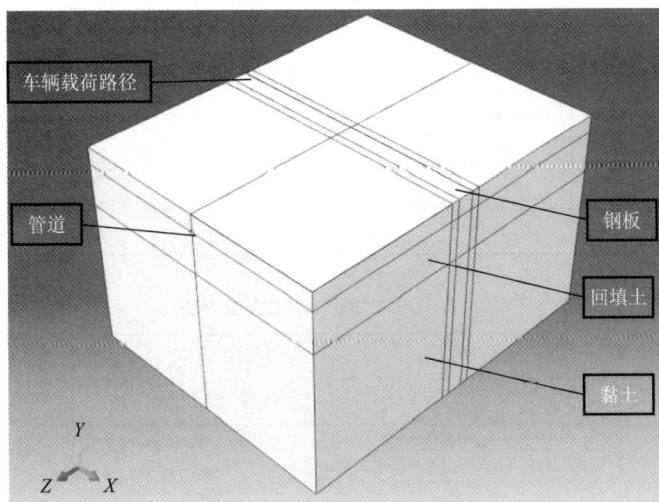

图 9-4　有限元模型结构组成

9.2.4　土体有限元模型的建立

1）土体有限元模型选择

目前,管道在外载荷作用下动力响应研究中常选用的土体模型为 M-C 模型和 D-P 模型。M-C 模型是一种理想的弹塑性模型,它综合了胡克定律和 Coulomb 破坏准则,可以很好地描述土体的破坏,但 M-C 模型假设土体在达到抗剪强度之前的应力-应变关系满足胡克定律,因而并不能较好地反映土体破坏前的变形行为。

M-C 屈服面在应力空间平面上是一个不等角的六边形,两条边的交点处是一个角隅,该处为屈服面函数的奇异点,在计算流动矢量时存在困难。为解决这一问题,Drucker 和 Prager 将 M-C 准则在 π 平面上的屈服面改为光滑面,使其便于程序计算,这一准则称为 D-P 准则,遵守这一准则的模型也被称为 D-P 模型。

这里简化路面为线弹性模型,土体为线性 D-P 模型,选择 D-P 模型进行计算。M-C 模型和 D-P 模型对应的屈服面如图 9-5 所示。

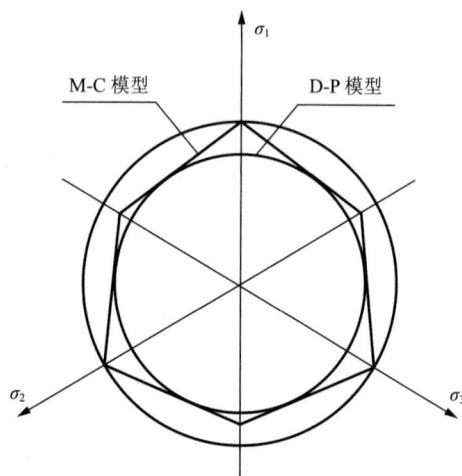

图 9-5　π 平面上不同屈服准则对应的屈服面

2）土体计算参数

土体有限元模型尺寸为 14 m×20 m×25 m,土体结构组成如图 9-4 所示,所选取的土体计算参数见表 9-1～表 9-5。

表 9-1　路面材料参数

结构层	材料名称	厚度/m	密度/(kg·m⁻³)	弹性模量/MPa	泊松比
土　基	回填土 1	4	1 970	40.0	0.40
	回填土 2	4	1 780	14.4	0.40
	回填土 3	4	1 750	5.0	0.25
	黏　土	10	1 800	9.0	0.40

表 9-2　Drucker-Prager 模型参数

材料名称	摩擦角/(°)	剪涨角/(°)	应力比
回填土 1	28.7	28.7	1
回填土 2	36.0	0	1
回填土 3	32.0	0	1
黏　土	35.3	35.3	1

表 9-3　回填土 1 Drucker-Prager 硬化参数

$\sigma_1-\sigma_3/kPa$	ε_p	$\sigma_1-\sigma_3/kPa$	ε_p
170.1	0	649.9	0.035
740.3	0.050	801.4	0.073
848.0	0.091		

表 9-4　回填土 2 Drucker-Prager 硬化参数

$\sigma_1-\sigma_3/kPa$	ε_p	$\sigma_1-\sigma_3/kPa$	ε_p
170	0	650	0.035
750	0.051	800	0.073
850	0.092		

表 9-5　黏土 Drucker-Prager 硬化参数

$\sigma_1-\sigma_3/kPa$	ε_p	$\sigma_1-\sigma_3/kPa$	ε_p
57.04	0	102.359	0.008 2
177.59	0.024	282.180	0.056 0

3）管道有限元模型

简化管道为三维固体模型,由于钢管对软基的适应性较强,因此假设管材为线弹性体,采用 8 节点线性减缩积分三维应力单元(C3D8R)对管道进行模拟,接触面相互作用方向简化为切向和法向,切向仅考虑管土的摩擦力作用(摩擦系数为 0.4),法向为硬接触。管道计算参数见表 9-6。

表 9-6　管道计算参数

管道材质	管道尺寸/(mm×mm)	管道压力/MPa	弹性模量/GPa	泊松比	最小屈服强度/MPa	密度/(kg·m⁻³)
API5LX52	$\phi323.9×7$	6.27,7.9	206	0.3	360	7 850

9.2.5　车辆荷载

选用 DLOAD 子程序加载车辆移动荷载,按照车轴距 3.900 m/1.350 m、轮距 1.8 m 进行计算,钢材弹性模量为 206 GPa,泊松比为 0.3,最小屈服强度为 360 MPa,密度为 7 850 kg/m³。车轮与地面的接触面积按照《公路桥涵设计通用规范》(JTG D 60—2015)中一级公路和二级公路车辆后轮着地宽度及长度为 0.6 m×0.2 m 时的轮压均布荷载,土体模型上表面尺寸为 20 m×25 m,模拟车辆荷载沿 Y 轴正方向移动,车辆荷载移动带如图 9-6 所示。

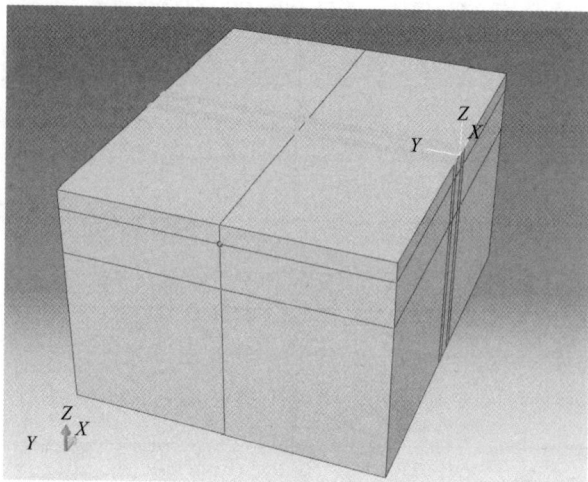

图 9-6　车辆荷载移动带

9.2.6　管土有限元模型的建立

管土有限元分析分两步进行模拟：

第一步，施加管土重力载荷及管道内压力，给定计算时间 1 s；

第二步，施加车辆移动载荷，给定计算时间 3 s。

模型土体底部施加固定约束，对称面施加对称约束，管道和土体间采用"面面接触"，接触面法向上设置"硬接触"，切向上选用罚函数进行约束，摩擦系数为 0.4，模型中所有材料均采用 C3D8R 进行划分。为了提高模型的计算精度，对管道周边土体单元进行加密，同时疏松距离管道较远的单元网格，以提高模型的运算速度。为排除网格对模型的影响，需进行网格无关性验证。最终给定管道网格数为 5 万个、土体网格数量 15 万个。土体和管道有限元网格模型如图 9-7 和图 9-8 所示。

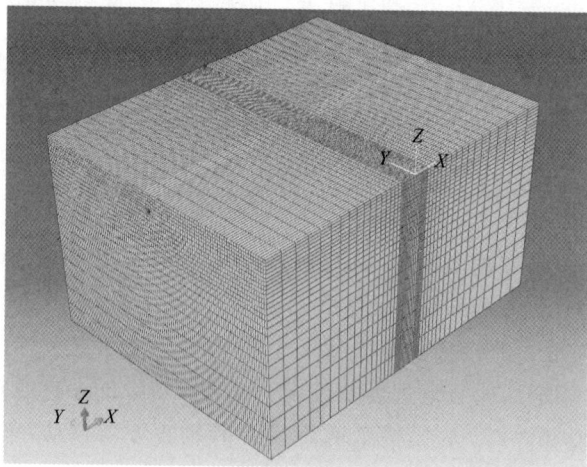

图 9-7　土体有限元模型网格划分

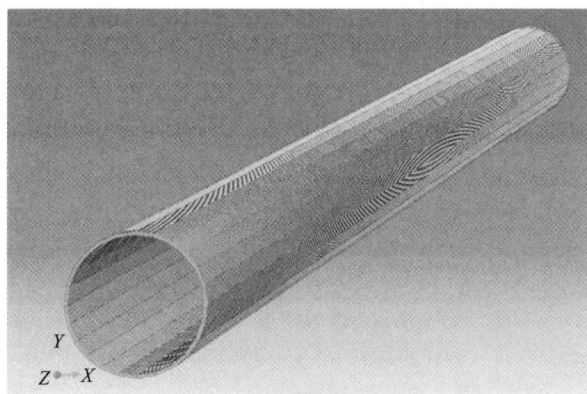

图 9-8 管道有限元模型网格划分

建立的有限元模型边界条件及施加的荷载如图 9-9 所示。

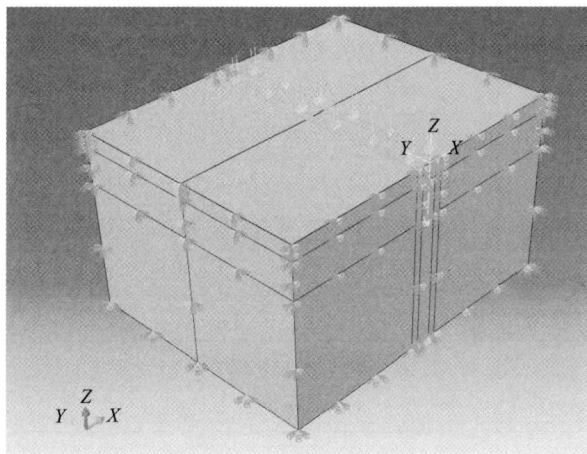

图 9-9 有限元模型边界条件及荷载示意图

9.2.7 管道应力数值计算

1）许用应力

根据《输油管道工程设计规范》（GB 50253—1994），线路段管道的许用应力应按下式计算：

$$[\sigma] = K\phi\sigma_s \tag{9-1}$$

式中 $[\sigma]$——许用应力，MPa；

K——设计系数，输送原油、成品油管道除穿跨越管段按现行国家标准《油气输送管道穿越工程设计规范》（GB 50423—2007）、《油气输送管道跨越工程设计规范》（GB/T 50459—2017）的规定取值外，输油站外一般地段应取 0.72，城镇

189

中心区、市郊居住区、商业区、工业区、规划区等人口稠密地区应取 0.6,输油
站内与清管器收发筒相连接的干线管道应取 0.6;

ϕ——焊缝系数,取 1.0;

σ_s——钢管的最低屈服强度,MPa。

表 9-7　输油管道常用钢管钢级的最低屈服强度、最低抗拉强度和焊缝系数

钢管标准	钢号或钢级	最低屈服强度 /MPa	最低抗拉强度 /MPa	焊缝 系数 ϕ	备　注
《输送流体 用无缝钢管》 (GB/T 8163 —2018)	Q295	295($S \leqslant$16 mm) 275(16 mm$<S \leqslant$30 mm) 255($S>$30 mm)	390	1.0	S 为钢管的 公称壁厚
	Q345	345($S \leqslant$16 mm) 325(16 mm$<S \leqslant$30 mm) 295($S>$30 mm)	470		
	20	245($S \leqslant$16 mm) 235(16 mm$<S \leqslant$30 mm) 225($S>$30 mm)	410		
《石油天然气 工业　管线 输送系统用钢管》 (GB/T 9711 —2017) PSL1 钢管	L175,L175P	175	310	1.0	—
	L210	210	335		
	L245	245	415		
	L290	290	415		
	L320	320	435		
	L360	360	460		
	L390	390	490		
	L415	415	520		
	L450	450	535		
	L485	485	570		

本次 K 取 0.6,σ_s 取 360 MPa,ϕ 取 1.0,则许用应力为:

$$[\sigma]=K\phi\sigma_s=0.6 \times 1 \times 360 \text{ MPa}=216 \text{ MPa}$$

经计算,管道许用应力为 216 MPa。考虑焊缝缺陷、内外腐蚀、管道长期服役下的疲劳
等因素,保守起见,管道应力取许用应力的 0.8 倍,即 172.8 MPa。

2)管道内压产生的环向应力

埋地输油管道由内压产生的环向应力 σ_h 按下式计算:

$$\sigma_h=\frac{pd}{2\delta} \tag{9-2}$$

式中　p——管道的设计内压力,MPa;

d——管道的内径,m;

δ——管道的公称壁厚,m。

根据式(9-3),当管道设计压力为 6.27 MPa 时,理想状态下管道环向应力为 138.791 MPa;当管道设计压力为 7.90 MPa 时,理想状态下管道环向应力为 174.872 MPa。

9.2.8 有限元计算结果分析

1)有限元计算结果

参照上节中的计算工况进行有限元模拟计算,得到各工况计算结果,见表 9-8。

表 9-8 埋地管道重车碾压各工况计算结果统计表

工况序号	管道内压/MPa	管道埋深/m	钢板厚度/mm	钢板宽和长/(m×m)	行驶速度/(km·h⁻¹)	回填土弹性模量/MPa	车辆载荷/t			
							20	40	60	80
							管道承载力峰值/MPa			
1	6.27	1.2	0	—	30	40	137.846	—	146.562	—
2	6.27	1.2	0	—	30	14.4	—	—	164.835	—
3	6.27	1.2	0	—	30	5	—	—	185.065	—
4	6.27	1.2	12	∞	30	40	133.852	134.972	136.679	138.412
5	0	1.2	12	∞	30	40	5.482	8.788 29	12.431 7	16.102 1
6	6.27	1.2	8	∞	30	40	133.061	—	137.490	—
7	6.27	0.8	8	∞	30	40	135.009	—	137.644	—
8	7.9	1.2	0	—	30	40	171.330	—	181.182	—
9	7.9	1.2	0	—	30	14.4	—	—	202.735	—
10	7.9	1.2	8	3×5	30	14.4	—	—	180.124	184.898
11	7.9	1.2	0	—	30	5	—	—	219.295	—
12	7.9	1.2	8	∞	30	40	166.573	—	170.722	—
13	7.9	0.8	8	∞	30	40	168.764	—	171.276	—
14	7.9	0.8	8	∞	30	14.4	167.378	—	172.205	—
15	7.9	0.8	8	3×5	30	14.4	168.175	—	182.930	201.750
16	7.9	0.8	8	∞	30	5	—	—	176.630	—
17	7.9	0.8	8	∞	10	40	—	—	173.661	—
18	7.9	0.8	8	∞	60	40	—	—	169.714	—
19	5.3	1.2	0	—	30	14.4	—	—	146.248	—
20	5.3	1.2	8	3×5	30	14.4	—	—	126.440	—

2）重车碾压过程计算结果分析

管道埋深厚度取 1.2 m，内压力取 7.9 MPa，车辆载荷为 60 t，行驶速度为 30 km/h，对行驶路面无钢板敷设的模型进行重车碾压过程结果分析，得到应力云图，如图 9-10～图 9-15 所示。

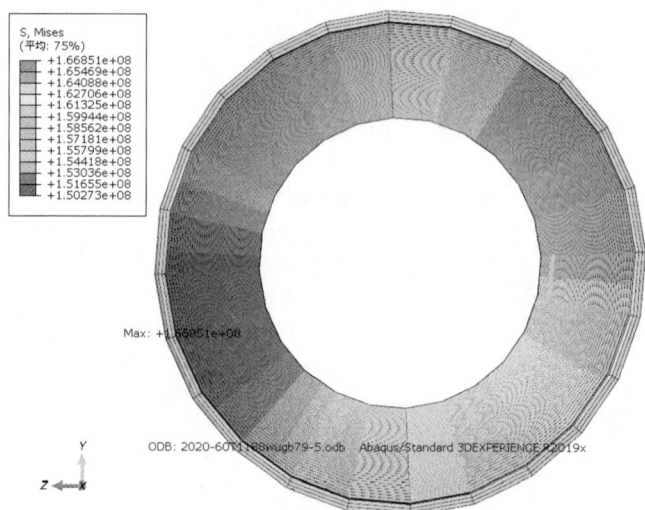

图 9-10　初始地应力平衡后管道 Mises 等效应力图（166.851 MPa）

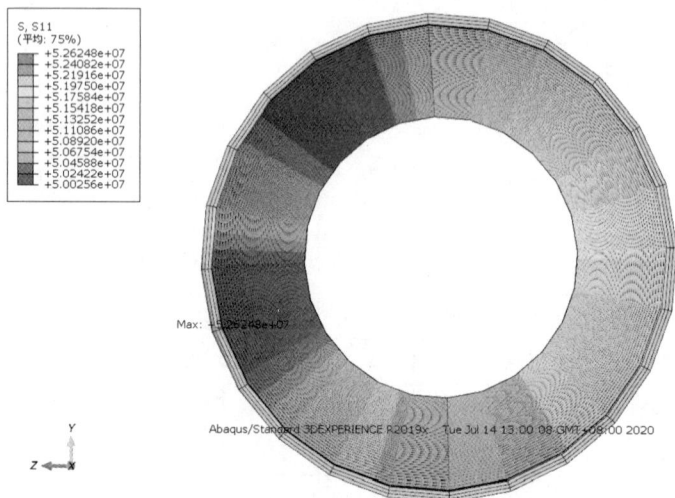

图 9-11　初始地应力平衡后管道轴向应力图（52.624 MPa）

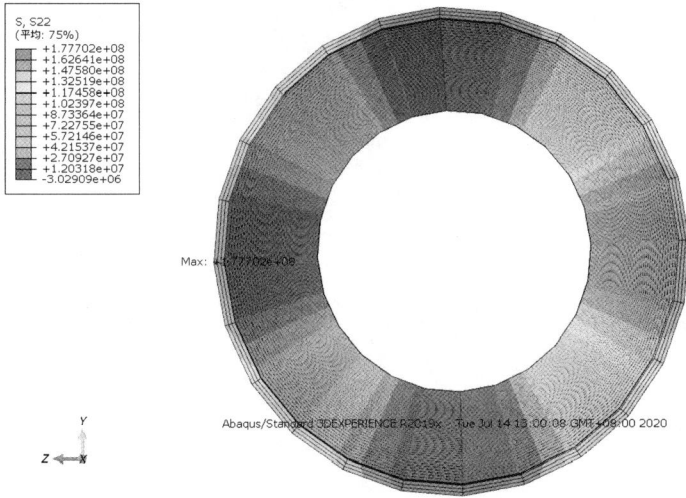

图 9-12　初始地应力平衡后管道轴向应力图（177.702 MPa）

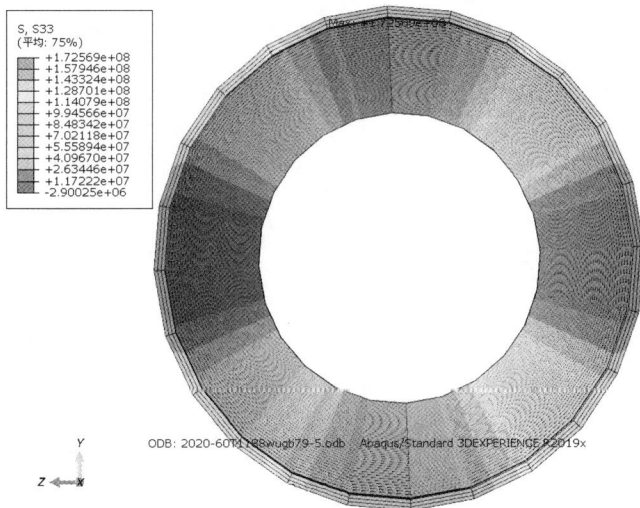

图 9-13　初始地应力平衡后管道竖向应力图（172.569 MPa）

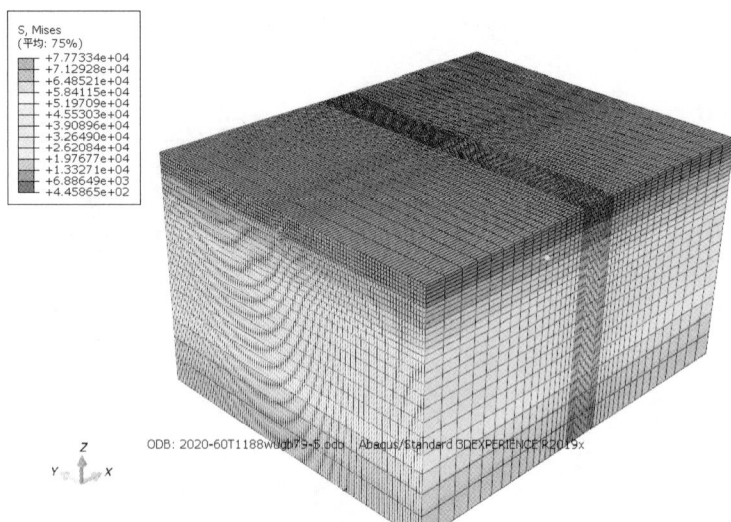

图 9-14　初始地应力平衡后地层应力云图

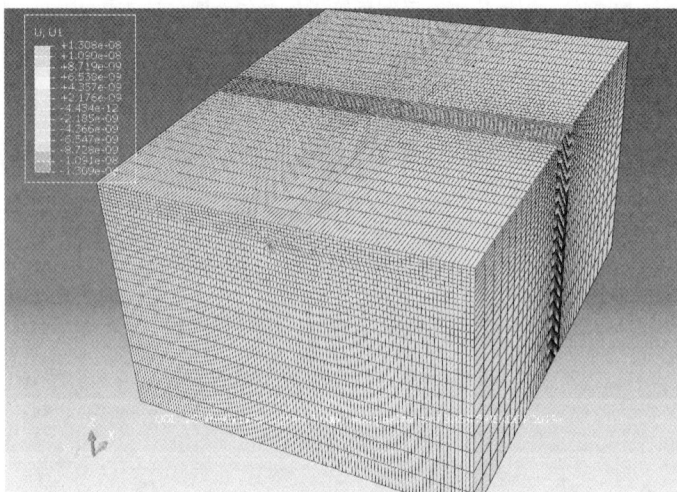

图 9-15　初始地应力平衡管道位移云图

初始状态下,管道仅承受重力、内压力及土体应力作用。地层中竖向应力等于重力加速度与密度和埋深的乘积,即理想状态下,1.2 m 埋深处地层竖向应力 S33＝9.8×1 785×1.2 Pa＝20 991.6 Pa。理想状态下,无外荷载作用时,管道承受应力为 174.872 MPa。根据有限元计算结果可知,在管道埋深 1.2 m 时,初始地应力平衡后管道承受 Mises 等效应力为 166.851 MPa,其中轴向应力为 52.624 MPa 和 177.702 MPa,竖向应力为 172.569 MPa。有限元模型竖向荷载精度误差为 1.3％,满足有限元模型计算精度要求。

车辆碾压运动仿真过程如图 9-16 所示。为对比观察,将管道的变形量放大 10 倍,应力云图如图 9-16～图 9-23 所示。

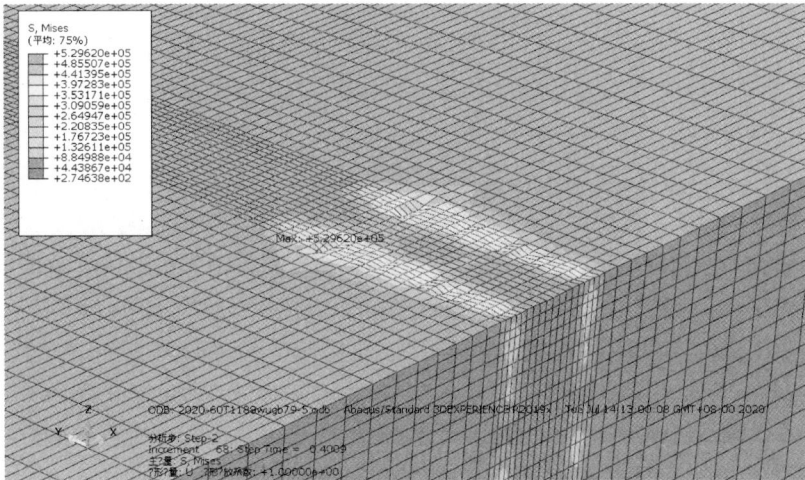

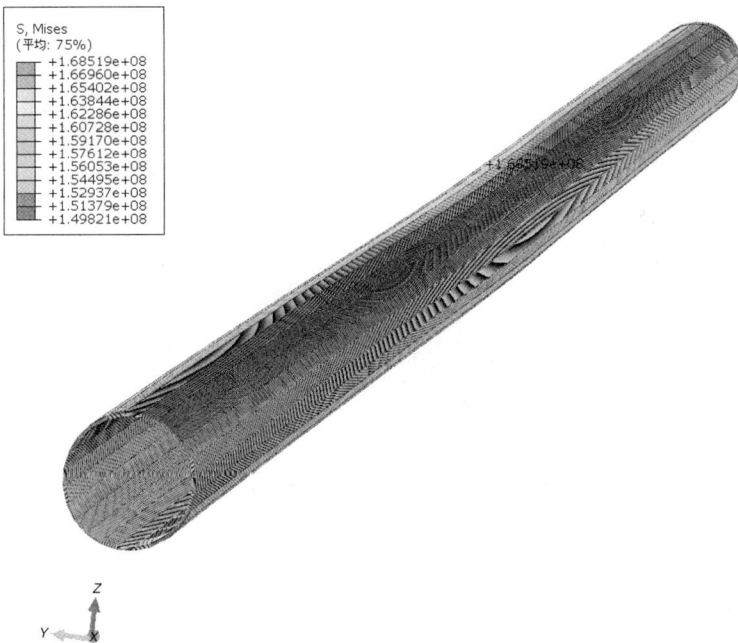

图 9-16　0.400 9 s 时地层和管道应力云图

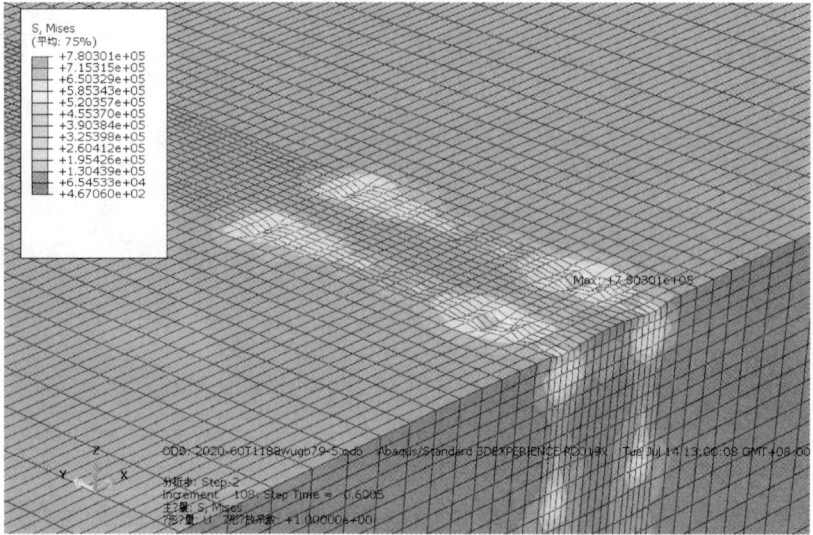

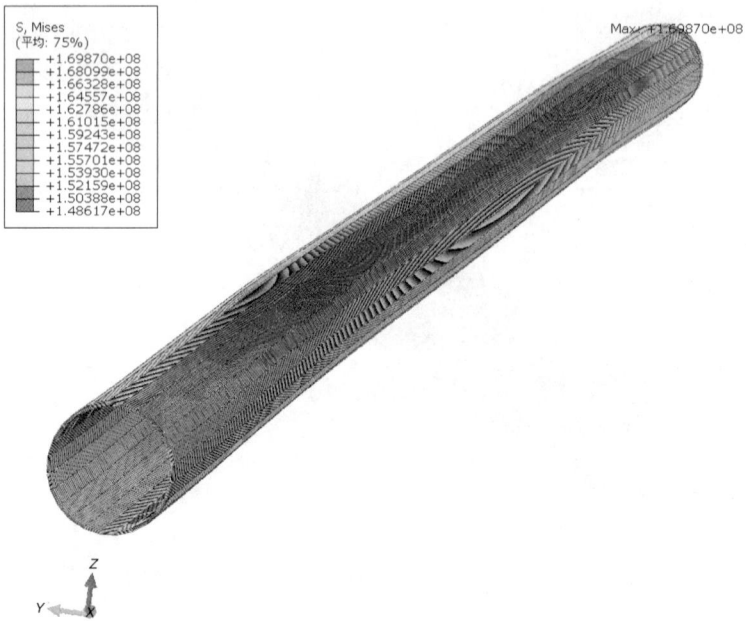

图 9-17　0.600 5 s 时地层和管道应力云图

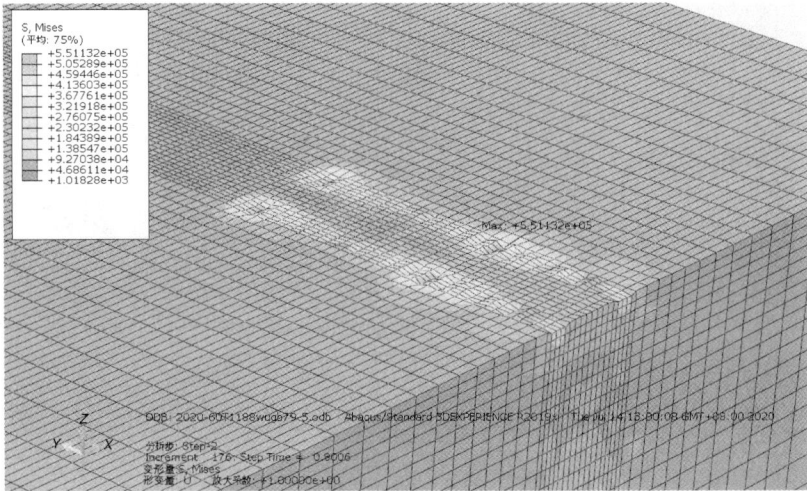

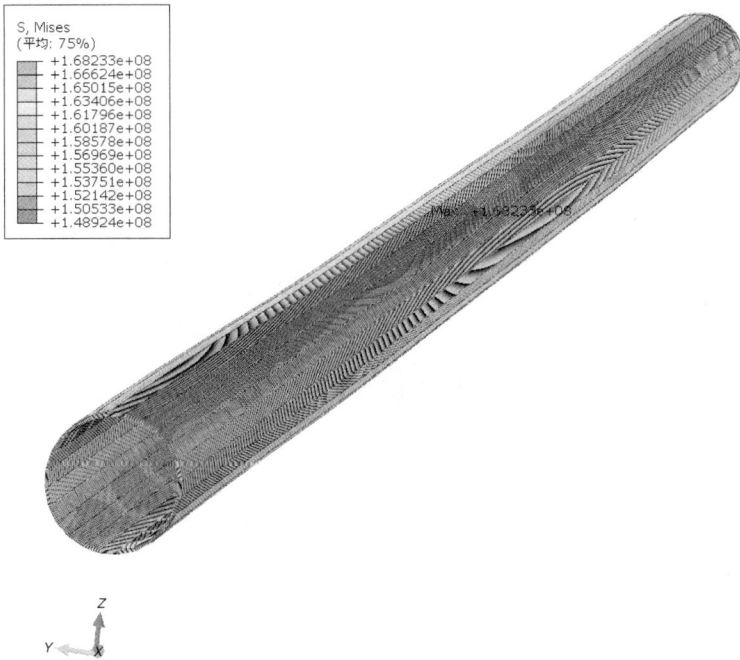

图 9-18　0.800 6 s 时地层和管道应力云图

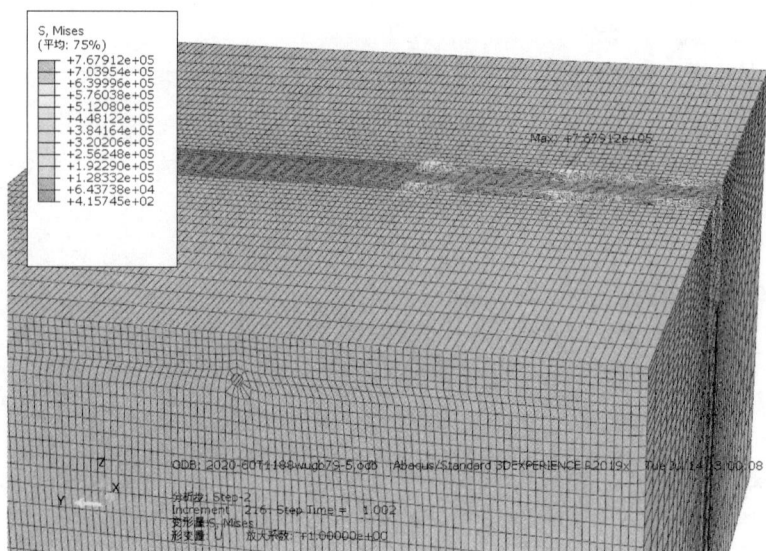

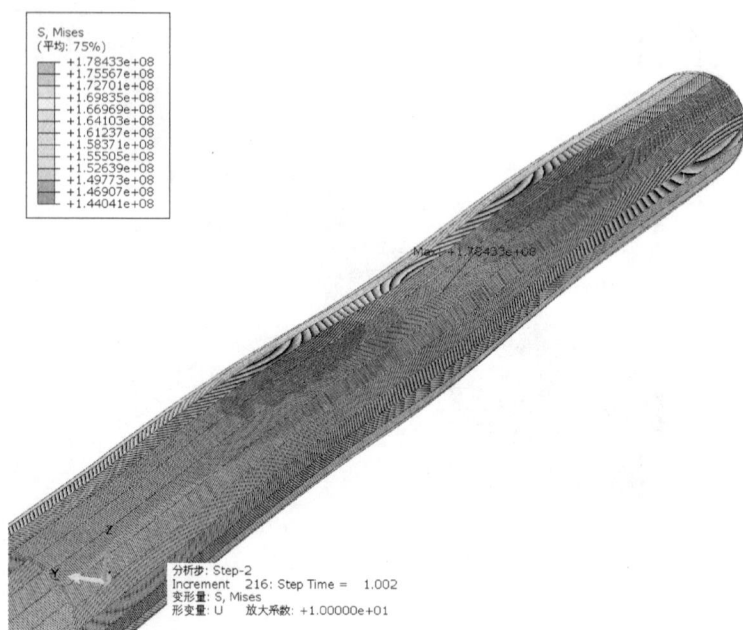

图 9-19　1.002 s 时地层和管道应力云图

S, Mises
(平均: 75%)
+8.46939e+05
+7.76457e+05
+7.05974e+05
+6.35491e+05
+5.65009e+05
+4.94526e+05
+4.24043e+05
+3.53561e+05
+2.83078e+05
+2.12596e+05
+1.42113e+05
+7.16305e+04
+1.14786e+03

Max: +8.46939e+05

ODB: 2020-60T1188wugb79-5.odb   Abaqus/Standard 3DEXPERIENCE R2019x

分析步: Step-2
Increment   281: Step Time =   1.240
变形量: S, Mises
形变量: U　　放大系数: +1.00000e+00

S, Mises
(平均: 75%)
+2.19295e+08
+2.11501e+08
+2.03707e+08
+1.95913e+08
+1.88119e+08
+1.80325e+08
+1.72531e+08
+1.64736e+08
+1.56942e+08
+1.49148e+08
+1.41354e+08
+1.33560e+08
+1.25766e+08

Max: +2.19295e+08

分析步: Step-2
Increment   281: Step Time =   1.240
变形量: S, Mises
形变量: U　　放大系数: +1.00000e+01

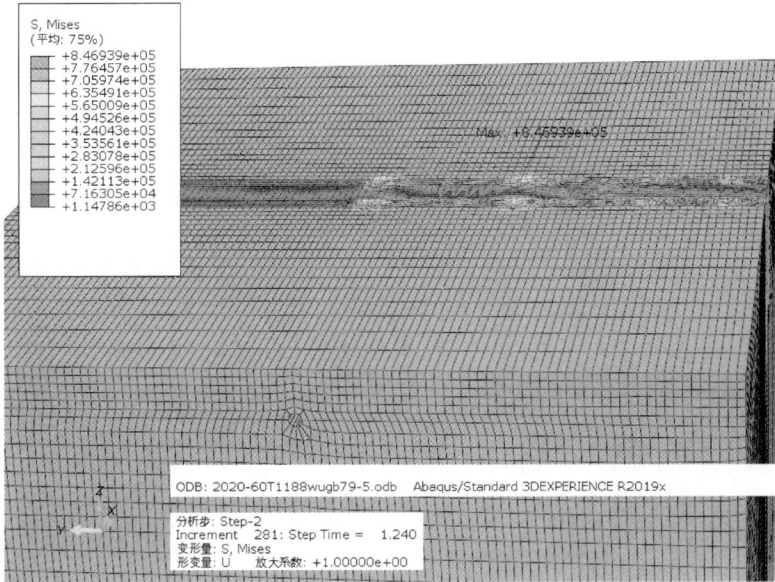

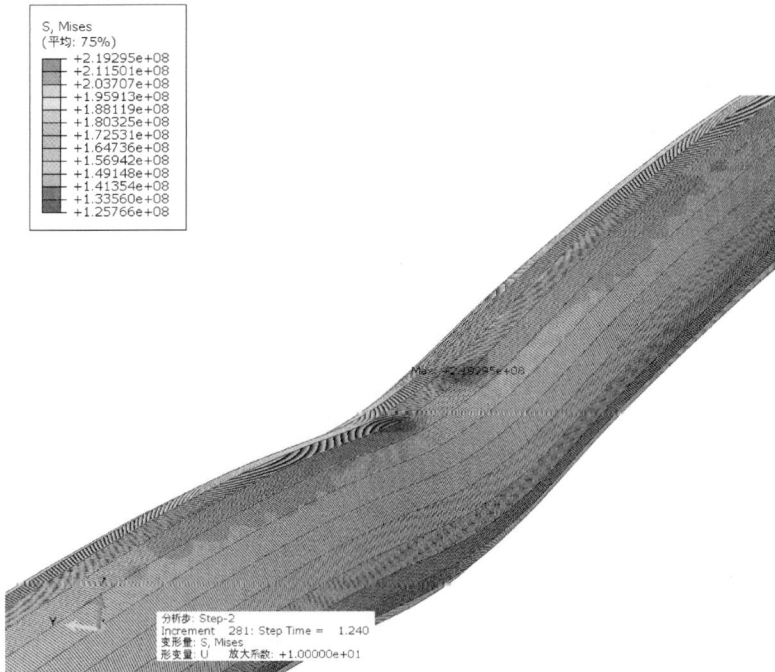

图 9-20　1.240 s 时地层和管道应力云图

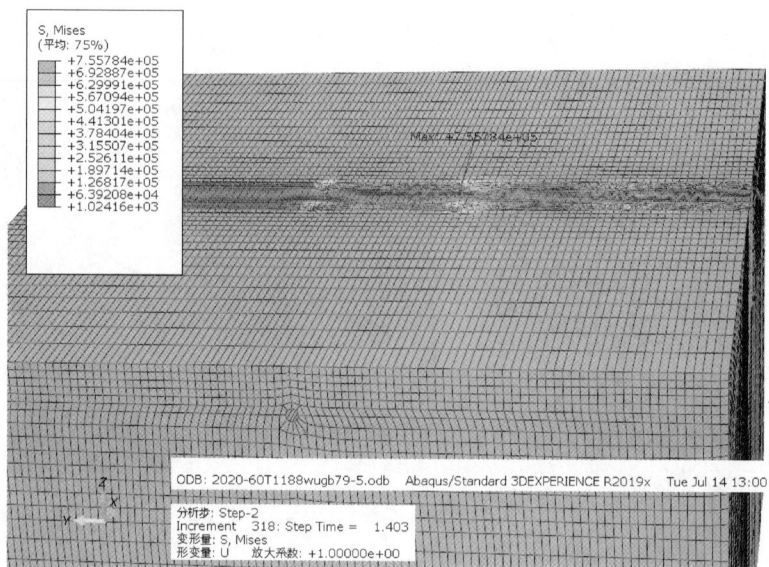

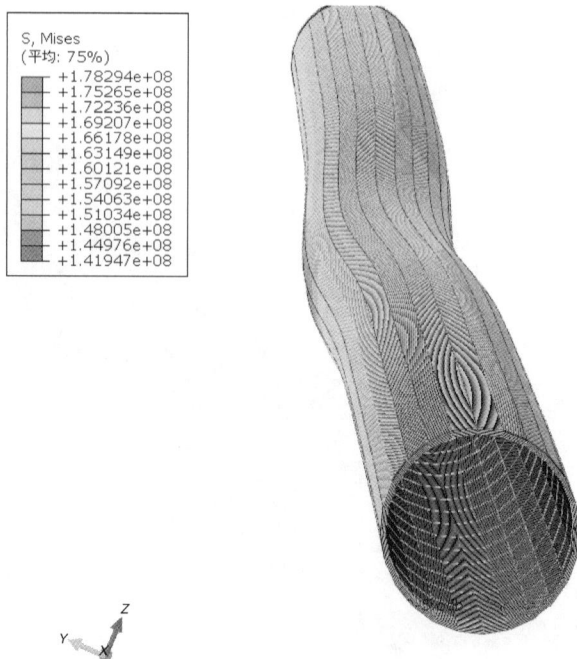

图 9-21　1.403 s 时地层和管道应力云图

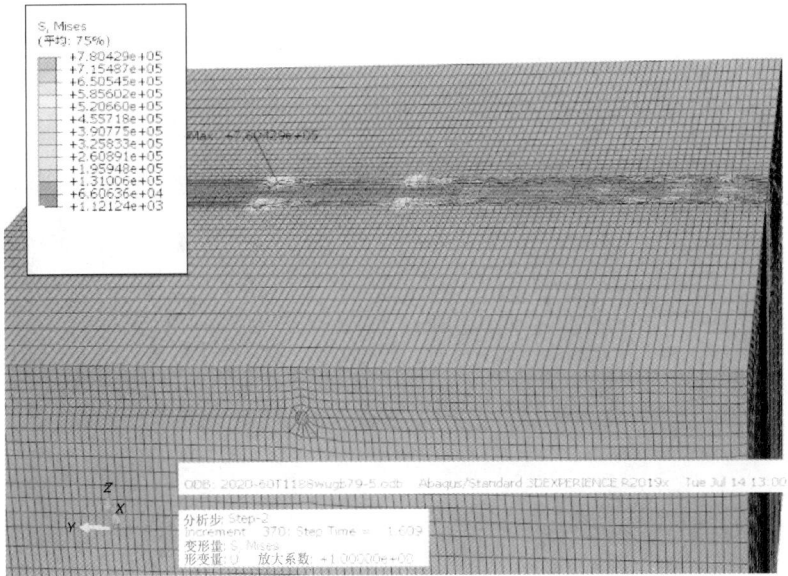

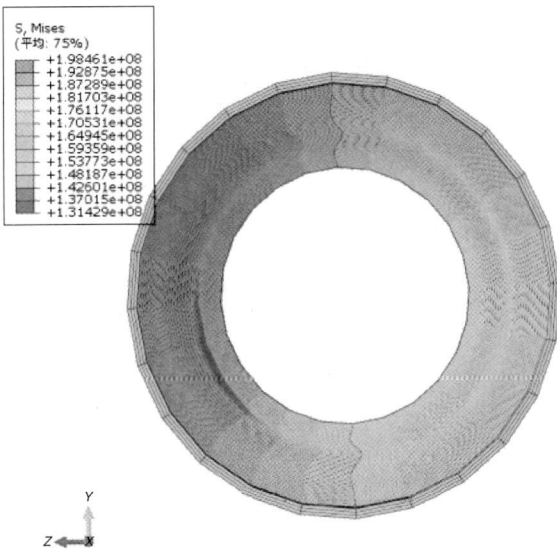

图 9-22　1.609 s 时地层和管道应力云图

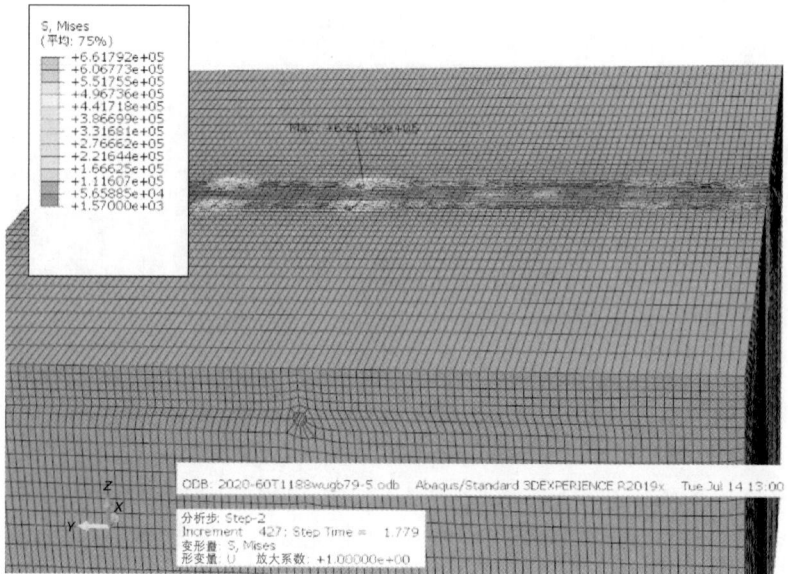

图 9-23　1.779 s 时地层和管道应力云图

已知车辆行驶速度为 30 km/h,沿车辆行驶方向模型长度为 20 m,管道位于模型中间位置(10 m)处。由不同时刻地层及管道应力变化情况可知,随着车辆从起点向管道方向行驶,管道承受的 Mises 应力先增大后减小,最大应力出现在第二个分析步的 1.24 s 处,即 10.33 m 位置,此时车辆前轮刚碾压过管道上方;当后轮碾压过管道(1.6 s)时,管道承受的应力再次突增。为分析车辆碾压管道上方时管道环向上各点的应力变化情况,沿车辆行驶路径至管道上的位置建立节点路径,如图 9-24 所示。

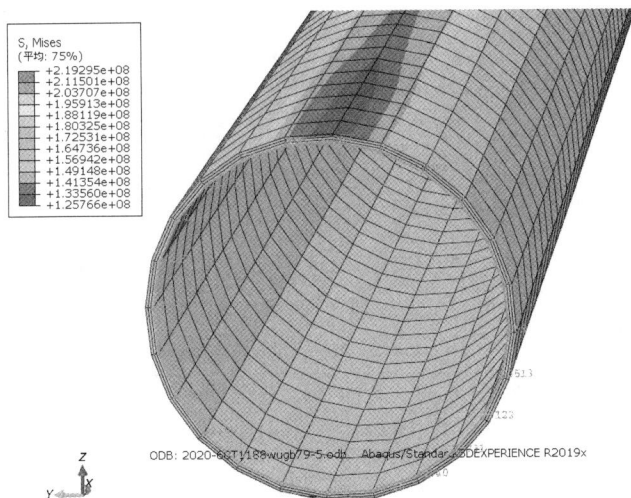

图 9-24　管道上节点路径

沿管道上的路径,从 12 点方向顺时针选取节点,得到车辆行驶过程中管道上轴向各节点的应力和位移场变量,如图 9-25～图 9-27 所示。

由图 9-25 可知,车辆碾压管道时,管道轴向上 6 点钟位置(管道底部位置,Z 向)承载应力及位移量最大。

由图 9-26 可知,车辆碾压管道时,管道径向上 6 点钟位置(管道底部位置,Z 向)承载应力及位移量最大;3 点钟及 9 点钟位置(管道两侧位置,Y 向)管道承载应力及位移最小。

由图 9-27 可知,车辆碾压管道时,管道竖向上 3 点钟及 9 点钟位置(管道两侧位置,Z 向)管道承载应力最大,6 点钟位置管道承载应力最小;沿车辆来向,3 点钟位置位移量最小,9 点钟位置位移量最大。

车辆行驶过程中有限元模型历史变量如图 9-28～图 9-30 所示。

由图 9-28～图 9-30 分析可知,随着车辆动态荷载移动,动能逐渐增大,有限元模型内能和外力做功也逐渐增大。在车辆前后轮碾压过管道时,外力做功达到最大,模型中内能最大。

（a）应力

（b）位移

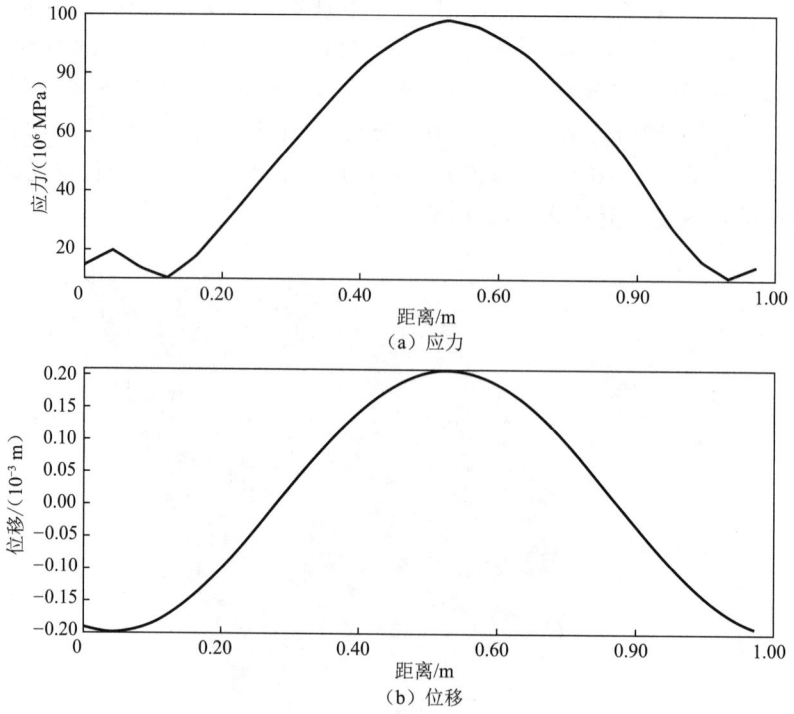

图 9-25　沿管道轴向各点应力及位移

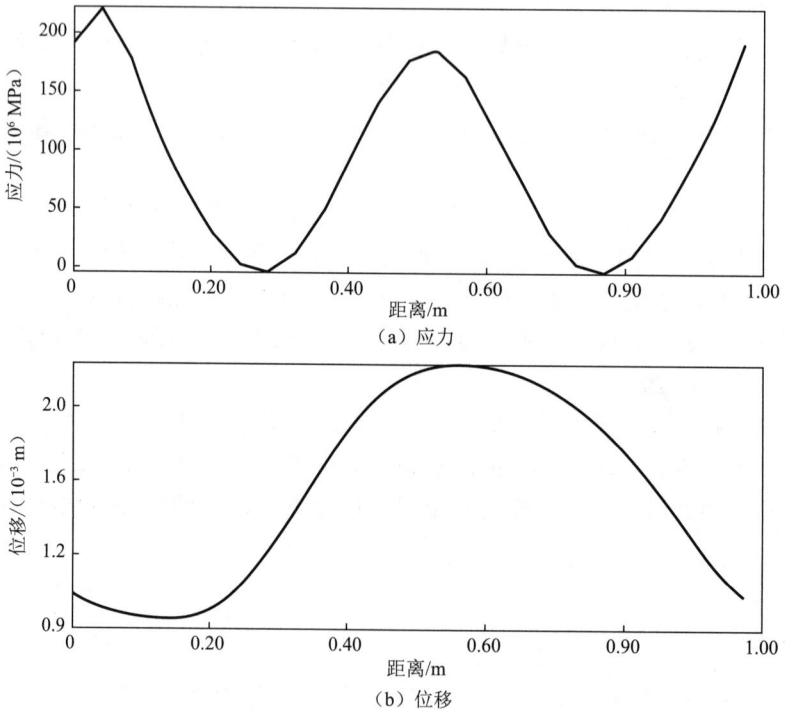

（a）应力

（b）位移

图 9-26　沿管道径向（车辆行驶方向）各点应力及位移

（a）应力

（b）位移

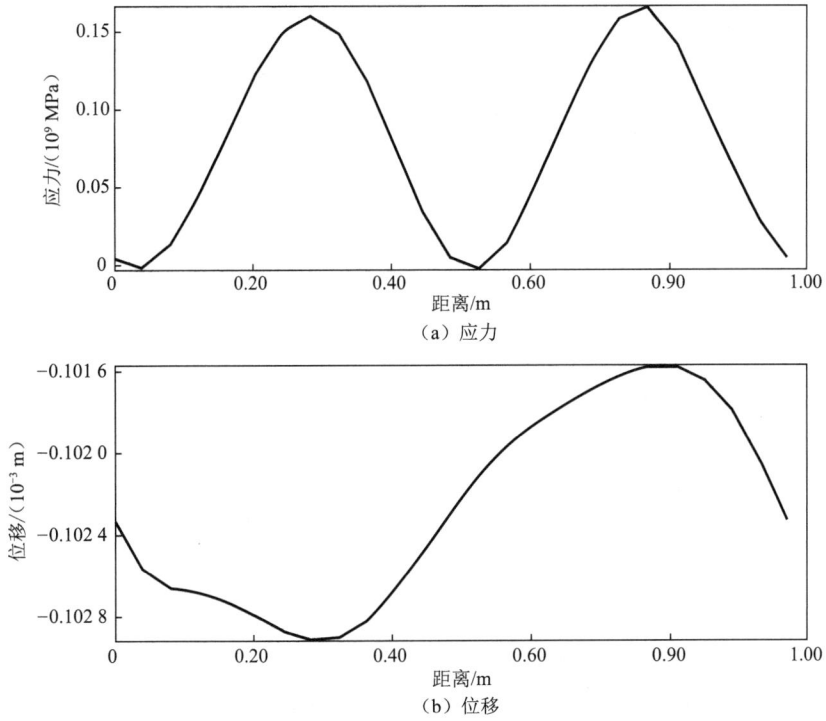

图 9-27　沿管道竖向各点应力及位移

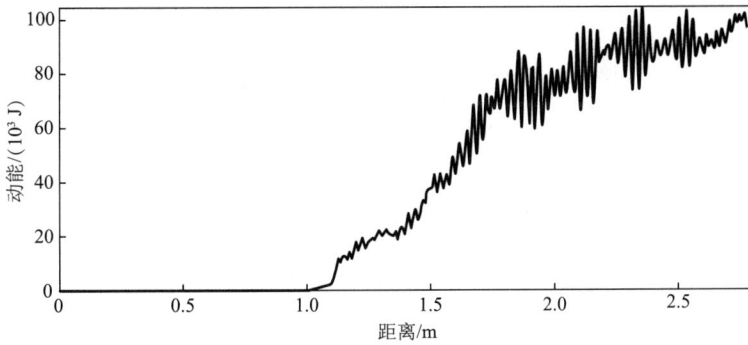

图 9-28　车辆行驶过程中模型动能变化

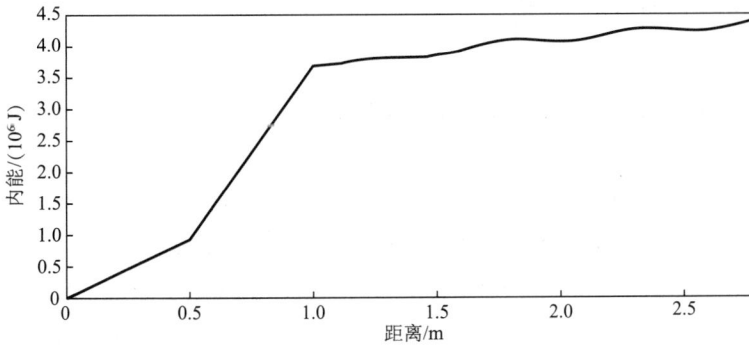

图 9-29　车辆行驶过程中模型内能变化

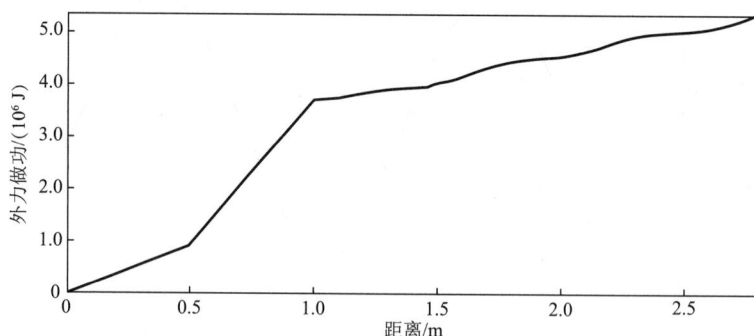

图 9-30　车辆行驶过程中模型中外力做功变化

9.2.9　有限元分析结论

针对车辆荷载、行驶速度、管道埋深、管道内压、土层强度和钢板尺寸等变量对埋地管道的影响进行对比分析,得到如下结论:

(1) 在其他条件相同,只有唯一变量时,管道内压越大、埋深越小、钢板厚度越小、回填土强度越弱或车辆荷载越大,管道承受的 Mises 应力就越大。

(2) 管道内压和回填土层强度对管道承受应力的影响程度最大。通过对比发现,管道内压每增加 0.1 MPa,管道承受的 Mises 应力相应增加 2.0～2.3 MPa;在没有钢板的情况下,回填土层强度越弱,车辆碾压管道时管道承受的应力增量越大。

(3) 在其他条件相同时,管道埋深每增加 0.1 m,管道承受的应力降低 0.4～1.4 MPa。

(4) 在其他条件相同时,路面敷设的钢板厚度每增加 1 mm,管道承受的应力降低约 0.2 MPa。

(5) 在管道内压为 7.9 MPa,回填土层弹性模量为 5 MPa,管道承载力为 219.295 MPa 时,管道承受的应力大于管道许用应力,不满足管道强度要求。

(6) 在其他条件相同时,钢板宽度越小,管道承受的应力越大,且车辆荷载越大,管道承受的应力增量越大。

9.3　重车碾压计算

9.3.1　地面静荷载对埋地管道的附加压力

考虑的车辆荷载作用范围较小(如仅考虑在轮胎接地面积内均匀分布),采用分布角法或 Boussinesq 法计算车辆对埋地管道的管顶附加车辆轮压应力。

土层的深浅分界一般取地面至所考虑的压力计算点的高度 H,$H < 0.8$ m,为浅层;$H \geqslant 0.8$ m,为深层。浅层土体内应计入动荷载的动力影响系数 β_H(也称为冲击系数),即将地面汽车动荷载所产生的压力乘以动力影响系数。

附加应力一般仍可分解为作用于管顶的垂直压力和作用于管侧的水平压力。垂直压力应根据管顶的覆土深度和荷载分布的形式(如点荷载、块荷载或条荷载)的不同而采用不同的计算方法。当管顶覆土较浅时,应将所给的动荷载乘以动力影响系数后,按静载荷受力形式用扩散角计算方法进行计算;当覆土较深时,一般采用半空间无限弹性体应力分布的计算法(如布氏法)。对于管侧水平压力,应为计算点处由动荷载产生的附加垂直压力乘以土壤的侧压系数。

根据以上扩散角的计算方法,可对地面车辆载荷传递到地下构筑物上的附加垂直压力做如下计算:

$$p_{CH} = \frac{\beta_H P_C}{a_1 b_1} = \frac{\beta_H P_C}{(a+2H\tan \alpha)(b+2H\tan \alpha)} \tag{9-3}$$

式中　p_{CH}——地面车辆轮压传递到 H 处的垂直压力强度,t/m^2;

P_C——地面车辆的单个轮压,t;

a——地面车辆单个轮胎的着地长度,m;

b——地面车辆单个轮胎的着地宽度,m;

H——自地面至计算深度的距离,m;

β_H——地面车辆荷载的动力影响系数;

α——扩散角,(°)。

集中荷载作用在刚性路面(混凝土路面)上对埋管所产生的垂直压力 p_H 可按下式计算:

$$p_H = CP/R^2 \tag{9-4}$$

$$R^2 = \sqrt[4]{\frac{Eh^3}{12(1-\mu^2)K}} \tag{9-5}$$

式中　C——系数;

P——集中荷载,kg;

R——为混凝土路面的刚度半径,cm;

E——混凝土的弹性模量,kg/cm^2;

h——混凝土路面厚度,cm;

μ——混凝土泊松比,取 0.15;

K——混凝土路面下土层的基床系数,$4.5 \sim 22.5$ kg/cm³,一般取 13.5 kg/cm³。

水平侧压力 p_{CX} 为:

$$p_{CX} = \zeta p_{CH} \tag{9-6}$$

式中　p_{CX}——地面轮压传递到计算深度 H 处的水平侧向压力强度,t/m^2;

ζ——测压系数。

9.3.2　轮压到管顶的竖向压力

分析地面车辆荷载对管道的作用时,地面行驶的各种车辆的载重等级、规格形式应根据地面运行要求确定。

地面车辆荷载传递到埋地管道顶部的竖向压力标准值可按下列方法确定。

（1）单个轮压传递到管道顶部的竖向压力标准值可按下式计算：

$$q_{vk} = \frac{\mu_d Q_{vi,k}}{(a_i + 1.4H)(b_i + 1.4H)} \tag{9-7}$$

式中　q_{vk}——轮压传递到管顶处的竖向压力标准值，kN/m；

　　　　$Q_{vi,k}$——车辆的第 i 个车轮承担的单个轮压标准值，kN；

　　　　a_i——第 i 个车轮的着地分布长度，m；

　　　　b_i——第 i 个车轮的着地分布宽度，m；

　　　　H——自车行地面至管顶的深度，m；

　　　　μ_d——动力系数，取值见表9-9。

表9-9　动力系数 μ_d

地面至管顶距离/m	0.25	0.30	0.40	0.50	0.60	≥0.70
动力系数	1.30	1.25	1.20	1.15	1.05	1.00

（2）两个以上单排轮压综合影响传递到管道顶部的竖向压力标准值可按下式计算：

$$q_{vk} = \frac{\mu_d n Q_{vi,k}}{(a_i + 1.4H)\left(nb_i + \sum_{j=1}^{n-1} d_{bj} + 1.4H\right)} \tag{9-8}$$

式中　n——车轮的总数量；

　　　　d_{bj}——沿车轮着地分布宽度方向，相邻两个车轮间的净距，m。

（3）多排轮压综合影响传递到管道顶部的竖向压力标准值可按下式计算：

$$q_{vk} = \frac{\mu_d \sum_{i=1}^{n} Q_{vi,k}}{\left[\sum_{i=1}^{m_a} a_i + \sum_{j=1}^{m_a-1} d_{aj} + 1.4H\right]\left[\sum_{i=1}^{m_b} b_i + \sum_{j=1}^{m_b-1} d_{bj} + 1.4H\right]} \tag{9-9}$$

式中　m_a——沿车轮着地分布宽度方向的车轮排数；

　　　　m_b——沿车轮着地分布长度方向的车轮排数；

　　　　d_{aj}——沿车轮着地分布长度方向，相邻两个车轮间的净距，m。

（4）当刚性管为整体式结构时，地面车辆荷载的影响应考虑结构的整体作用，此时作用在管道上的竖向压力标准值可按下式计算：

$$q_{ve,k} = q_{vk}\frac{L_p}{L_c} \tag{9-10}$$

$$L_c = L_p + 1.5D_1 \quad （圆管道） \tag{9-11}$$

$$L_c = L_p + 2H_p \quad （矩形管道） \tag{9-12}$$

式中　$q_{ve,k}$——考虑管道整体作用时管道上的竖向压力，kN/m；

　　　　L_p——轮压传递到管顶处沿管道纵向的影响长度，m；

　　　　L_c——管道纵向承受轮压影响的有效长度，m；

　　　　D_1——管道直径，m；

　　　　H_p——管道高度，m。

9.3.3　变形量验算

《油气输送管道穿越工程设计规范》(GB 50423—2007)第 7.2.9 条规定,对于无套管穿越公路的管段,应验算无内压状态下管段的径向变形。重车碾压条件下埋地管道径向变形应根据输送介质的类型,按照现行国家标准《输气管道工程设计规范》(GB 50251—2003)和《输油管道工程设计规范》(GB 50253—2003)规定方法进行验算(验算方法同 2.2.7 节相关内容)。

第10章
不同桩型打击过程中振动影响的
现场监测及数据分析

10.1 概 述

《中华人民共和国石油天然气管道保护法》自 2010 年颁布以来,对管道建设和运营期的管道保护作了明确要求,但其对特定的打桩施工作业安全距离没有作明确的规定。

长输管道作为国家重点战略工程,一旦出现超过屈服极限的振动,较为薄弱的焊缝就会出现裂纹甚至断裂,造成不可接受的事故和灾难。桩基施工时,管道除受上部覆土荷载的作用外,还受打桩施工引起的振动等其他荷载作用。在管线附近打桩施工必然对地层产生扰动。当前管线一般埋设在地下 1~6 m,处于被扰动的土层之中,因而地层的变形必将引起管线的变形。如果管线的应力和变形超过允许值,那么管道就会破裂,人民生活和工农业生产会受到严重影响。

10.1.1 打桩引起振动的特性

根据《建筑振动工程手册》及董军锋等的《打桩振动对相邻建筑影响的测试与分析》,打桩振动是一种冲击型振动,振动波向四周辐射,形成了振动影响场,其等振线呈封闭环形,类似向平静湖面投入一石子所形成的涟漪,逐渐散开。打桩振动主要有如下特点:

(1) 在打桩过程中,锤击能量只有很小的一部分损失在锤垫和桩垫的压缩上及桩的弹性变形和桩与土的摩擦上,大部分能量在桩尖处以弹性波的应变能形式向桩周土体和地表传播,引起地表土及其上物体的振动。打桩时,锤击能量的主要部分在桩尖处释放,形成点状振源,振动能量转化为土的波动,在土体中扩散。这种点状振源一般产生 P 波(纵波)、S波(横波)和表面波(瑞利波和拉夫波)。桩尖处释放的能量转化为不同的波型扩散于土体内,最终由于阻尼作用而消散。

(2) 打桩引起的振动是瞬间的锤击强迫振动,是一种脉冲衰减振动,每一锤击力波的时间为 0.4～1 s,一般常用柴油打桩机产生的打桩振动的主频率域为 20～30 Hz,与周围既有建筑物的固有频率相差甚远,不会引起共振;打桩振动的能量很小,一般不会超过 300 kN/m,与地震动的能量相差甚远;每次打桩的间隔时间大于振动的持续时间,因而每次打桩产生的振动能量是不可叠加的。

(3) 打桩引起的振动与桩的尺寸及桩型有一定的关系,但并不明显,主要与土体的特征有关,土体坚硬、匀质、密实时振动衰减较小,松散土体或断层中的振动衰减大,例如在岩层中,土体越密实坚硬,桩越难打,引起的振动越大,衰减越小,而在松散的砂土中,振动衰减较大。

打桩时能量主要通过桩尖冲击振动向土层传播,桩尖入土深度就是振源埋深。随着入土深度增加,桩尖土层的硬度变大,土层的振动速度也增大。另外,桩还会造成较突出的挤土效应,挤土会对周边土体产生挤压作用,而振动则会引起土体力学性质的变化。打桩引起的振动的主频较低,远离振源,振动幅值较小。

杨振琨、杜成伟根据现场监测的加速度的特点,利用数值方法得到了打桩荷载的分布形式及幅值,然后建立了土体与管道相互作用的动力接触模型,并对其进行了数值模拟分析。研究表明,离桩越近,管道受振动的影响越大,对于打桩点源而言,覆土较浅时,振动对管道的影响较大;覆土较深时,振动对管道的影响较小,对土荷载的影响增大。先打靠近一期管线的钢板桩,后打外侧钢板桩,可以减少远处打桩对管道的影响。

陈家伟等利用接触单元对埋地管线及土体进行三维实体建模,并对地震荷载作用下的管线进行了应力计算,对比了规范方法、理论方法、梁-土弹簧模型以及管-土接触模型等 4 种计算结果,表明现有简化模型的计算结果偏小,偏于不安全。

罗朔等联立埋设段和悬空管道的受力平衡条件,求解出两段管道的弯曲变形,并且讨论了不同土壤刚度和管道轴向力条件下悬空管道振动的固有频率,发现土壤刚度系数和轴向力对悬空管道固有频率有很大的影响,准确地计算出两端埋地管道对悬空管道的约束作用,当管道悬空但两端固支时,管道固有频率为 40.74 rad/s,而管道完全埋地时固有频率远大于两端固支时管道固有频率。

董军锋等分析了打桩振害与地震震害的区别,以及打桩振动对建筑物的影响形式,列举了有关现行规范标准的振动容许限制,通过护坡桩的振动测试实例说明了振动测试原理、所用仪器、数据采集、测试方案、数据处理等技术要点,分析了打桩振动测试的具体方法及影响评价,为类似的检测鉴定提供了方法参考和依据。

10.1.2　油气输送管道线路工程抗震技术规范

根据住房城乡建设部《关于印发 2015 年工程建设标准规范制订、修订计划的通知》(建标〔2014〕189 号)的要求,为贯彻《中华人民共和国防震减灾法》,保障油气输送管道线路工程安全,结合近年来油气输送管道抗震设计、施工和交工的经验,特别是基于应变设计方法的最新成果,2017 年 5 月 27 日,中华人民共和国住房和城乡建设部、中华人民共和国国家质量监督检验检疫总局联合发布了《油气输送管道线路工程抗震技术规范》(GB/T

50470—2017),并于 2018 年 1 月 1 日实施。该标准从国家标准层面对管道抗震设防要求、管道抗震设计、管道抗震施工和管道线路工程抗震验收等内容进行了规定。

10.2 打桩振动监测设备

为确定桩基施工过程中锤击打桩产生的地震动对埋地航油管道的影响,保障航油管道的安全运行,借助 DH5908N 无线动态应变测试分析系统,搭配磁电式震动传感器在某施工作业的同一区域内进行模拟打桩实验,获取钻孔过程中地震动的峰值加速度、速度及震动频率参数,按照管道设计相关抗震标准进行管道承载力校核,给出打桩施工过程中的最小控制距离。

10.2.1 DH5908N 无线动态应变测试分析系统

DH5908N 无线动态应变测试分析系统是为大型机械结构的强度和寿命评估专门设计的,采用独立分布式模块结构的分析系统,它利用 WiFi 无线/有线以太网进行通信扩展。

搭配传感器的动态信号测试仪与计算机通过以太网通信,利用网络技术可实现多达 16 台仪器的扩展并行采样,实时进行信号采集、存储、显示和分析等。DH5908N 无线动态应变测试分析系统广泛应用于土木工程、桥梁工程、机械工程、航空航天等行业各种结构的性能测试和分析中。该系统的工作原理如图 10-1 所示。

图 10-1 无线动态应变测试分析系统示意图

DH5908N 无线动态应变测试分析系统信号采集界面如图 10-2 所示。
DH5908N 无线动态应变测试分析系统的主要技术指标见表 10-1。

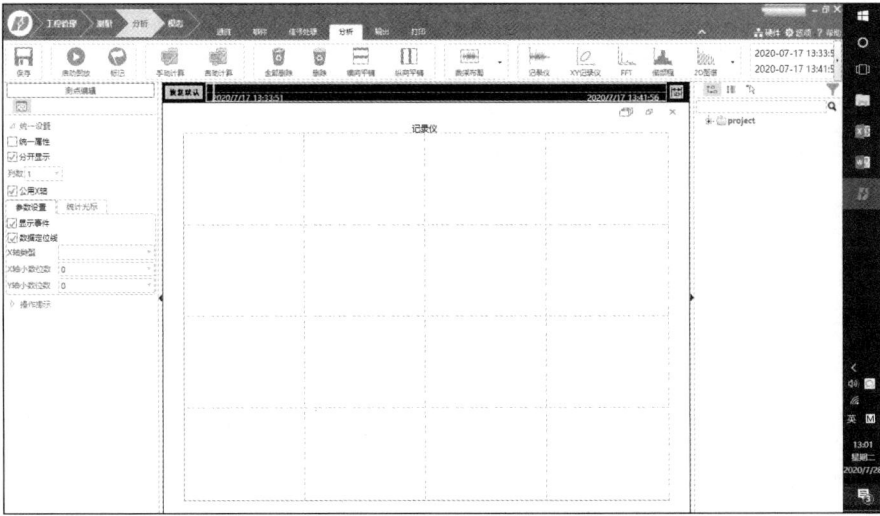

图 10-2　信号采集界面

表 10-1　DH5908N 系统主要技术指标

通道数	单台 4～32 通道可选,通过以太网实现通道的扩展		
通信接口	千兆以太网和无线 WiFi 通信		
输入阻抗	10 MΩ+10 MΩ		
输入保护	输入信号大于±15 V(直流或交流峰值)时,输入全保护		
共模抑制(CMR)	不小于 100 dB		
共模电压	小于±10 V(DC 或 AC 峰值)		
输入方式	GND,SIN_DC,DIF_DC,AC,IEPE		
电压满度值	±20 mV,±50 mV,±100 mV,±200 mV,±500 mV,±1 V,±2 V,±5 V,±10 V		
应变满度值	±1 000 $\mu\varepsilon$,±10 000 $\mu\varepsilon$,±100 000 $\mu\varepsilon$ 分挡切换		
桥路方式	全桥(四线制供桥)、半桥(四线制供桥)、三线制 1/4 桥(120 Ω)		
适用应变计 电阻值	半桥、全桥:50～10 000 Ω 任意设定		
	三线制 1/4 桥:120 Ω 或 350 Ω(订货时确定一种)		
供桥电压	按±1 V,±2.5 V,±5 V 和±12 V 分挡切换		
	桥压精度:不大于 0.1%		
	稳定度:小于 0.05%/h		
	最大输出电流:30 mA		
自动平衡范围	±20 000 $\mu\varepsilon$(应变计阻值的±2%)		
低通滤波器	截止频率(−3 dB±1 dB)	100 Hz,1 k,10 k,PASS(Hz)4 挡分挡切换	
	平坦度	小于 0.1 dB(1/2 截止频率内)	
	阻滞衰减	优于−18 dB/oct	

模数转换器分辨率		24 bit
连续采样速率 （采样频率取整）		单机箱不超过 4 张板卡：10 Hz，20 Hz，50 Hz，100 Hz，200 Hz，500 Hz， 1 kHz，2 kHz，5 kHz，10 kHz，20 kHz，50 kHz，100 kHz，200 kHz 分挡切换； 单机箱 4 张板卡以上：10 Hz，20 Hz，50 Hz，100 Hz，200 Hz，500 Hz， 1 kHz，2 kHz，5 kHz，10 kHz，20 kHz，50 kHz，100 kHz 分挡切换
连续采样速率 （分析频率取整）		单机箱不超过 4 张板卡：12.8 Hz，25.6 Hz，51.2 Hz，128 Hz，256 Hz，512 Hz， 1.28 kHz，2.56 kHz，5.12 kHz，12.8 kHz，25.6 kHz，51.2 kHz，128 kHz，256 kHz 分挡切换； 单机箱 4 张板卡以上：12.8 Hz，25.6 Hz，51.2 Hz，128 Hz，256 Hz，512 Hz， 1.28 kHz，2.56 kHz，5.12 kHz，12.8 kHz，25.6 kHz，51.2 kHz，128 kHz 分挡切换
示值误差	电压测量	≤0.3%F.S
	应变测量	≤0.3%±3 $\mu\varepsilon$（预热 1 h）
抗混滤波器	截止频率	采样频率的 1/2.56
	阻滞衰减陡度	−120 dB/oct
	平坦度	绝对值小于 0.1 dB/oct
系统稳定度		0.1%/h（预热 1 h）
非线性		0.1%F.S
分析频宽		DC～100 kHz（−3 dB）（50 kHz 平坦）
噪声		应变测量时，不大于 3 $\mu\varepsilon_{RMS}$；电压测量时，不大于 5 μV_{RMS} （输入短路，在最大增益和最大带宽时折合至输入端）
零点漂移		小于 3 $\mu\varepsilon$/2 h（输入短路，预热 2 h 后恒温，在最大增益时折算至输入端）
EID		自动识别智能导线，导入、导出对应参数
TEDS		支持 TEDS 类型的传感器参数自动识别
热电偶测温	适用温度传感器类型	K 型：镍铬-镍硅；E 型：镍铬-康铜； T 型：铜-康铜；J 型：铁-铜镍
	温度测量精度	0.5%±1 ℃（不包括热电偶自身误差）
GPS 同步	同步精度	200 ns（不超过一个采样点）
	最大支持的采样频率	10 kHz
同步时钟盒同步	同步精度	200 ns
	仪器数量	每只同步时钟盒支持 4 台仪器同步
仪器内部存储空间		32 GB 抗振高速电子硬盘，可根据用户要求增加容量，如 64 GB，128 GB 等
智能锂电池组		两种规格可选，32 通道可工作 4 h 或 8 h
使用环境		使用环境应符合 GB/T 6587—2012 Ⅲ 组要求
外形尺寸		290 mm×150 mm×200 mm（32 通道）
仪器质量		8.5 kg（32 通道）
抗冲击		100 g/（4±1）ms

CAN 通道	通道数	2 通道/板卡
	通信方式	单向 CAN 总线,可实现接收
	通信速率	4 800 bps～1 Mbps 可选, 数据源连续发送数据间隔不得低于 100 ms
	通信协议	采用 CAN2.0B 标准通信协议
I/O 通道	通道数	每张板卡 8 通道 DI 与 8 通道 DO
	功　能	开关量采集、输出
	DI 通道	干接点(无源):输入状态短路为 0,开路为 1
		湿接点(有源):输入电压≤3 V(DC)为 0,10～30 V(DC)为 1
	DO 通道	输出 TTL 电平(高电平约 5 V),软件控制输出状态
转速/计数器通道	通道数	2 通道/板卡
	供电电源	DC5 V,50 mA
	切换方式	软件中,当传感器类型选择"转速传感器"时,切换为转速通道; 当传感器类型选择"编码器"时,切换为计数器通道
	转速测量	测量范围:30～600 000 r/min(每转一个脉冲时测量); 脉冲宽度:不低于 10 μs; 测量精度:0.05%±1 转; 每转脉冲数:1～4 096 个,软件设置; 转轴比:0.01～100,软件设置
	计数器测量	适用传感器:正交编码器 输入方式:A,B,Z,单端输入 功能:支持正/反转判断,脉冲累计计数,单位时间内脉冲计数 每秒脉冲计数范围:0～100 k 复位方式:手动复位或启动采样时自动复位
信号源通道	通道数	2 通道/卡
	最大输出电压	±10 V
	最大输出电流	5 mA
	输出频率范围	0.1 Hz～20 kHz
	DAC 分辨率	24 bit
	频率分辨率	0.1 Hz
	幅值精度	1%(2 kHz 信号范围内)
	信号类型	正弦、正弦扫频、方波、随机、伪随机、猝发随机等

10.2.2　传感器

DH5908N 系统搭配的磁电式振动传感器型号为 2D001,它具有体积小、超低频、使用方便、分辨率高、动态范围大、多挡位选择、不需要调零位的特点,广泛应用于地面或结构物的脉动测量、一般结构物的工业振动测量、高柔结构物的超低频大幅度测量、微弱振动测量等。磁电式传感器测量方向分为铅垂向和水平向,可由传感器方座上的 V 和 H 符号辨别,其中 V 代表铅垂向,H 代表水平向。磁电式振动传感器测振时按图 10-3、图 10-4 放置。

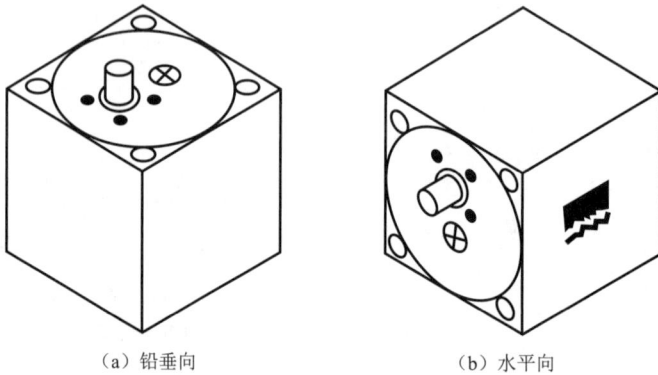

（a）铅垂向　　　　　　　　　　　　　（b）水平向

图 10-3　磁电式振动传感器的测量方向示意图

图 10-4　磁电式振动传感器现场放置图

磁电式振动传感器的主要技术指标见表 10-2。

表 10-2　磁电式振动传感器（2D001）主要技术指标

技术指标	0 挡	1 挡	2 挡	3 挡
	加速度	小速度	中速度	大速度
灵敏度	0.3	20	5	0.3

技术指标		0 挡	1 挡	2 挡	3 挡
		加速度	小速度	中速度	大速度
最大量程	加速度/(m·s⁻²)	20	—	—	—
	速度/(m·s⁻¹)	—	0.125	0.3	0.6
频响范围/Hz		0.25～100	1～100	0.5～100	0.17～80
工作温度/℃		−10～50	−10～50	−10～50	−10～50
输出阻抗/kΩ		50	50	50	50

10.3 现场监测方案

2021 年,笔者对某地块项目进行了实地探勘,根据现场情况,结合打桩施工方案和与管道的相对位置关系,确定打桩振动监测实验场地位置、桩号及监测坑尺寸,如图 10-5～图 10-7 所示。打桩振动监测方案为:选取现场实验监测桩基,桩基编号分别为 C1～C6,对应监测坑分别为 J1～J6,距离分别为 58 m,65 m,70 m,80 m,90 m 和 100 m,监测坑深度为 2.5 m。选取的模拟打桩施工区域与管道实际位置处于同一工程地质条件下,管道实际位置与打桩振动模拟监测位置土层参数的差异对地震动速度和地震动加速度的影响可忽略不计。

由于现场土质较软,监测坑 J2 与 J3 距离较近,挖掘机开挖时易发生坍塌,所以现场调整监测方案,取消对 J3 坑的监测,调整为对 J1 坑进行监测,并采用智能厘米级测绘仪对现场监测坑及打桩桩基位置进行定位,测量精度为厘米级。最终选取编号为 C2,C1,C3,C4 和 C5 的桩基(对应监测距离分别为 58 m,65 m,80 m,90 m 和 100 m)进行实验,监测打桩振动过程中产生的地震动速度及地震动加速度,并进行标准校核。

图 10-5 监测坑开挖航拍图

图 10-6 监测坑开挖航拍图

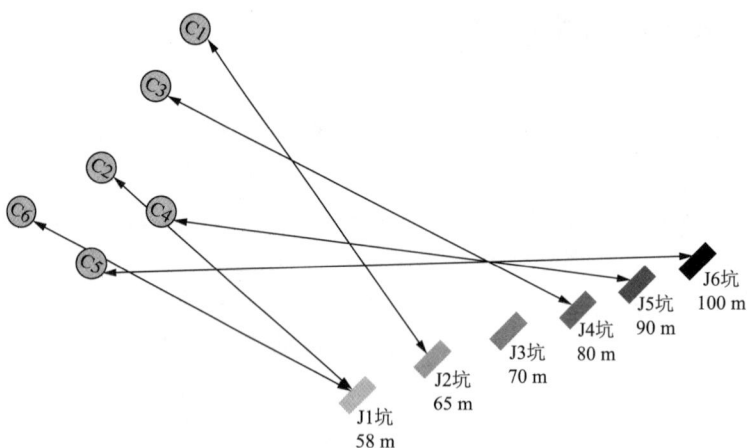

图 10-7 打桩桩位与监测坑位置示意图

10.4 监测数据统计

在采集现场打桩数据前,已对现场未打桩作业环境进行了监测,确保监测数据不受其他外部环境的影响。通过监测打桩全过程得到距管道不同距离处不同埋深监测数据,其中数值正负代表振动方向,正向与传感器接头方向一致。

(1)距离 C2 打桩位置 58 m 处 J1 坑监测情况如图 10-8～图 10-11、表 10-3 所示,监测坑深度为 3.1 m。

(2)距离 C1 打桩位置 65 m 处 J2 坑监测情况如图 10-12～图 10-14、表 10-4 所示,监测坑深度为 3.5 m。

(3)距离 C3 打桩位置 80 m 处 J4 坑监测情况,如图 10-15～图 10-17、表 10-5 所示,监测坑深度为 2.9 m。

(4)距离 C4 打桩位置 90 m 处 J5 坑监测情况,如图 10-18～图 10-20、表 10-6 所示,监测坑深度为 2.7 m。

图 10-8　J1 监测坑现场开挖图

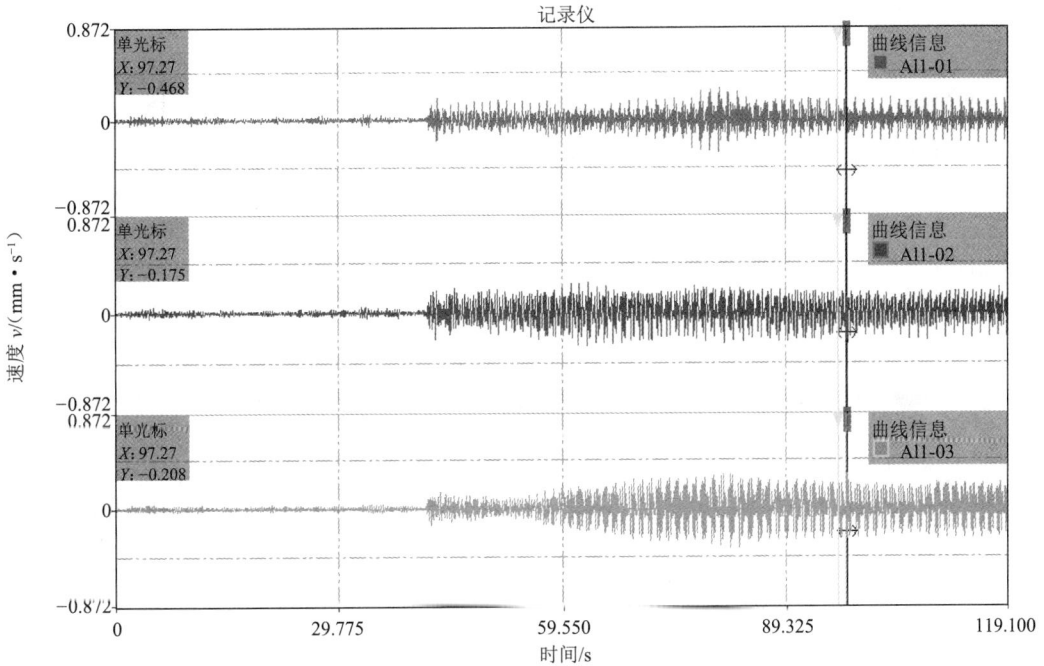

图 10-9　距离打桩位置 58 m 处地震动速度监测数据

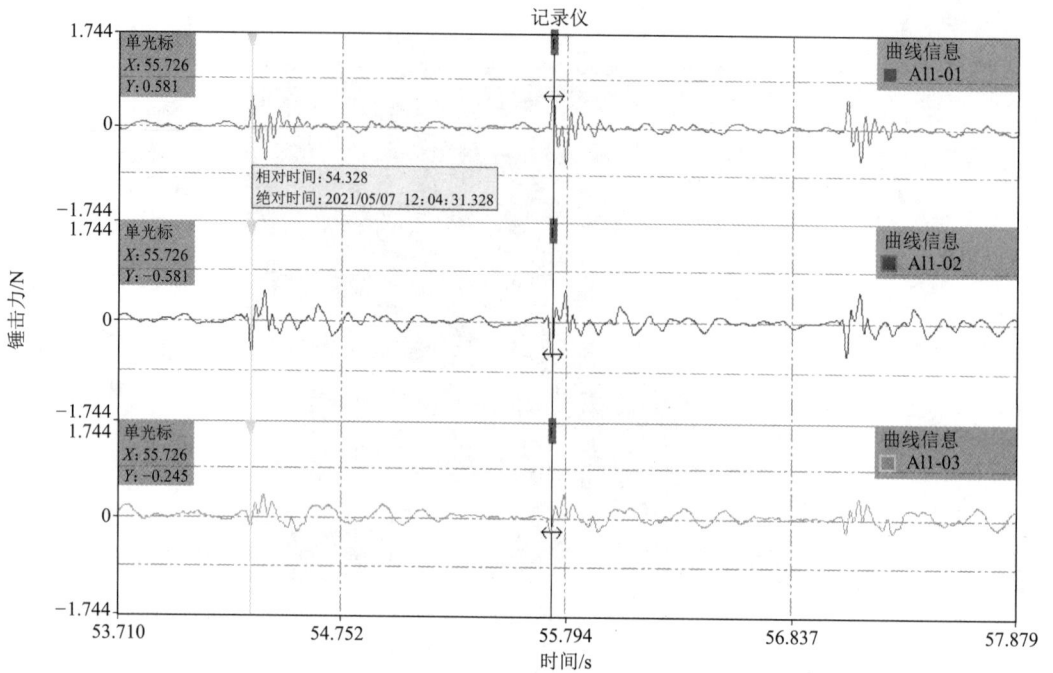

图 10-10　柴油打桩机锤击力波动时间图(54.328~55.726 s)

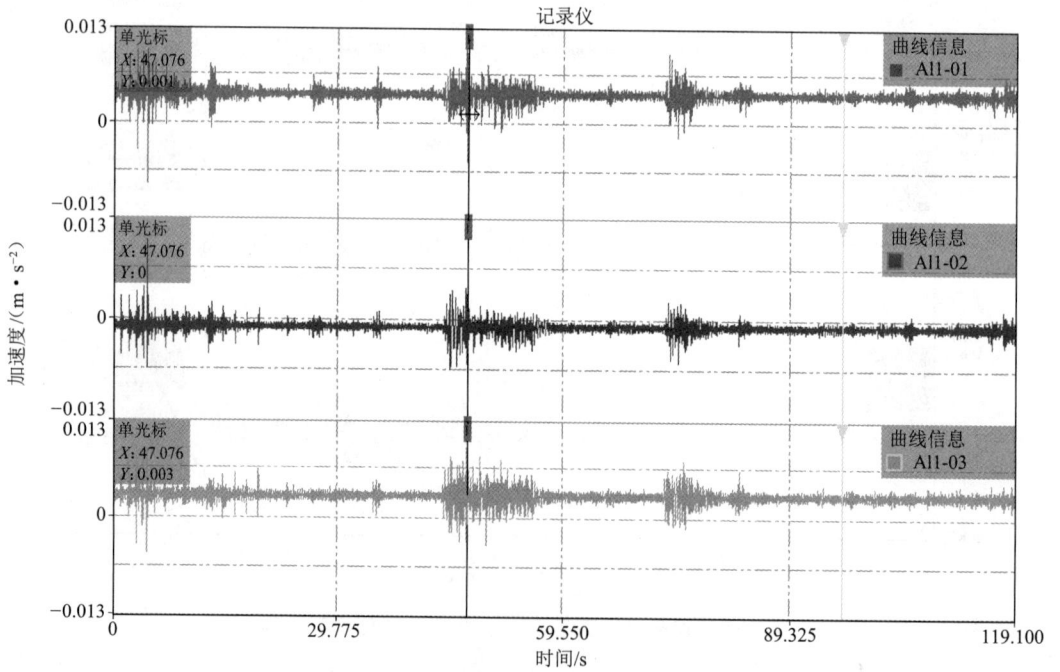

图 10-11　距离打桩位置 58 m 处地震动加速度监测数据

表 10-3　距离打桩位置 58 m 处监测峰值数据

监测值	传感器编号			
	A11-01(横向 X)	A11-02(横向 Y)	A11-03(竖向 Z)	矢量和
速度/(mm·s⁻¹)	2.440	1.236	−0.156	2.739 6
加速度/(m·s⁻²)	0.018	−0.005	0.007	0.019 9

图 10-12　J2 监测坑现场开挖图

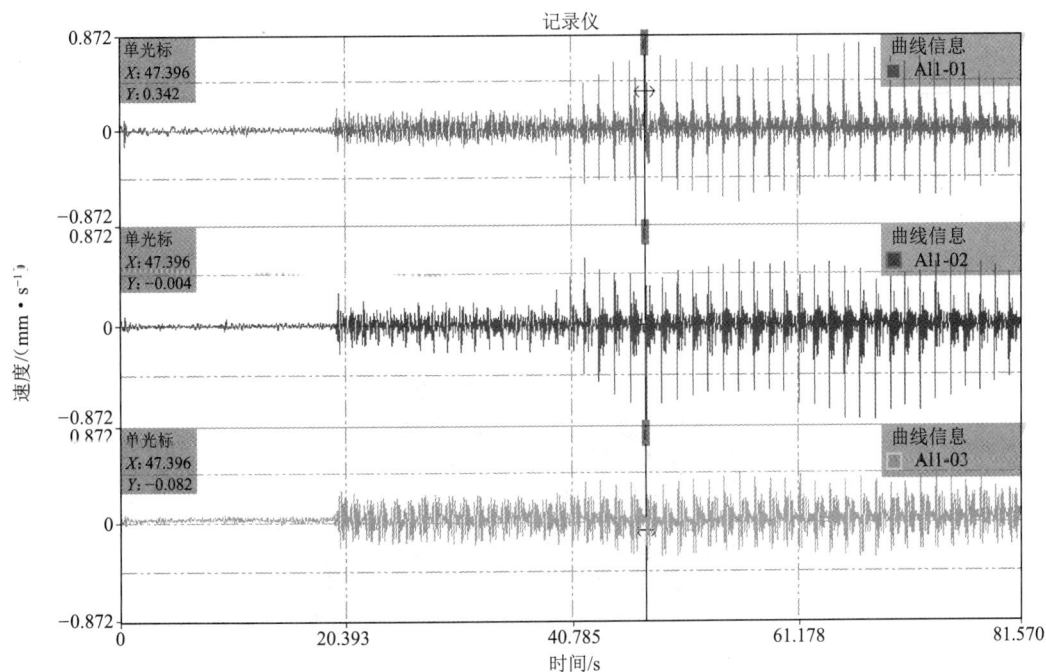

图 10-13　距离打桩位置 65 m 处地震动速度监测数据

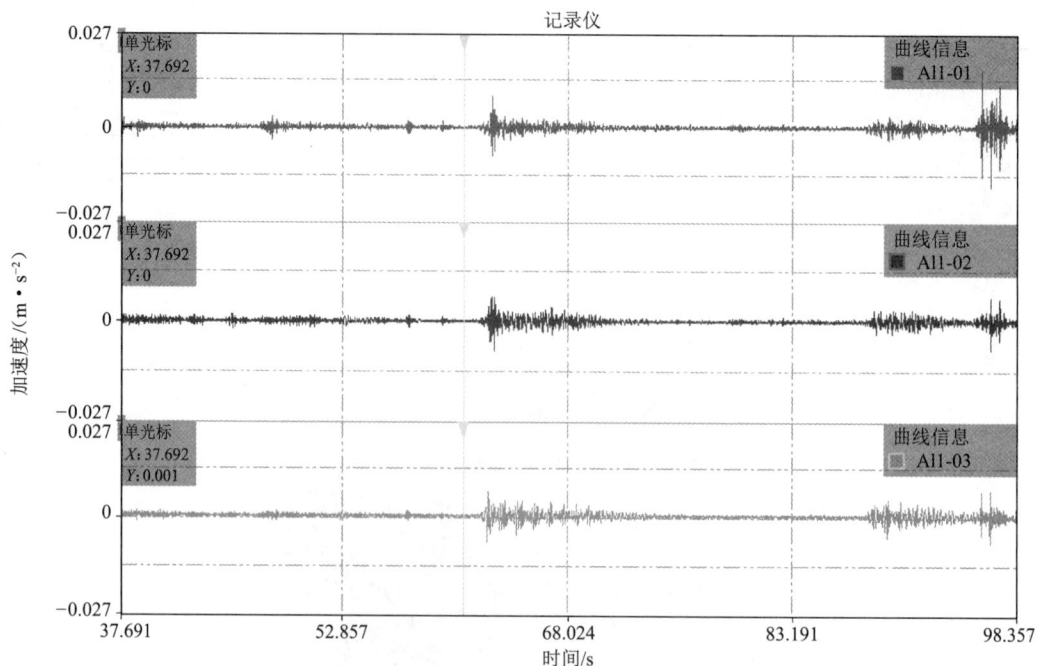

图 10-14 距离打桩位置 65 m 处地震动加速度监测数据

表 10-4 距离打桩位置 65 m 处监测峰值数据

监测值	传感器编号			
	A11-01(横向 X)	A11-02(横向 Y)	A11-03(竖向 Z)	矢量和
速度/(mm·s⁻¹)	0.945	−0.822	−0.348	1.300 0
加速度/(m·s⁻²)	0.064	−0.006	−0.023	0.068 3

图 10-15 J4 监测坑现场开挖图

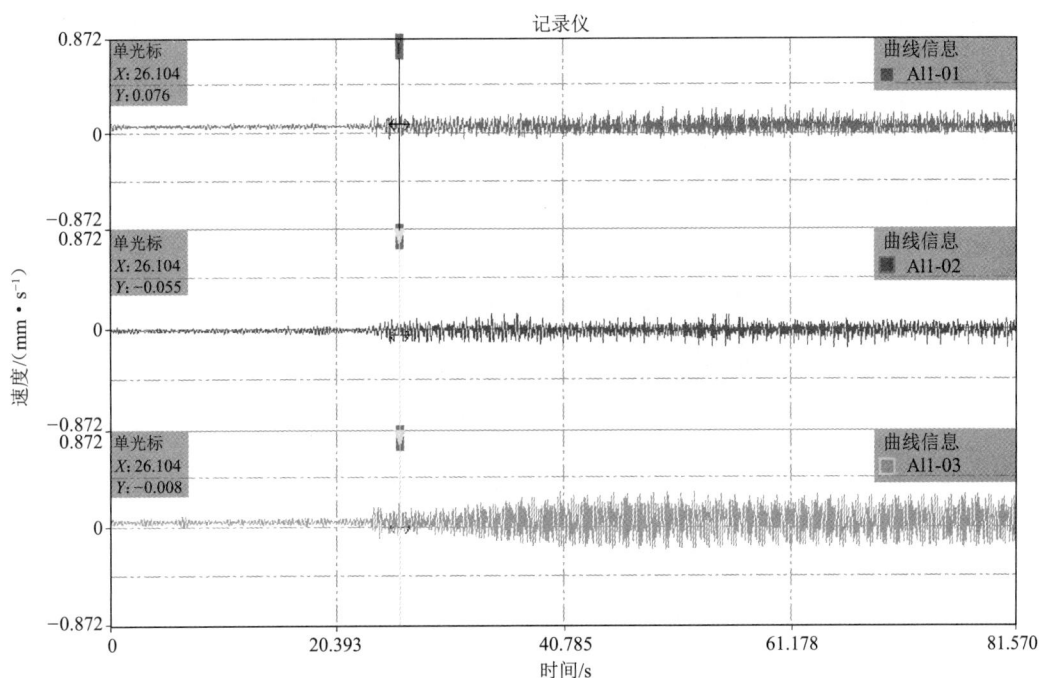

图 10-16　距离打桩位置 80 m 处地震动速度监测数据

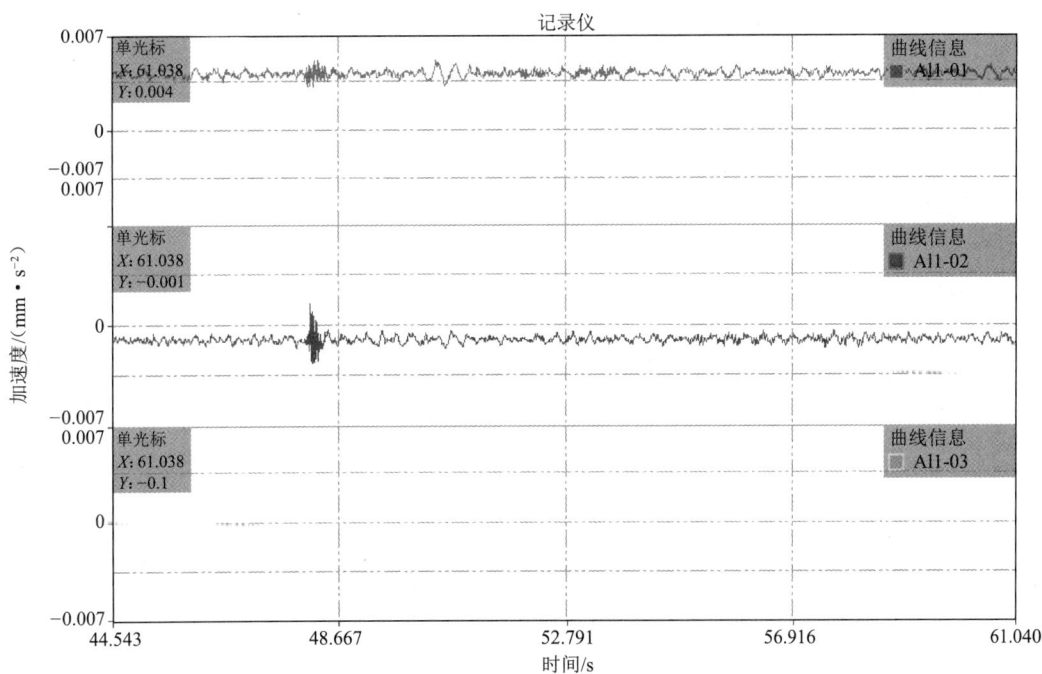

图 10-17　距离打桩位置 80 m 处地震动加速度监测数据

表 10-5　距离打桩位置 80 m 处监测峰值数据

监测值	传感器编号			
	A11-01(横向 X)	A11-02(横向 Y)	A11-03(竖向 Z)	矢量和
速度/(mm·s⁻¹)	0.120	−0.358	0.124	0.397 4
加速度/(m·s⁻²)	0.005	−0.002	−0.101	0.101 1

图 10-18　J5 监测坑现场开挖图

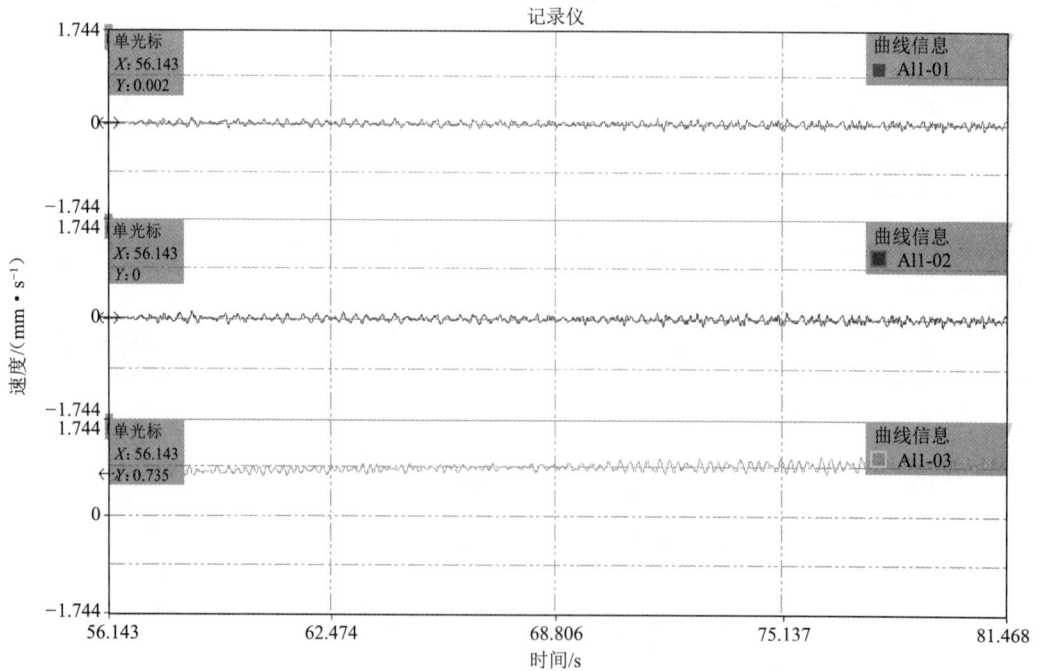

图 10-19　距离打桩位置 90 m 处地震动速度监测数据

记录仪

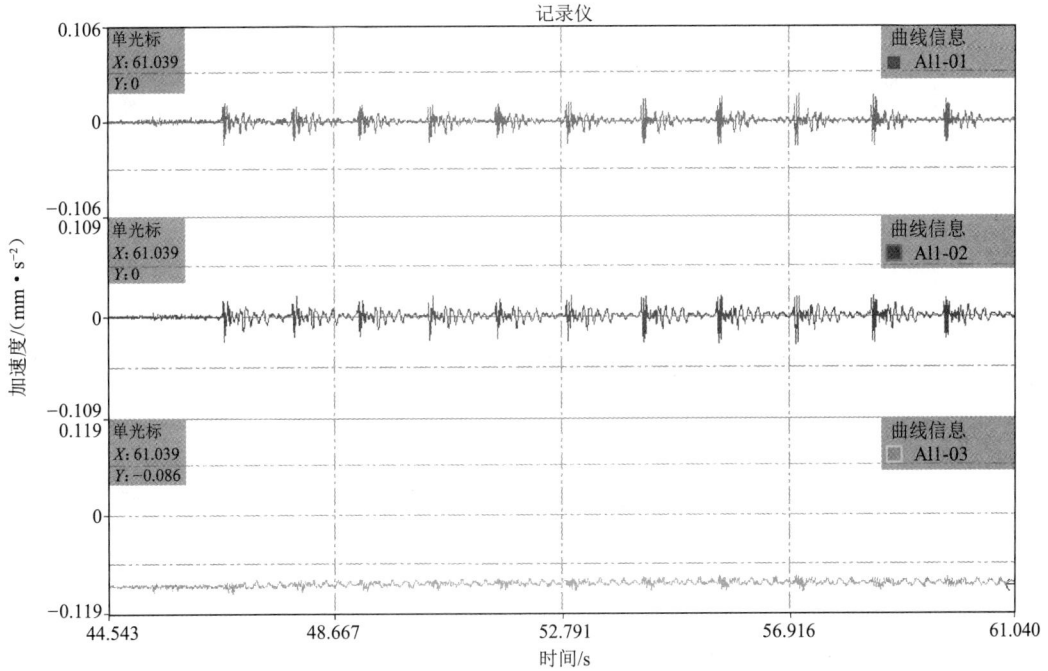

图 10-20　距离打桩位置 90 m 处地震动加速度监测数据

表 10-6　距离打桩位置 90 m 处监测峰值数据

监测值	传感器编号			
	A11-01(横向 X)	A11-02(横向 Y)	A11-03(竖向 Z)	矢量和
速度/(mm·s^{-1})	−0.105	−0.114	1.058	1.069 3
加速度/(m·s^{-2})	0.026	0.022	−0.091	0.097 2

（5）距离 C5 打桩位置 100 m 处 J6 坑监测情况如图 10-21～图 10-23、表 10-7 所示,监测坑深为 3.3 m。

图 10-21　J6 监测坑现场开挖图

225

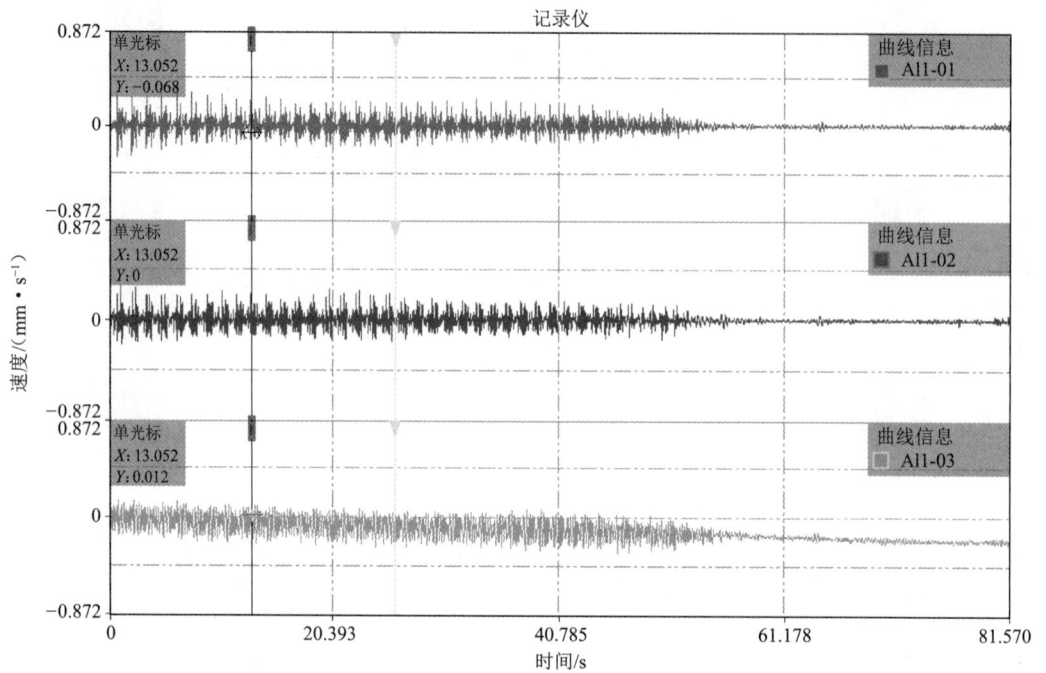

图 10-22　距离打桩位置 100 m 处地震动速度监测数据

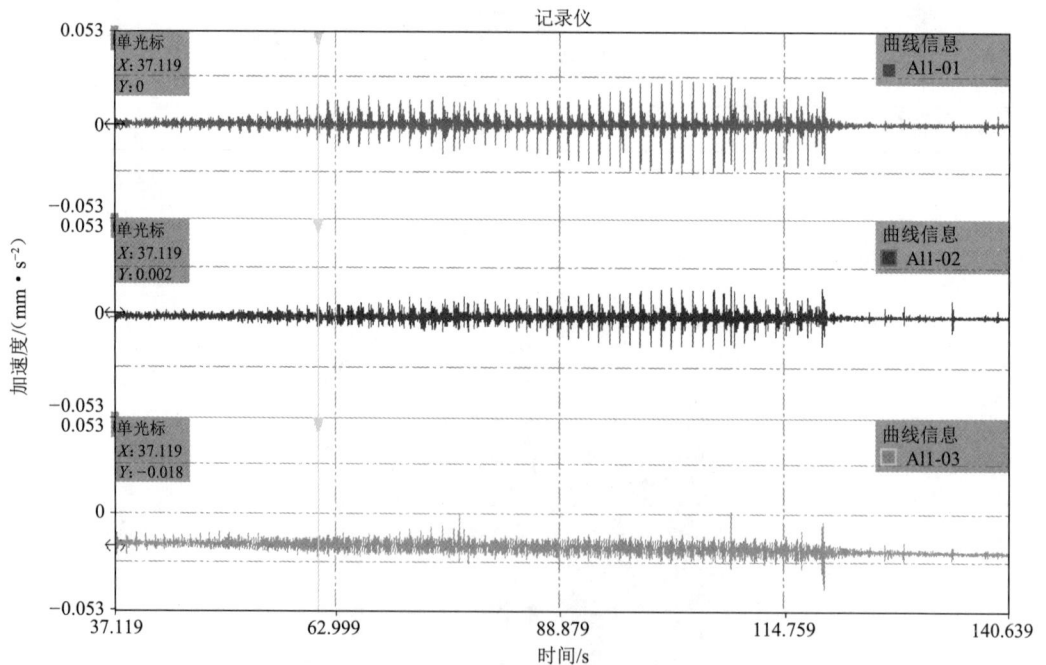

图 10-23　距离打桩位置 100 m 处地震动加速度监测数据

表 10-7 距离打桩位置 100 m 处监测峰值数据

监测值	传感器编号			
	A11-01(横向 X)	A11-02(横向 Y)	A11-03(竖向 Z)	矢量和
速度/(mm · s^{-1})	0.350	0.204	0.048	0.407 9
加速度/(mm · s^{-2})	0.001	0.002	−0.041	0.041 1

根据现场监测结果,统计不同距离、不同埋深情况下打桩振动引起的埋地管道地震动速度和加速度峰值结果,见表 10-8。

表 10-8 打桩振动引起的地震动峰值速度和加速度统计

序 号	距离/m	埋深/m	合速度/(mm · s^{-1})	合加速度/(m · s^{-2})
1	58	3.1	2.739 6	0.019 9
2	65	3.5	1.300 0	0.068 3
3	80	2.9	0.397 4	0.101 1
4	90	2.7	1.069 3	0.097 2
5	100	3.3	0.407 9	0.041 1

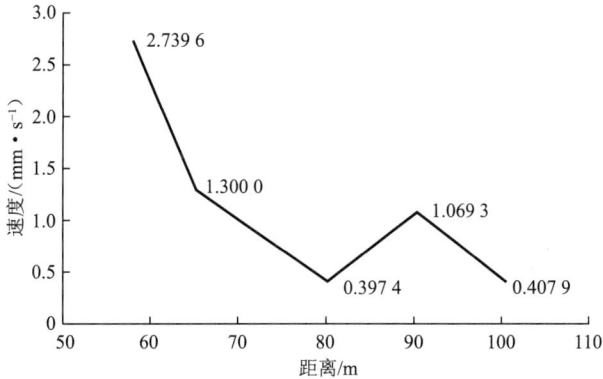

图 10-24 打桩振动引起的地震动峰值速度与距离关系图

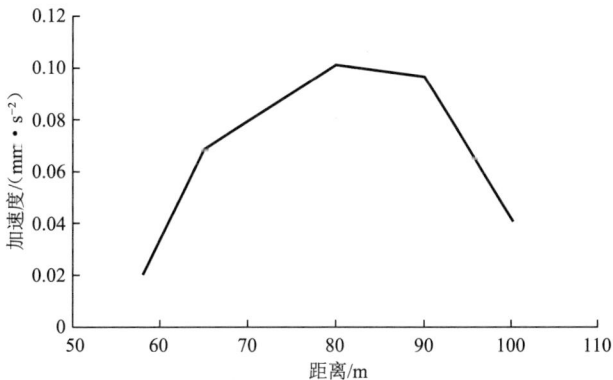

图 10-25 打桩振动引起的地震动峰值加速度与距离关系图

10.5　打桩施工安全管控措施

经现场模拟实验发现：

（1）打桩引起的振动主要与土体的特征有关，土体越密实坚硬，桩越难打进，引起的振动也越大，现场监测结果表明，补桩作业时打桩对航油管道振动的影响最大；

（2）打桩引起的振动是瞬间的锤击强迫振动，是一种脉冲衰减振动，每一锤击力波的时间为 0.4～1 s，现场测得柴油打桩机每一锤间隔时间约为 1.398 s，其主频率域为 20～30 Hz，与埋地管道的固有频率相差甚远，因此不会引起共振。

为了保证桩基施工过程中航油管道的安全，提出如下安全对策措施：

（1）在最靠近管道侧桩基与施工区域围墙间开挖隔振沟，隔振沟深度不小于管道埋深，宽度不小于 2 m，长度应覆盖整个施工区域；

（2）打桩作业应先打靠近管道一侧的锤击桩，后打距离管道较远的桩；

（3）现场锤击打桩时降低锤击频率应在 1 Hz 以上，待锤击波消散后再进行锤击，避免打桩产生的振动能量叠加或与埋地管道固有频率相同而产生共振；

（4）打桩作业时应避免在坚硬岩层中长时间锤击，避免打桩引起地震动速度过大而对管道安全造成不良影响。

第11章
第三方施工预防预警数据平台设计

11.1 概　述

根据国家管网《陆上油气管道第三方施工管理技术规范》及行业实践经验,针对如下工况开展智能化监测,有效管控第三方施工安全风险:

(1)钻孔灌注桩施工时,做好管道沉降位移监测工作,实时监测管道的沉降及水平位移情况。

(2)隧道爆破施工过程中,做好管道振动速度监测。

(3)顶管、盾构施工时,视施工间距及地质情况,做好管道沉降位移监测工作,实时监测管道的沉降及水平位移情况。

(4)新建地铁和电力线路与管道并行、交叉时,应开展可燃气体监测、管体应力应变监测、管道和土体位移监测,以及智能电位和腐蚀速率监测。

(5)需要开挖的管道悬空段应开展长周期应力、应变及位移监测。

(6)管道与铁路平行或交叉时,应加强监测管道电流、电位变化。

(7)管道与市政管网交叉处应监测油气浓度。

(8)第三方施工现场风险管控需要选用断线报警器、自动语音提示装置等技防设备,一级布控现场应安装监控摄像头,现场布置摄像头的数量和位置应能保证布控区域全角度清晰可视;优先选用具备独立供电、无线传输、录像存储、远程喊话、智能识别等功能的摄像头。

(9)针对大型基坑作业,在汛期前安装雨量监测装置,获取地面雨量信息,预测暴雨可能造成的危害及程度,以避免暴雨可能造成的管道损失及次生灾害。

(10)对于并行定向钻施工可能出现的破坏光缆情况,可以采用便携式光纤振动监测设备,定位振动位置,实现振动预警。

为了提升大型施工作业的安全管理,结合工程实际,制定了沉降位移监测、振动速度和加速度监测、应力应变监测、智能电位监测、腐蚀速率监测、入侵报警及智能视频监控、雨量及温度监测、分布式光纤振动监测八大类智能化监测和数据平台的建设方案。

11.2　监测技术

11.2.1　沉降位移监测

位移监测分为地表位移监测和深部位移监测,可以实时监测管道外部地质体的地表位移和深部岩土体的位移情况,对可能发生的管道地质灾害进行预警,以便采取有效的管道响应和保护措施。

针对地表变形的监测设备包括 GPS 位移传感器、拉绳式位移传感器,可用于监测变形较大位置。GPS 位移传感器具有高精度(1 mm)及触发式采集、存储功能,通过 GPRS/GSM、北斗卫星等远程网络传输实时数据到监控中心,利用该传感器可及时了解地质体表面变形的实时变化情况。拉绳式位移传感器可以用来测量地表相对位移量,通过地质体周边相对稳定点与监测点的相对位置变化可以得到每一监测点的相对位移量。

针对深部变形的监测设备包括测斜传感器,用于测量深部位移变形量,在管道周围地质体上布置测斜孔并安装测斜传感器,测定岩土体发生位移的位置、大小、方向及变化速率,分析判断地质体的稳定性。

由于 GPS 位移传感器可自动传输数据至平台,数据采集器设有 2 个位移传感器接口,分别连接拉绳式位移传感器和测斜传感器,可以同时采集一个测点的地表位移和深部位移,并通过接收器将数据实时传输至预警平台。位移监测传感器如图 11-1 所示。

（a）GPS 位移传感器　　　　（b）拉绳式位移传感器　　　　（c）测斜传感器

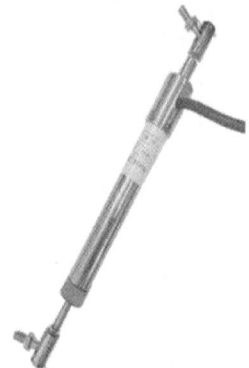

图 11-1　位移监测传感器

11.2.2　振动速度和加速度监测

爆破或打桩产生的振动波通过土体可以直接传递给埋地长输管道,使管道产生往复振动,引起管道位移变形、内应力增加,导致管道结构发生破坏。在管道周边岩土体布设三向振动传感器,可以获取振动波传到管道附近时的三向振动速度和振动加速度。

数据采集器设有 6 个振动速度和振动加速度传感器接口,分别连接 3 个振动速度和 3 个振动加速度传感器,可以同时采集一个测点的三向振动速度和振动加速度,并通过接收器将数据实时传输至预警平台。振动监测传感器如图 11-2 所示,所获取数据如图 11-3 所示。

图 11-2　振动监测传感器

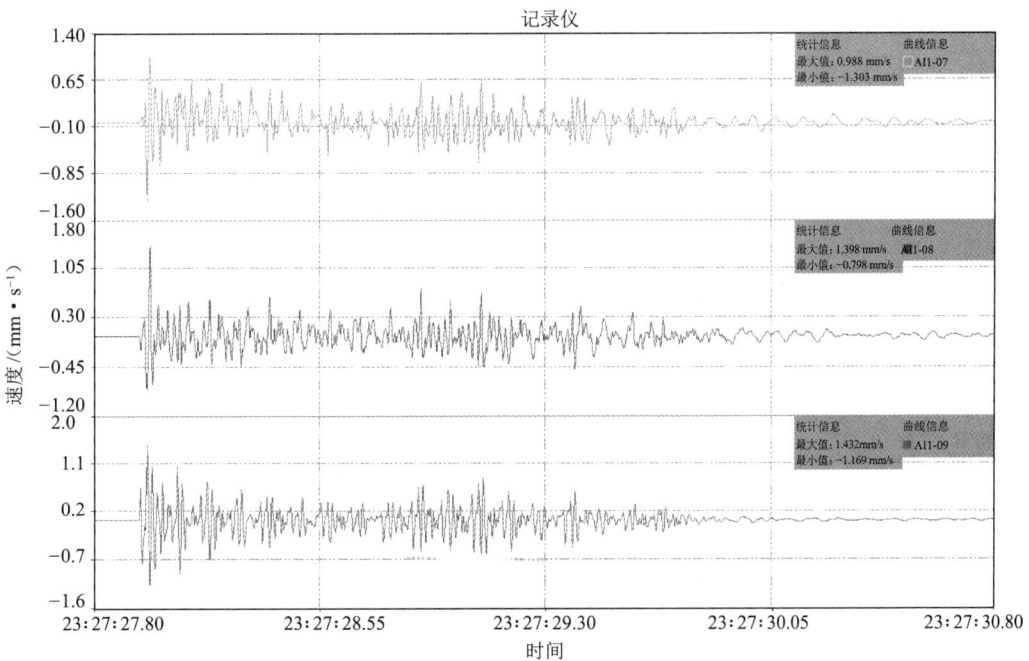

图 11-3　振动速度波形图

11.2.3　应力应变监测

土体移动类地质灾害对管道的作用通常表现为使管道的轴向应变和弯曲应变发生变化,从而影响管道的整体纵向强度。安装应变传感器可获取安装时刻至监测时刻的管体轴向应变和弯曲应变的变化量,即管体的轴向附加应变(轴向应变与弯曲应变的和)。管道受振动影响还会沿管道纵向产生应变,安装环向传感器可以获取管道纵向应变的变化量,即管体的纵向附加应变。

根据《油气管道地质灾害防护技术规范》(GB/T 40702—2021),单个监测截面应至少安装 3 个传感器。本设计同时考虑管道轴向和纵向应变的影响,数据采集器设有 6 个管道应变传感器接口,分别连接 6 个管道应变传感器(根据项目需要可选电阻应变传感器或振弦式应变传感器),可以同时采集一个管道监测断面 3 个测点的轴向和纵向应变,并通过接收器将数据实时传输至预警平台。传感器安装位置如图 11-4 所示,应变监测传感器如图 11-5 所示,所获取数据如图 11-6 所示。

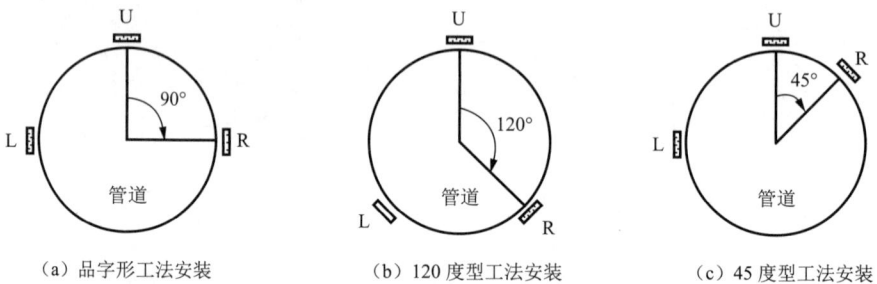

（a）品字形工法安装　　　　（b）120 度型工法安装　　　　（c）45 度型工法安装

图 11-4　传感器安装位置

U 表示上部;L 表示左侧;R 表示右侧

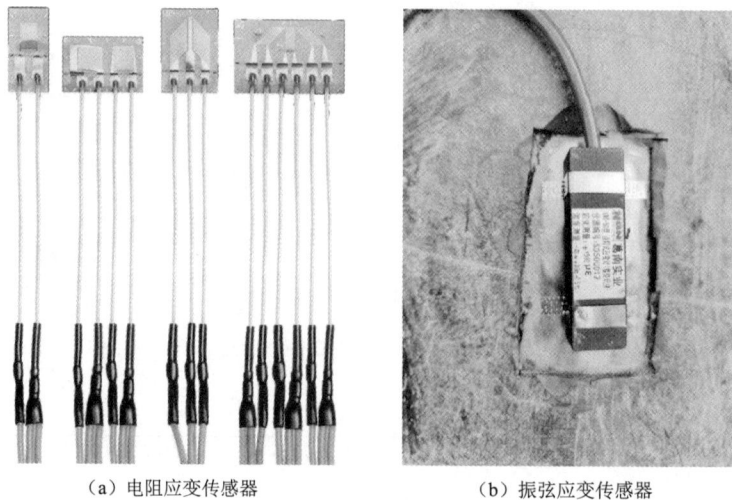

（a）电阻应变传感器　　　　　　　（b）振弦应变传感器

图 11-5　应变监测传感器

11.2.4　智能电位监测

智能电位监测由 3 部分组成:采集终端、供电系统、传输系统,通过采集终端采集电压数据,打包后通过光纤或 GPRS 或卫星链路将数据传回服务器,用户可通过 Web 浏览器观察。

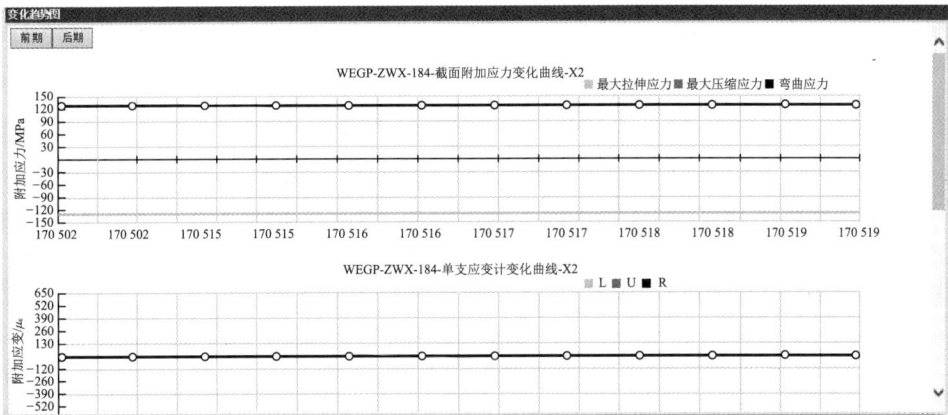

图 11-6　应变数据图

1) 采集仪工作原理说明

(1) 数据采集模块:负责阴极保护电位信息的采集。

(2) 数据处理模块:将采集到的电位信息进行 A/D 转换,将模拟信号转换为数字信号。

(3) 运放处理模块:将转换好的数据信息处理为中心控制模块需要的范围。

(4) 中心控制模块:① 处理输入输出数据;② 控制电源模块;③ 与无线通信模块进行数据交换;④ 控制整套采集仪正常运行。

(5) 存储模块:保存中心控制模块处理的数据。

(6) 无线通信模块:发送处理好的数据信息。

智能电位监测原理如图 11-7 所示。

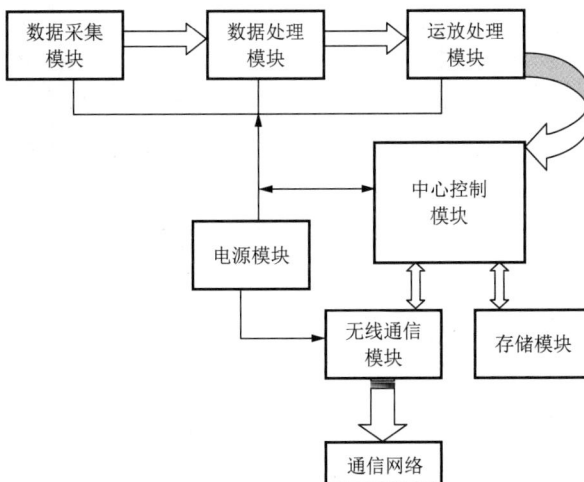

图 11-7　智能电位监测原理图

2) GPRS 传输

采集仪由 GPRS 移动通信模块利用中国移动(联通、电信)的 GPRS 技术、采用点对点的方式实现数据传输。采集仪自动完成数据采集,并上传给监控中心,通过 Internet 完成接收解码、终端返回数据的编码和发送。该系统具备 GPS 定位功能,精度在 5 m 范围。

3）功能介绍

（1）通信功能:支持 GPRS 全网通 4G 信号通信方式,支持与多中心进行数据通信。

（2）工作模式:【断电电位检测】支持可配时间的断电电位采集,根据配置,采集间隔在 30～999 ms 之间可调;【标准电位采集】支持常规配置,每天定时唤醒标准采集一次,配置时间段内上传一次;【连续电位采集】支持最长连续 24 h 连续采集模式,最小采样间隔为 10 s。根据控制指令,可开启和结束监测采集,若监测采集的通电电位未超过设定报警值,则按照 5～10 min 采集上传一次;若监测采集的通电电位超过设定报警值,则按照 1～5 min 采集上传一次。智能电位监测仪现场照片如图 11-8 所示。

（3）采集功能:支持采集通电电位、断电电位、自然电位、交流电位、直流电流、交流电流。

（4）远程管理功能:支持远程参数设置、程序升级。

（5）入侵报警功能:入侵时,设备立即唤醒并发送报警信息。

（6）存储功能:本机循环存储监测数据,掉电不丢失。

（7）对外供电功能:可对外提供直流电源。

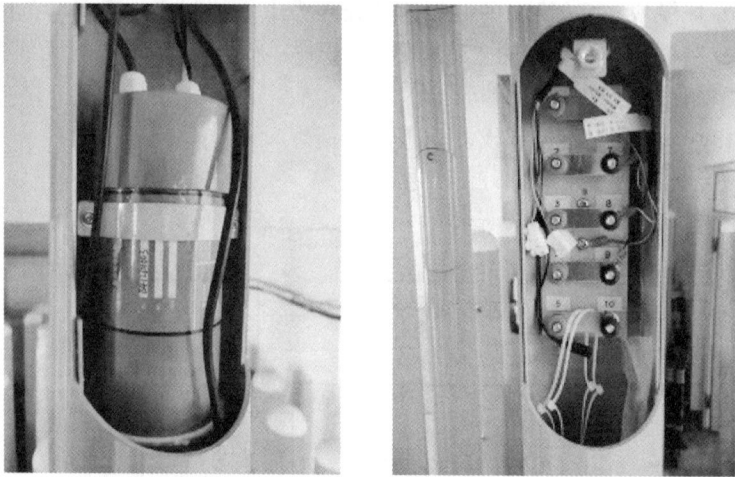

图 11-8　智能电位监测仪现场照片

11.2.5　腐蚀速率监测

埋地 ER 腐蚀综合测试仪由以下 6 部分组成:

（1）腐蚀综合探头。腐蚀综合探头由内置的环形电阻探针、环形自腐蚀试片和环形阴极保护电位检测片集成。

（2）参比电极和参比管。ER 腐蚀综合测试仪安装后,参比电极置于腐蚀综合探头内。参比电极为长效硫酸铜参比电极,参比管为 PVC 材质。参比管内土壤腐蚀环境应与安装地点周边环境相同,参比电极与参比管内土壤充分接触。

（3）测试头。测试头安装在参比管上端的地面上。测试头面板中有通断电开关、电阻探针电位测试端口、试片电位测试端口、探针腐蚀速率测试端口、便携式参比电极接线端子、管地电位测试端子。手持式数据采集器通过连接电缆从测试头上测试、采集和储存数据。

（4）数据采集接口及各接线柱等。ER 腐蚀综合测试仪的综合探头、测试头、参比电极及参比管等均置于安装防护桩内,管道与测试头连接的测试电缆、参比电缆等电缆均通过安装防护桩内部接线。

（5）数据采集器。数据采集器为手持式,其安装电池在正常使用条件下工作时间不短于 2 年。

（6）安装防护桩。安装防护桩由防护桩体和基墩组成,安装时桩体固定在基墩内,并由基墩埋入地下稳固。防护桩安装应在防护可靠、测试方便的前提下进行,避免对测试结果造成影响。

埋地 ER 腐蚀综合测试仪的腐蚀探头在阴极保护的状态下具有测试腐蚀速率、管道通电电位、断电电位、自然腐蚀电位等功能,同时能够评估已实施阴极保护的管道杂散电流腐蚀程度、排流效果及管道阴极保护水平。具体功能包括:

（1）可测量内置电阻探针敏感元件的腐蚀速率;

（2）可测量内置探针、管道的通电电位;

（3）可测量内置探针的瞬间断电电位;

（4）可测量内置试片自然腐蚀电位;

（5）可测量内置探针、试片、管道的其他阴极保护参数。

埋地 ER 腐蚀综合测试仪的技术参数包括:

（1）环境温度: $-18\sim50$ ℃。

（2）防爆等级:本安型(ULAExibIICT4),或等同于国内相关防爆标准等级。

（3）探头有效厚度(寿命):635 μm。

（4）测量精度:0.01％探头有效厚度。

（5）采集间隔:30 s。

（6）供电方式:6 节 AA 碱性电池。

（7）数据存储:900 个探头读数。

埋地 ER 腐蚀综合测试仪的安装要求:

（1）安装在室外,用于测试管道外腐蚀速率和管道通、断电电位,评估管道交、直流杂散电流腐蚀程度、排流效果及管道阴极保护水平;

（2）室外安装时应有防护设施,防护设施应使测试头、参比管具备防水、防机械损伤以及方便数据采集和便于安装接线的功能;

（3）室外安装的防护设施不应影响埋地 ER 腐蚀测试仪的土壤腐蚀环境和测试精度。

11.2.6　入侵报警及智能视频监控

1）入侵报警(电子围栏)

入侵报警(电子围栏)是利用传感器技术和电子信息技术探测并指示非法进入或试图

非法进入设防区域(包括主观判断面临被劫持或遭抢劫或其他危急情况时,故意触发紧急报警装置)的行为、处理报警信息、发出报警信息的电子系统或网络。入侵报警系统(图11-9、图11-10)通常由前端设备(包括探测器和紧急报警装置)、传输设备、处理/控制/管理设备和显示/记录设备构成。

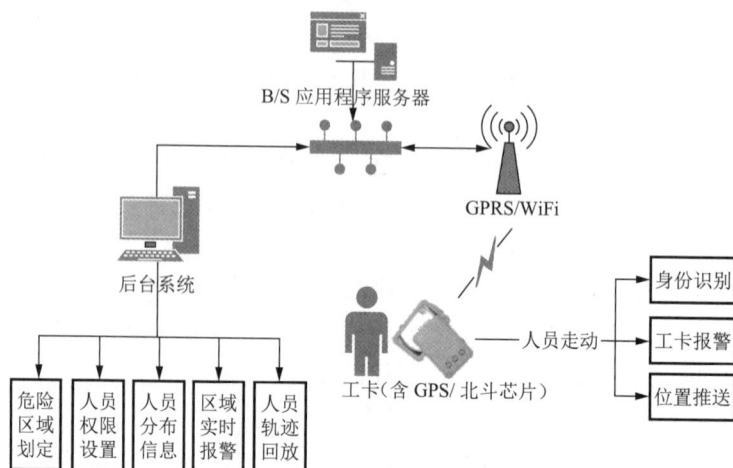

图 11-9　入侵报警系统技术架构

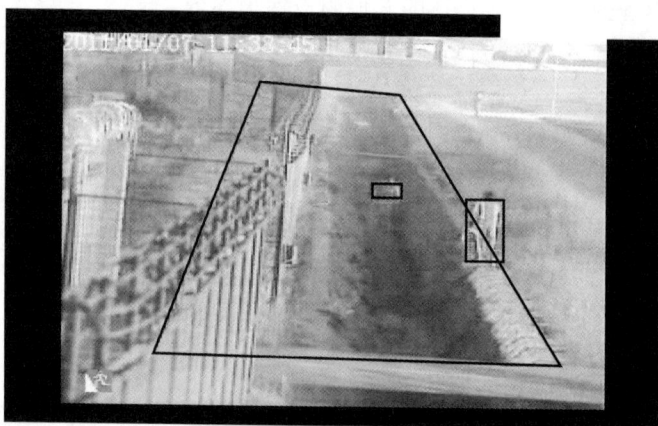

图 11-10　入侵报警系统展示画面

2) 基于边缘计算网关的智能视频监控系统

边缘计算是在更需要提高响应时间和节省带宽的位置捕获、存储、处理和分析数据,其本质上是云计算的延伸,将算力下移并就近提供边缘智能服务。边缘在云端统筹下执行本地计算任务并快速做出响应,云端为边缘持续优化算法模型和业务规则,实现边云协同。云中心与终端之间均可称为"边缘",边缘节点的部署位置应按需合理选择,但可靠的网络和供电条件、充足的算力和存储资源缺一不可。

边缘计算的目标是解决各个行业通过物联网技术实现数字化和智能化转型中的五大难题:联接(connection)、业务实时性(real-time)、数据优化(optimization)、应用智能

（smart）、安全与隐私保护（security），简称"CROSS"，这也正是边缘计算所能提供的五大价值。

本次调研集成的边缘计算网关部署 Ubuntu 18.04 操作系统，如图 11-11 所示，英伟达 6 核 CPU＋432 核 GPU 核心配置，高达 21 TOPs 算力，支持同时运行 3 种不同的算法输出服务能力，部署 2 种算法，每种算法支持 10 路 1080P 相机接入处理，具体见表 11-1。

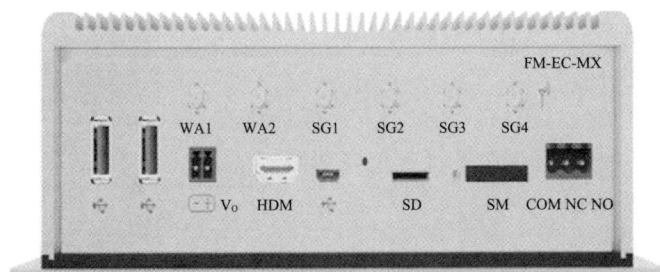

图 11-11　边缘计算网关现场照片

表 11-1　边缘计算网关配置技术规格

项　目	规　格
操作系统	Ubuntu 18.04
CPU&GPU	6 核 CPU＋432 核 GPU
算　力	21 TOPs
内　存	8 GB
固态硬盘	M.2 接口 120 GB
机械硬盘	SATA 接口，2 TB
串　口	1 路 RS-232，2 路 RS-485；串口速率为 2 400～115 200 bits/s
USB 接口	2 路 USB2.0，1 路 micro USB2.0
继电器输出	1 路转换；继电器负载：1A 250 VAC/30 VDC
天线接口	6 个标准 SMA 阴头天线接口，特性阻抗 50 Ω，用于接 4 G/5 G 和 WiFi
以太网	1×10/100/1 000 Mbps　WAN
	8×10/100/1 000 Mbps　LAN
4 G/5 G 模块	全网通
WiFi	支　持
标准电源	DC24 V，支持 24～48 V 宽电压
外形尺寸/(mm×mm×mm)	200×150×50

边缘计算与智能移动摄像头（图 11-12）相连，并在现场本地部署，可实现现场视频数据处理和实时预警，远程接收报警信号。智能移动摄像头的主要特点包括：

（1）发电功率为 100 W，工作电压为 18 V，工作温度为 −40～85 ℃，边框使用优质铝合金材质，转换效能为 21%。使用寿命在 25 年以上，正南安装，安装角度已调整。

（2）采用三元聚合物锂电池，充放电次数为 1 500～2 500 次，工作温度为－40～85 ℃，电池外壳为防水铝合金外壳；

（3）PWM 智能数显控制器断开保护电压为 9.3 V，恢复供电电压为 11.1 V，USB 口输出 5 V 电压，防过冲，防过放（即过度放电），涓流充电，延长电池使用寿命。供电监测具有锂电池组电量、电压监测和显示功能。

（4）足功率，不虚标。

（5）具有欠压、短路、过压、过载、过温五大保护功能。

（6）具有自动切换、自动恢复和无人值守功能。

（7）LCD 智能显示。

11.2.7 雨量及温度监测

工程实践表明，降雨量与工程地质灾害息息相关，特别是滑坡、泥石流、水毁等。安装雨量传感器可获取地面雨量信息，预测暴雨可能造成的危害及程度，以避免暴雨可能造成的管道损失及次生灾害。

数据采集器设有 1 个雨量传感器接口，连接 1 个雨量传感器，可采集 1 个测点的雨量数据，并通过接收器将数据实时传输至预警平台。雨量监测传感器如图 11-13 所示。

图 11-12　可移动智能摄像头

另外，温度变化会使油气管道的应力状态发生改变，从而影响管道的整体强度。安装温度传感器可获取安装时刻至监测时刻的管体温度变化情况，为管道强度校核提供依据。

数据采集器设有 1 个温度传感器接口，连接 1 个温度传感器，可采集 1 个测点的管壁温度，并通过接收器将数据实时传输至预警平台。温度监测传感器如图 11-14 所示。

图 11-13　雨量监测传感器

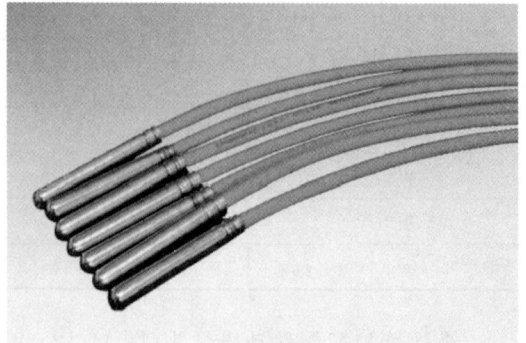

图 11-14　温度监测传感器

11.2.8　分布式光纤振动监测

盾构及顶管施工作业、打桩施工作业时会不可避免地对长输管道及伴行光缆产生振动影响,甚至出现破坏管道光缆的情况。分布式光纤振动监测预警技术可以采集管道各个位置的振动信号,通过深度学习网络对施工作业时产生的振动信号进行定位,进而降低事故风险。

分布式光纤振动监测技术原理:

(1) 第三方施工作业时产生振动信号;振动信号传达至传感光缆,导致光缆的属性参数发生变化,产生回向传播的光信号;光信号被监控主机捕获,经一系列信号处理后生成振动信号时空图并显示,将信号时空图输入深度学习网络,得到时空图中振动信号位置,实现第三方作业振动影响的监测预警。传感光纤光路示意图如图 11-15 所示,监测系统结构如图 11-16 所示。

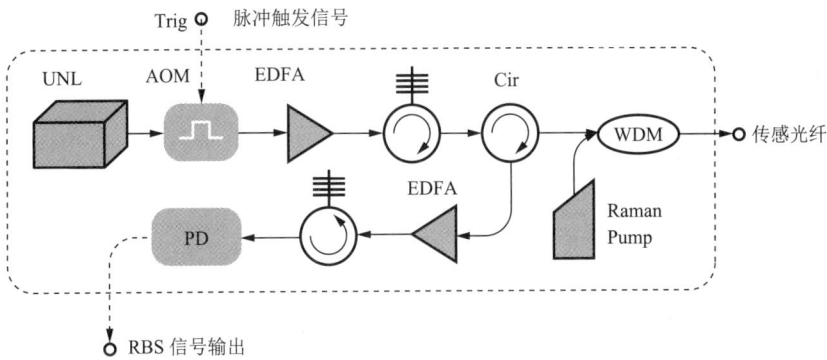

图 11-15　传感光纤光路示意图

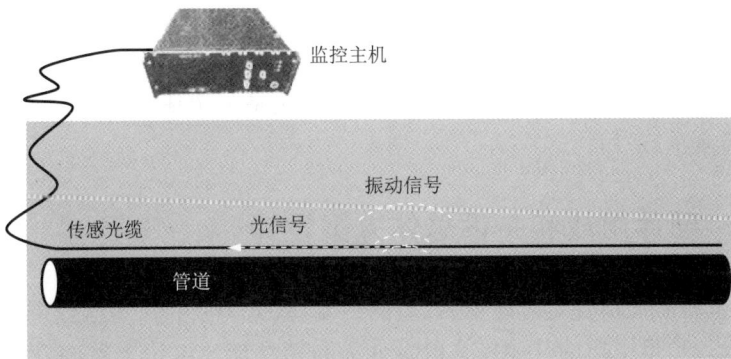

图 11-16　监测系统结构

(2) 系统将深度学习网络作为信号位置跟踪的主干算法,其具有定位精度高、漏报率低的优势。其中,使用卷积神经网络作为深度学习模型的主干网络,具有强大的特征提取能力;使用图像切割、随机噪声等多种数据增强方法,提高模型的泛化能力;使用迁移学习训练方法,在提高训练效率的同时进一步提高模型的泛化能力。

另外,分布式振动监测系统采用便携式安装,直接加载至阀室,监测范围可达 25 km,

定位精度为 2 m,识别精度准确率大于 95%。

11.3　硬件集成方案

针对"无线动态应变测试分析系统"项目,结合目前传感器选型及市场成熟技术实际情况,设计了一套完整的多通道无线动态应变测试终端,支持多类型传感数据实时采集,历史数据回填,5G 通信系统集成、开发和服务方案。

11.3.1　相关规范和标准

该系统配置满足下列文件要求:
(1)《施工现场机械设备检查验收技术规程》(JGJ 160—2016);
(2)《施工现场临时用电安全技术规范》(JGJ 46—2012);
(3)《电子信息系统机房设计规范》(GB 50174—2008);
(4)《信息技术设备　安全》(GB 4943.1—2011);
(5)《计算机场地通用规范》(GB/T 2887—2011);
(6)《通信用交流不间断电源(UPS)》(YD/T 1095—2018);
(7)《中华人民共和国网络安全法》(2017 年);
(8)《工业控制系统信息安全防护指南》(2016 年);
(9)《信息安全技术网络安全等级保护基本要求》(GB/T 22239—2019);
(10)《信息安全技术网络安全等级保护定级指南》(GA/T 1389—2017);
(11)《计算机软件文档编制规范》(GB/T 8567—2006);
(12)《计算机场地安全要求》(GB/T 9361—2011);
(13)《管道泄漏检测系统》(Q/12JMKJ0001—2016)。
凡是注日期的引用文件,仅注日期的版本适用;凡是不注日期的引用文件,其最新版本(包括所有的修改单)适用。

11.3.2　硬件组成和布设总体方案设计

动态应变监测系统由各类传感单元、监测终端、数据中心和位于监控中心的用户机(计算机)共同构成。这里采用的具体传感器组合为高精度加速度传感器、温度传感器及 GPS 测试沉降的仪器(高精度的 RTK)等,现地传感单元安置在管道及附近,监测系统部署如图 11-17 所示。

监测单元部署在管道现地,包含各类传感单元、监测终端、通信单元(5G 接口)、供电单元。监测终端将实时监测部署位置的管道振动加速度信号、GPS 信号及温度,并通过数据采集和控制单元将其转换为可以进行传输和存储的数据类型;采集的信号通过通信单元发送至远端位于站控室内的数据中心、监测主机;供电单元则用于保证系统长期稳定地工作,常用的供电方式包括太阳能板或蓄电池。

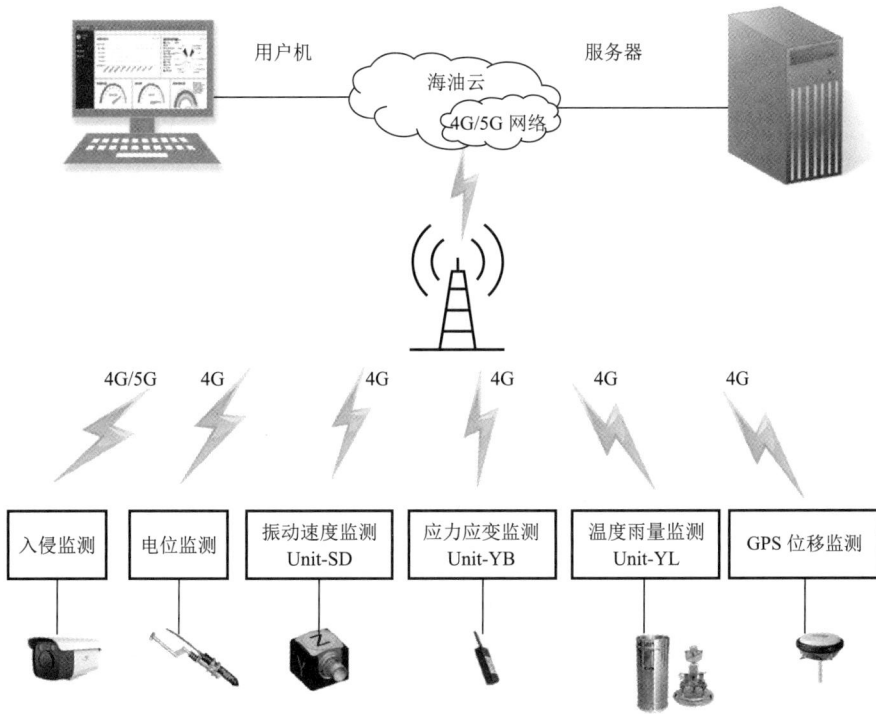

图 11-17　监测系统部署图

11.3.3　工作环境条件

（1）工作温度：-20～60 ℃。

（2）设备防护等级：IP65。

（3）供电方式：太阳能供电或电池供电。

11.3.4　振动速度加速度监测终端硬件设计

振动速度加速度监测终端（Unit-SD）由电池供电单元、智能数据采集单元（RDAU）以及传感单元等组成，硬件组成如图 11-18 所示。

电池供电单元负责给系统提供必要的工作电源。此部分设计按照待机 30 d 评估，为保证系统一直运行于高速采集模式，需要配置容量为 280 Ah 的锂电池，方便替换充电。

智能数据采集单元（RDAU）一方面负责信号采集及调理，将外部传感器传过来的压信号做转换调理后，经过放大、滤波处理后由模数转换芯片 ADC 转换为数字信号，再进行数据加工处理，最后通过 4G 网络传送给远端服务器；另一方面进行信号的判别，并进行本地报警。作为整个系统的核心，RDAU 采用高性能多核处理器，以保障数据处理实时可靠，它一方面负责收集、存储、上传采集过来的信号，另一方面负责校准采集通道、识别传感器

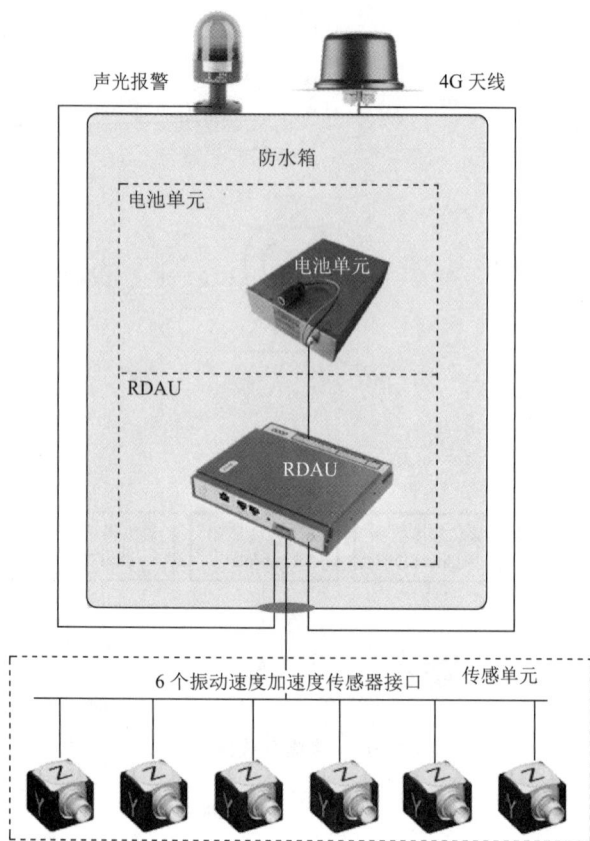

图 11-18　振动速度加速度监测终端硬件组成框图

在线或故障状态。采集数据按照时间片存储、分发,根据和远端服务器的交互来确认数据是否有效到达远端服务器,如果确认远端服务器已接收数据,则删除已发送的数据;如果网络异常造成未完成接收,则在网络良好的情况下通过数据重传机制进行数据补发处理。RDAU 主工作流程如图 11-19 所示。

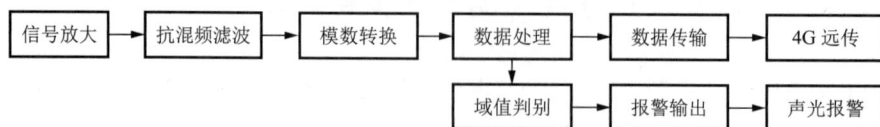

图 11-19　RDAU 工作流程图

传感单元采用磁电式速度传感器,根据需要可选取最高 100 Hz 和 1 000 Hz 的规格,以 6 个传感器为一组,分别采集 3 个方向的速度和 3 个方向的加速度。

11.3.5　应力应变监测终端硬件设计

应力应变监测终端(Unit-YB)由电池供电单元、智能数据采集单元(RDAU)、应变采集单元以及传感单元等组成,硬件组成如图 11-20 所示。

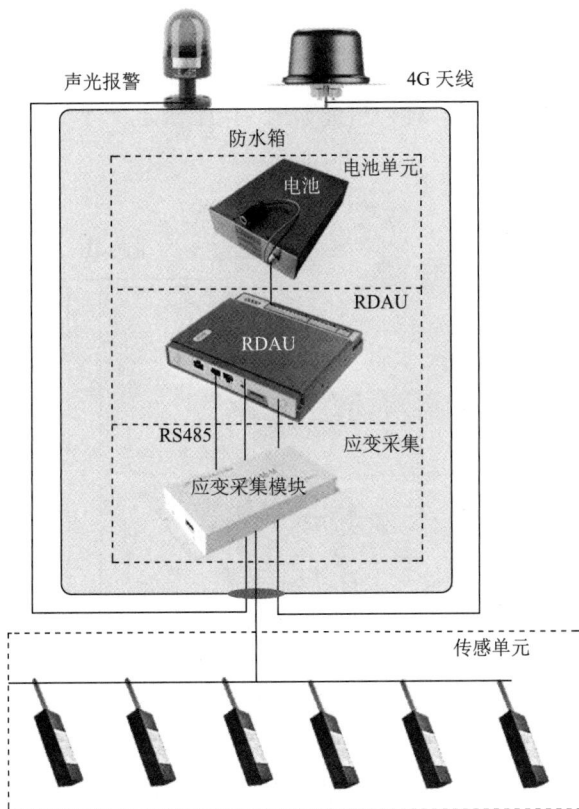

图 11-20 应力应变监测终端硬件组成框图

电池供电单元负责给系统提供必要的工作电源。此部分设计按照待机 30 d 评估,为了保证系统一直运行于高速采集模式,需要配置容量为 280 Ah 的锂电池,方便替换充电。

智能数据采集单元(RDAU)以 RS485 总线形式接收应变采集单元发送过来的应变信号,一方面识别信号、加时间签、打包处理后通过 4G 网络传送给远端服务器;另一方面进行信号的阈值判别,将报警信息上传并进行本地声光报警操作。RDAU 的数据处理逻辑与振动速度、加速度处理一样,按照时间片与远端服务器进行交互。RDAU 主工作流程如图11-21 所示。

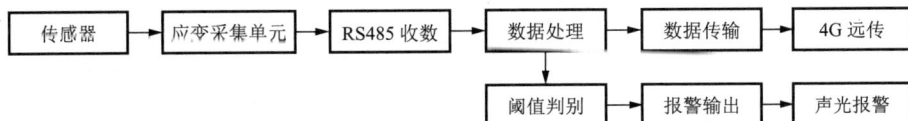

图 11-21 RDAU 工作流程图

传感单元可采用前述电阻式或振弦式传感器,最多提供 6 组传感器进行采集输入。

11.3.6 雨量及温度监测终端硬件设计

雨量及温度监测终端(Unit-YL)由电池供电模块、智能数据采集单元(RDAU)、温度雨量采集单元以及传感单元等组成,硬件组成如图 11-22 所示。

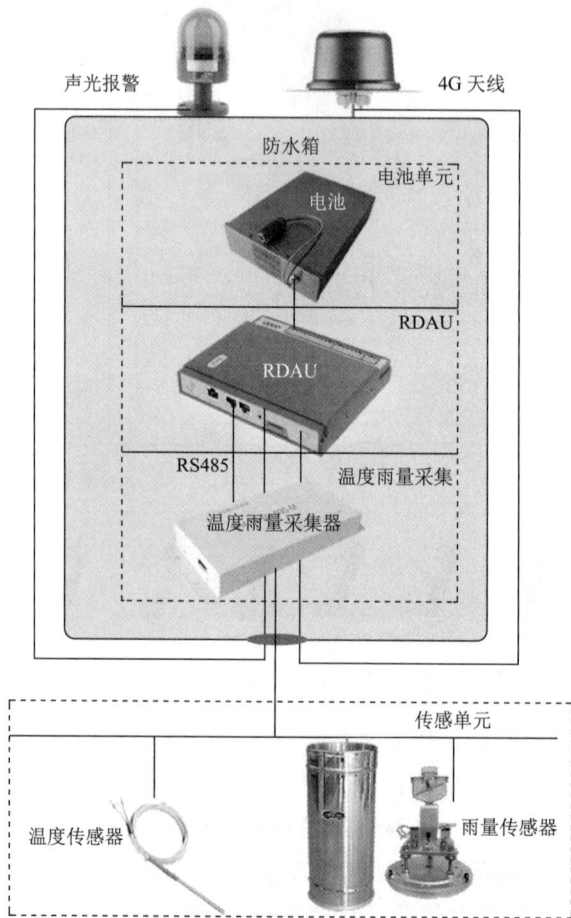

图 11-22　雨量及温度监测终端硬件组成框图

电池供电单元负责给系统提供必要的工作电源。此部分设计按照待机 30 d 评估,为了保证系统一直运行于高速采集模式,需要配置容量为 280 Ah 的锂电池,方便替换充电。

智能数据采集单元(RDAU)以 RS485 总线形式接收温度雨量采集单元发送过来的信号,一方面识别信号、加时间签、打包处理后通过 4G 网络传送给远端服务器;另一方面进行信号的阈值判别,将报警信息上传并进行本地声光报警操作。RDAU 数据处理逻辑与振动速度、加速度处理一样,按照时间片与远端服务器进行交互。RDAU 的主工作流程如图 11-23 所示。

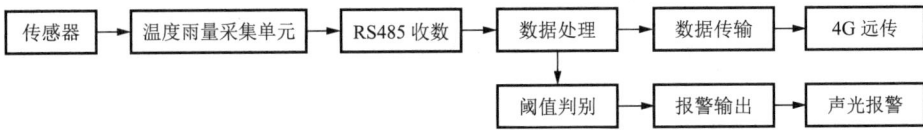

图 11-23　RDAU 主工作流程图

传感单元主要是温度和雨量传感器，根据现场布放，可进行多组温度和雨量的采集。

11.3.7　硬件系统结构设计

根据应用场景，硬件系统结构要求做防水设计，如图 11-24。

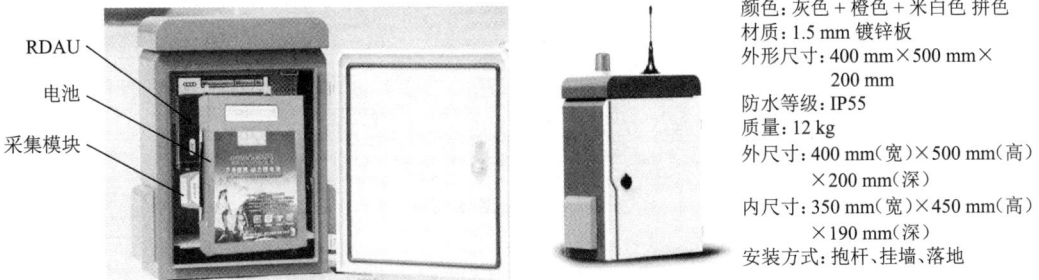

颜色：灰色＋橙色＋米白色 拼色
材质：1.5 mm 镀锌板
外形尺寸：400 mm×500 mm×
　　　　　200 mm
防水等级：IP55
质量：12 kg
外尺寸：400 mm（宽）×500 mm（高）
　　　　×200 mm（深）
内尺寸：350 mm（宽）×450 mm（高）
　　　　×190 mm（深）
安装方式：抱杆、挂墙、落地

图 11-24　硬件系统结构设计

11.3.8　RDAU 数据格式

RDAU 的数据帧格式如图 11-25 所示。

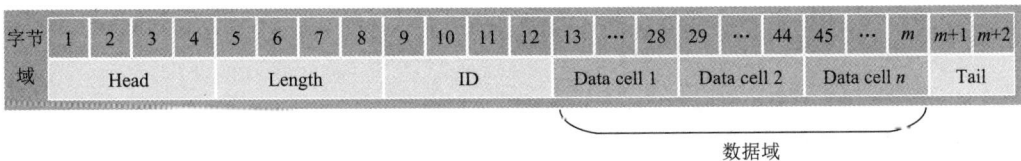

图 11-25　RDAU 数据帧格式

RDAU 的数据帧由 Head 域开始，Tail 域结束。

（1）Head 域：长度为 4 字节，固定为 0xDE，0xAD，0xBE，0xEF，如图 11-26 所示。

图 11-26　Head 域构成

（2）Length 域：长度为 4 字节，表示 ID 域和数据域的总长度，整数。

（3）ID 域：长度为 4 字节，其中第一个字节表示 RDAU 的群组编号，第二个字节表示 RDAU 设备编号，剩下的两个字节表示 tcp 连接的 ID 号。通过群组号和设备编号可以识别 RDAU，Sockid 暂未使用，如图 11-27 所示。

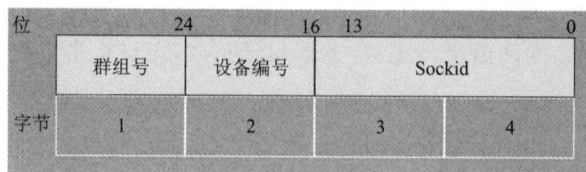

图 11-27　ID 域构成

（4）数据域：由多个数据单元构成，每个数据单元长度为 16 字节，如图 11-28 所示。

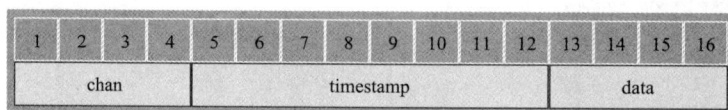

图 11-28　数据域构成

① chan：标识测量通道编号，长度为 4 字节，整数。通道 1 为应变数据，通道 2 为位移信号，通道 3 为振弦信号，通道 4 为温度数据，通道 5 为雨量数据。

② timestamp：时间标签，长度为 8 个字节，双精度浮点型，整数部分为 unix 时间戳，小数部分为微秒数。

③ data：数据，长度为 4 字节，单精度浮点数。

（5）Tail 域：长度为 2 字节，固定为 0xD,0xA，表示数据帧结尾。

11.4　数据平台概要设计

11.4.1　总体架构

在系统建设实施过程中，应遵循以下原则：

（1）统一性原则。在系统的整个界面设计中考虑统一性原则。

（2）数据库原则。数据的存储、计算采用数据库设计，转换为关系型数据库进行计算。

（3）安全性原则。通过设置用户进行登录，只有正常登录的用户才可使用相应功能并查看数据。

油气管道第三方施工预防预警数据平台采用 B/S 架构和当今主流的前后端分离技术，后端 Java 框架选择 JavaEE 技术规范（JavaEE 规范采用 6.0 以上版本，JDK 采用 1.7 以上版本），前端框架选择 Vue 框架，满足可靠、集成、兼容、可扩展、可维护、安全等性能要求，通过无线、移动 4G/5G 等多种接入方式,在高带宽低延时信息网络覆盖的基础上,开发平台选择开源的若依开发平台,中间件采用 NGINX-1.20.2,数据库采用 Mariadb-10.6.4。

整个项目架构分为 4 层,即存储 & 计算层、感知层、应用层和展现层,如图 11-29 所示。

(1) 存储 & 计算层:数据平台部署在中国海油自主研发的海油云平台上,现场实时采集数据采用 100% 本地备份,存储在本地数据存储终端;视频影像数据在本地存储后,由边缘计算网关携带的智能算法现场计算分析处理,形成报警数据后上传至云端,提升数据处理的实时性和稳定性。

(2) 感知层:系统搭载八大类感知终端,通过协议转换、边缘计算等构建精准、实时、高效的海量工业数据采集与分析体系,接入、转换、预处理、存储、分析数据,实时感知管道的沉降位移、振动速度、应力应变、阴保电位、腐蚀速率、入侵报警/视频监控、雨量温度和光纤振动,现场各类传感器所采集数据采用无线传输至智能数据采集和存储终端。

(3) 应用层:数据平台搭载 GIS 数据对齐与 GPS 定位分析工具、安全监测预警分析计算模型、大数据分析和深度学习模块,以及 5G 传输管理模块,其中 GIS 信息基于 Openlayer 库。

(4) 展现层:Web 端兼容新版的主流浏览器,基于中国海油安全管理门户网站开发;安卓 APP 采用混合开发模式。Web 端监控大屏利用"数据内容与密钥自适应"原理进行设计,现场监测设备部署完成后,数据平台分配 Web 端和 APP 的专用账号至管道管理单位、第三方施工单位和监理单位;施工过程中系统设置两级报警信号,即一级报警信号和二级预警信号(报警值的 70%),前置分配若干预警手机号,一旦出现预警信号,直接发送预警信息至管道管理人员的手机。

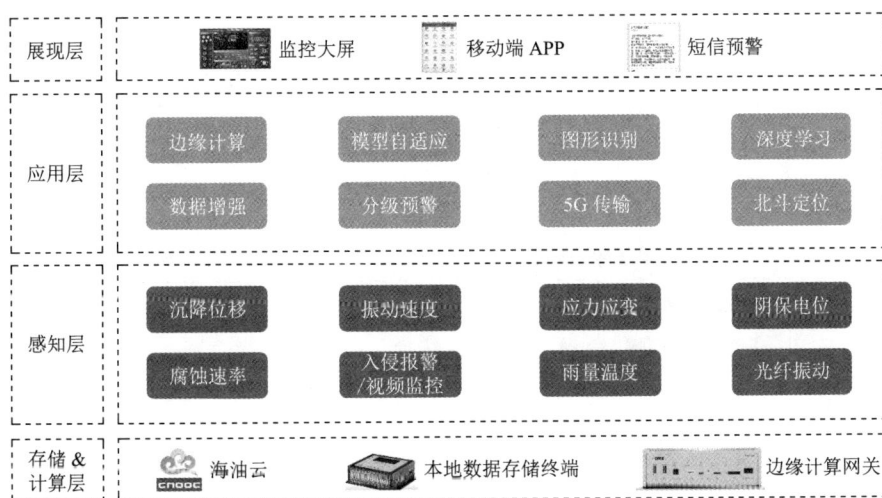

图 11-29　数据平台总体设计框架

11.4.2　Web 端功能模块

第三方施工预防预警数据平台基于监控大屏呈现,系统具备 GIS 展示、监测数据实时展示、历史数据追溯、监测预警通知四大功能,大屏中央基于 GIS 展示当前监测点位和历史点位,其中当前监测点位采用闪烁模式进行提醒,点击监测点位可观看当前监测数据和历史数据追溯。

中央大屏左侧自动统计 8 类监测设备的当前在线情况、历史在线情况,点击可以展示设备监测信息;中央大屏右侧展示当前报警信息及处理情况。

1)沉降位移监测

以图像形式展示 GPS 位移传感器返回的数据,并分析数据是否超出预先设定的预警值与规定值,如超出,则进行报警提示(图 11-30);同时有新建、编辑、删除测点或监测设备,导出监测数据,以及通过监测设备编号和时间选择展示数据范围的功能。

2)振动速度监测

以图像形式展示振动速度传感器返回的数据,并分析数据是否超出预先设定的预警值与规定值,如超出,则进行报警提示(图 11-31);同时有新建、编辑、删除测点或监测设备,导出监测数据,以及通过监测设备编号和时间选择展示数据范围的功能。

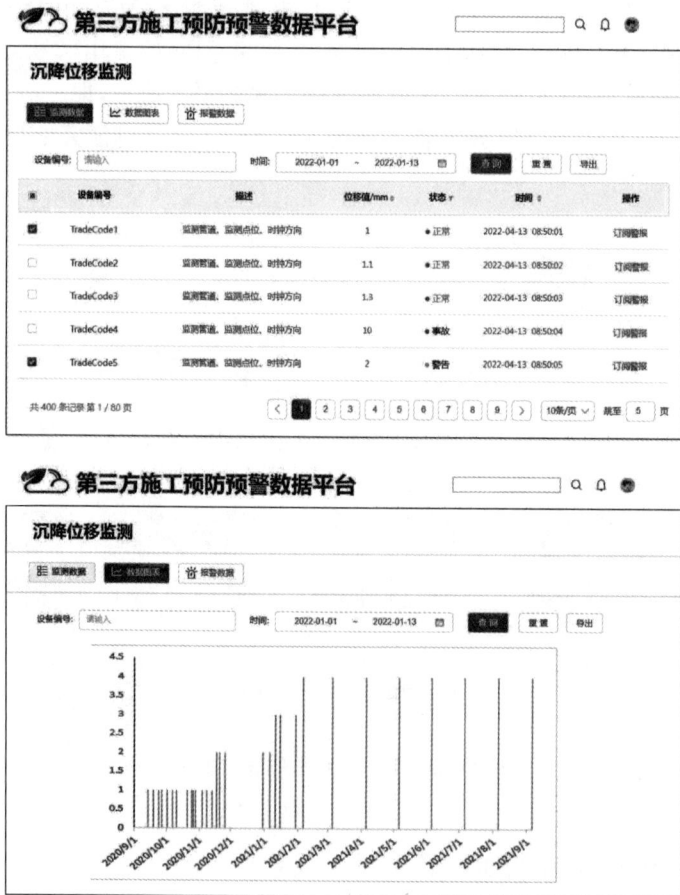

图 11-30 沉降位移监测界面

图 11-30(续)　沉降位移监测界面

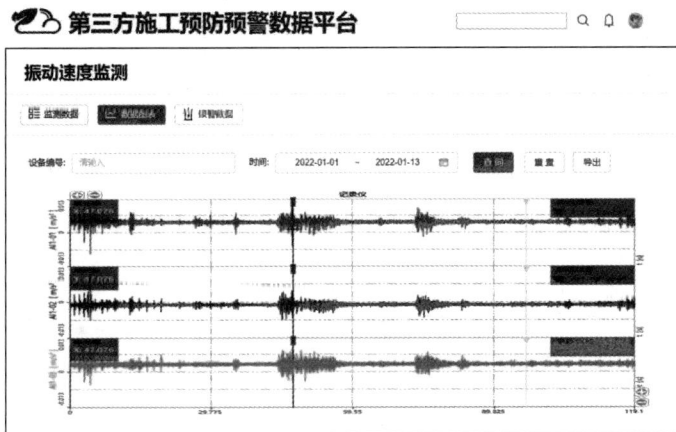

图 11-31　振动速度监测界面

图 11-31(续) 振动速度监测界面

3）应力应变监测

以图像形式展示应力应变传感器返回的数据，并分析数据是否超出预先设定的预警值与规定值，如超出，则进行报警提示（图 11-32、图 11-33）；同时有新建、编辑、删除测点或监测设备，导出监测数据，以及通过监测设备编号和时间选择展示数据范围的功能。

4）阴保电位监测

以图像形式展示传感器返回的数据，并分析数据是否超出预先设定的预警值与规定值，如超出，则进行报警提示（图 11-34）；同时有新建、编辑、删除测点或监测设备，导出监测数据，以及通过监测设备编号和时间选择展示数据范围的功能。

图 11-32 应力监测界面

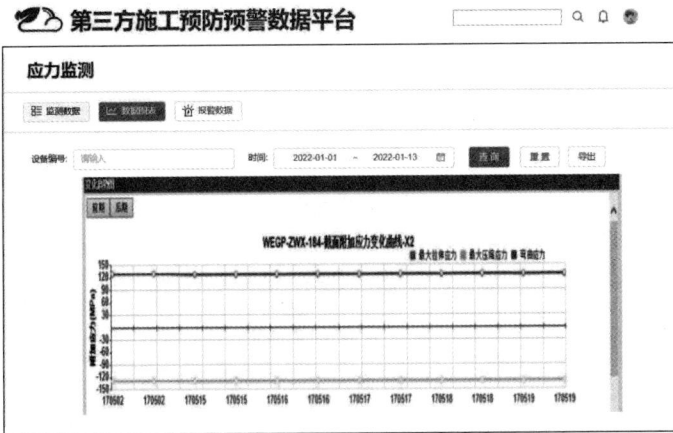

图 11-32(续)　应力监测界面

图 11-33　应变监测界面

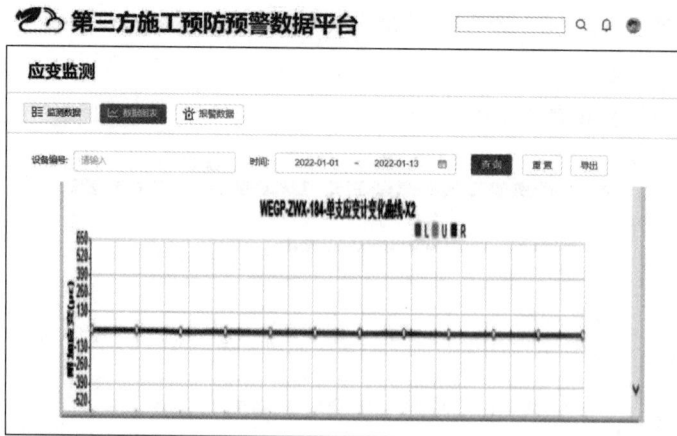

图 11-33(续)　应变监测界面

图 11-34　阴保电位监测界面

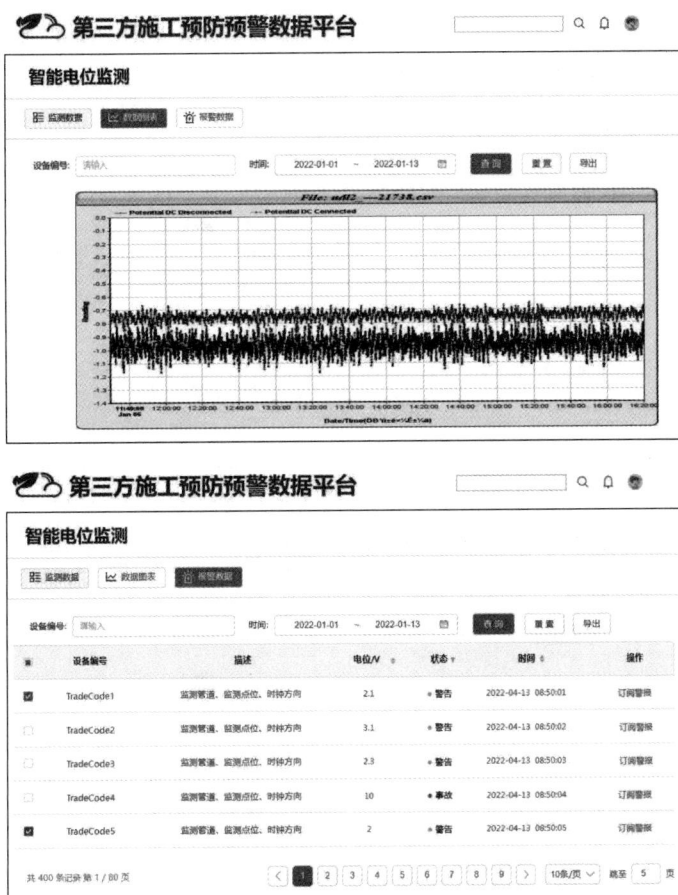

图 11-34(续)　阴保电位监测界面

5）腐蚀速率监测

通过现场数据汇总分析,显示探针腐蚀速率和平均腐蚀深度,当设备腐蚀速率超过设定阈值时自动报警,并以短信的形式将报警信息发送至手机,同时提供按时间查询的功能,能够查询选定时间内的腐蚀速率和平均腐蚀深度,此外还支持腐蚀速率趋势及详细信息查询,以及设备筛选和设备状态显示,如图 11-35 所示。

6）入侵报警/视频监控

能够接收现场视频监控画面及数据,可选择单视频监控设备查看和多设备平铺共同查看。当有人或设备进入设定的防范区域时自动报警,并以短信形式发送至手机上以便实时查询,同时可以在计算机端根据时间筛查视频监控数据,分辨入侵实际情况,如图 11-36所示。

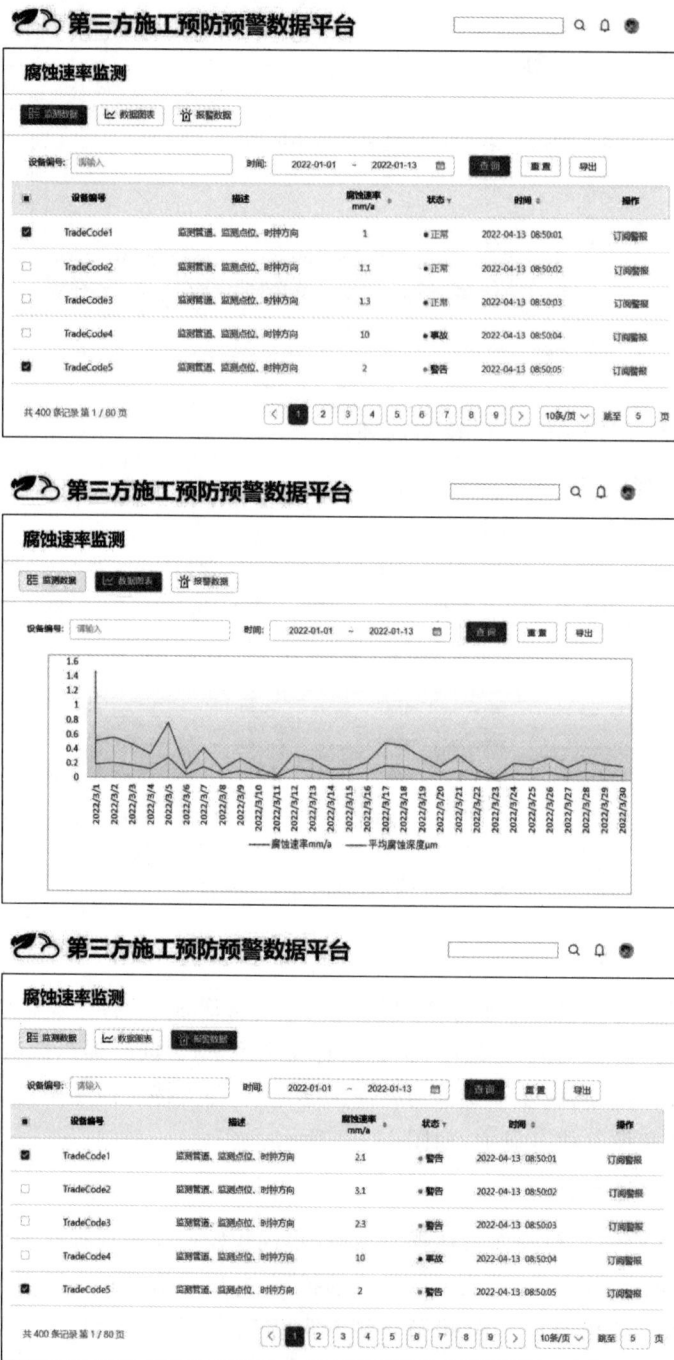

图 11-35　腐蚀速率监测界面

图 11-36　入侵报警及智能视频监控界面

7）雨量温度监测

能够实时监测管道周边雨量及温度，当雨量及温度超过设定阈值时自动报警，并将报警信息发送至手机上，同时支持雨量和温度分别显示查询，支持对历史数据进行查询及分析和数据批量导出，如图 11-37 和图 11-38 所示。

8）光纤振动监测

能够显示周边施工时光纤振动情况，并准确分析振动位置，当光纤振动超过阈值时自动报警，并将报警信息发送至手机上，同时具有根据时间筛查历史数据以及历史数据批量导出等功能，如图 11-39 所示。

图 11-37　雨量监测界面

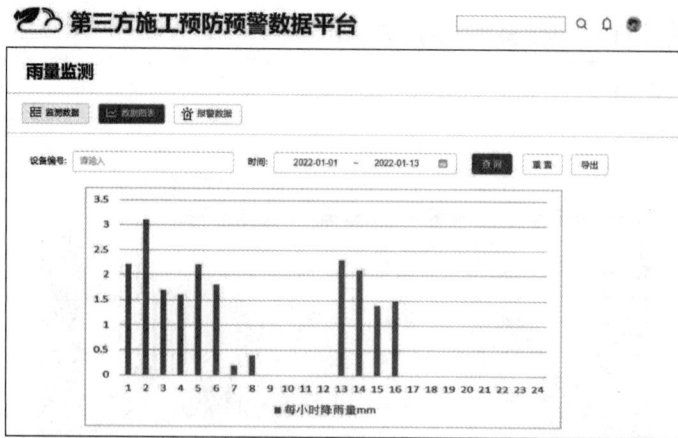

图 11-37(续) 雨量监测界面

图 11-38 温度监测界面

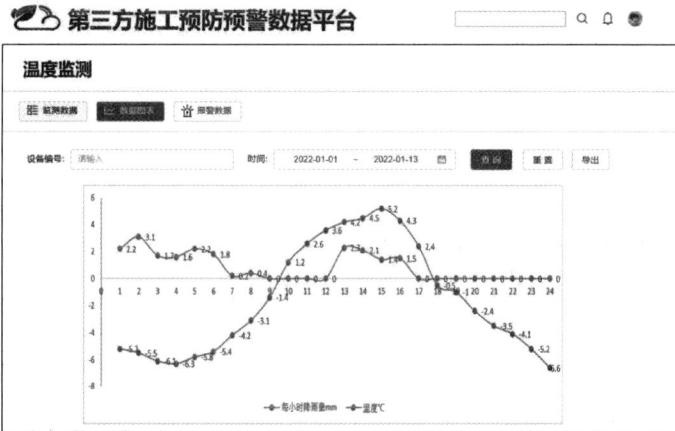

图 11-38(续)　温度监测界面

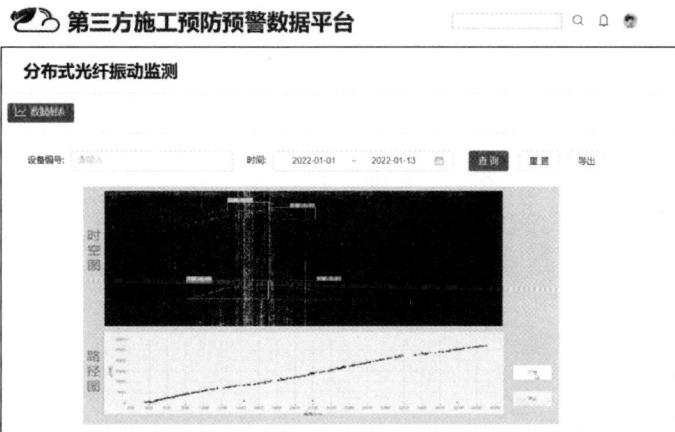

图 11-39　光纤振动监测界面

9）监测预警通知

监测设备注册登记时，支持绑定若干个手机号，设备一旦出现预警信息，在 Web 端和手机端发布预警信息的同时，支持通过手机短信定向发送预警信息。

11.4.3　数据加密及网络安全

数据平台调取智能电位监测、入侵报警/智能视频监控、光纤振动监测、ER 探针数据，现场数据采集终端调取沉降位移、应力应变、振动速度、雨量温度监测数据后汇总并发送至数据平台。

现场传感器模块利用 4G 模块，以 SSL 加密的 tcp socket 将数据传输给"接收数据应用"，该应用解析数据之后转发到大数据平台 DataHub，经由流计算，保存入 TSDB 时序数据库。"业务大屏应用"从大数据平台取出传感器统计数据、报警数据以及其他业务数据并进行大屏展示。

数据平台部署于中国海油自主维护的海油云平台上，通过固件安全增强、漏洞修复加固、补丁升级管理、安全监测审计、加强认证授权、部署分布式拒绝服务（DDoS）防御体系、工业应用程序安全、主机入侵监测防护、漏洞扫描、资源访问控制、信息完整性保护等安全措施，保障核心数据的安全流转和平台的正常运行，对物理、网络、系统、应用、数据及用户安全等实现可管可控。

参 考 文 献

[1] GB 50424—2015　油气输送管道穿越工程施工规范[S].

[2] GB 50183—2004　石油天然气工程设计防火规范[S].

[3] GB 32167—2015　油气输送管道完整性管理规范[S].

[4] GB 50253—2014　输油管道工程设计规范[S].

[5] GB/T 19285—2014　埋地钢质管道腐蚀防护工程检验[S].

[6] GB/T 27512—2011　埋地钢制管道风险评估方法[S].

[7] GB/T 34346—2017　基于风险的油气管道安全隐患分级导则[S].

[8] GB/T 50470—2017　油气输送管道线路工程抗震设计规范[S].

[9] GB/T 17742—2008　中国地震烈度表[S].

[10] GB 6722—2014　爆破安全规程[S].

[11] GA 991—2012　爆破作业项目管理要求[S].

[12] GA 990—2012　爆破作业单位资质条件和管理要求[S].

[13] SY/T 0330—2004　现役管道的不停输移动推荐作法[S].

[14] SY/T 7063—2016　海底管道风险评估推荐做法[S].

[15] SY/T 6859—2012　油气输送管道风险评价导则[S].

[16] SY/T 6891.1—2012　油气管道风险评价方法　半定量风险评价方法[S].

[17] SY/T 6064—2017　油气管道线路标识设置技术规范[S].

[18] SY/T 6828—2017　油气管道地质灾害风险管理技术规范[S].

[19] SY/T 7365—2017　油气输送管道并行敷设技术规范[S].

[20] SY/T 5922—2012　天然气管道运行规范[S].

[21] Q/SYGD 0306　2017　管道管理与维护规范[S].

[22] JTG B01—2019　公路工程技术标准[S].

[23] JTG D20—2017　公路路线设计规范[S].

[24] TB 10063—2016　铁路工程设计防火规范[S].

[25] JTG D60—2015　公路桥涵设计通用规范[S].

[26] JTG 3362—2018　公路钢筋混凝土及预应力混凝土桥涵设计规范[S].

[27] T/CSEB 0010—2019　爆破安全监理规范[S].

［28］　TB 10313—2019　铁路工程爆破振动安全技术规程［S］.

［29］　王振洪,侯雄飞,边明,等.爆破对天然气长输管道振动影响的安全判据［J］.油气储运,2016,35(8):6.

［30］　梁向前,谢明利,冯启,等.地下管线的爆破振动安全试验与监测［J］.工程爆破,2009,15(4):3.

［31］　李强,陈德利,屈洋.爆破对输气管道本体影响的监测［J］.油气储运,2015,34(2):5.

［32］　张雪亮,黄树棠.爆破地震效应［M］.北京:地震出版社,1981.

［33］　顾毅成.对应用爆破振动计算公式的几点讨论［J］.爆破,2009,26(4):78-80.

［34］　顾毅成.对毫秒延时爆破地震公式的讨论［J］.铁道建筑,2005(B8):3.

［35］　徐建.建筑振动工程手册［M］.北京:中国建筑工业出版社,2002.

［36］　董军锋,张旻,雷波.打桩振动对相邻建筑影响的测试与分析［J］.武汉大学学报:工学版,2015,48(3):5.

［37］　杨振琨,杜成伟.打桩振动对埋地管道的影响分析［J］.建筑结构,2010,40(S):328-330.

［38］　陈家伟,叶志明,陈玲俐.埋地管线有限元抗震分析［J］.供水技术,2008(2):4.

［39］　罗朔,王建华,陆朝报.悬空管道固有频率的计算［J］.后勤工程学院学报,2009,25(6):4.

［40］　钟巍,寿列枫,王仲琦,等.PVB夹层钢化玻璃冲击波毁伤效应实验研究［J］.北京理工大学学报,2019,39(6):6.